"十四五"职业教育国家规划教材

"十三五"职业教育国家规划教材

高等职业教育农业农村部"十三五"规划教材

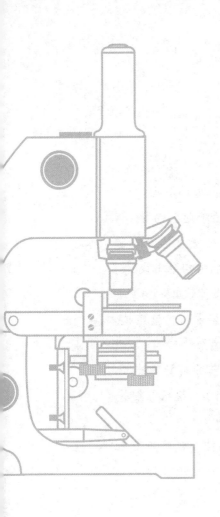

第三版 植物

ZHIWU ZUZHI PEIYANG

组织培养

丁雪珍　主编

扫码看图

中国农业出版社

北　京

内容简介

本教材根据企业、行业职业岗位任职能力的要求，以职业资格标准为依据，以植物组织培养生产过程为导向编写内容，突出培养学生的综合职业能力。本教材按照职业资格标准以及职业岗位所需的知识、能力、素质结构要求设计了9个项目，重点介绍植物组织培养技术和职业岗位认知，植物组织培养实验室、厂房结构及设施设备，植物组织培养快速繁殖技术，花卉组织培养快速繁殖技术，林木组织培养快速繁殖技术，药用植物组织培养快速繁殖技术，植物脱毒及脱毒苗的再繁育技术，果蔬植物组织培养脱毒快速繁殖技术，植物器官、组织与细胞培养技术。

每个项目中设置了技能训练，供学生按照技能要求分步操作、熟练掌握。每项任务后附有评价考核，以培养学生的综合职业能力。

ZHIWU ZUZHI PEIYANG

第三版编审人员名单

主　编　丁雪珍
副主编　赵京岚　段鹏慧
编　者　（以姓氏笔画为序）
　　　　丁雪珍　王　宁　朱旭东　任勇攀
　　　　李菊艳　房师梅　赵京岚　段鹏慧
审　稿　曹春英　陈忠辉

第三版前言
——FOREWORDS

二十大报告指出：全面推进乡村振兴，坚持农业农村优先发展，巩固拓展脱贫攻坚成果，加快建设农业强国，扎实推动乡村产业、人才、文化、生态、组织振兴，全方位夯实粮食安全根基，牢牢守住十八亿亩耕地红线，确保中国人的饭碗牢牢端在自己手中。

植物组织培养技术广泛应用于现代农业、林业、工业和医药业，尤其是在植物良种的快速繁殖、苗木脱毒繁育与生产、新品种选育、种苗工厂化生产等方面发挥了重要作用，产生了显著的经济效益和社会效益。

植物组织培养课程是园艺技术、园林技术、农业生物技术等专业的一门重要专业课，其目标是培养学生具备从事植物组培快繁生产、技术管理、种苗研发与经营等工作岗位的基本职业能力。

《植物组织培养》教材于2006年8月出版，被教育部批准列入普通高等教育"十一五"国家级规划教材，前后进行了多次印刷。第二版于2014年12月出版，经全国职业教育教材审定委员会审定，被评为"十二五"职业教育国家规划教材，并被全国50多所高等职业院校广泛使用。第三版修订是在职业教育"三教"改革背景下，广泛征求使用者的意见，根据高等职业教育相关专业的培养目标和职业岗位需求，以工作过程为导向，按照任务驱动教学法构建教学内容，以培养学生植物组培岗位所必备的职业能力。

本教材由丁雪珍（潍坊职业学院）担任主编，赵京岚（泰山职业技术学院）、段鹏慧（山西林业职业技术学院）担任副主编，参加编写的还有房师梅（潍坊职业学院）、李菊艳（黑龙江农业职业技术学院）、朱旭东（苏州农业职业技术学院）、任勇攀（泰山职业技术学院）、王宁（山东绿苑环境科技集团有限公司）。具体编写分工如下：项目一由王宁编写；项目二由房师梅编写；项目三、项目六、附录由丁雪珍编写；项目四由朱旭东编写；项目五由段鹏慧编写；项目七由李菊艳编写；项目八由赵京岚编写；项目九由任勇攀编写。本教材由丁雪珍统稿，教材中插图由丁雪珍、房师梅拍摄提供。本教材承蒙苏州农业职业技术学院陈忠辉教授、潍坊职业学院曹春英教授审稿，在此表示衷心感谢。

由于本教材是在第二版的基础上完成的，因此后续工作也沉积着前版作者的大量心血和劳动。本教材在修订过程中得到中国农业出版社的指导和参编院校领导、同行的支持，以及山东省威海市园林建设集团有限公司的大力支持和帮助，谨在此表示衷心感谢！

由于编者水平有限，加之时间仓促，教材中难免存在不妥或疏漏之处，恳请读者及专家批评指正，以便今后进一步修订。

编　者
2019年9月

第一版前言
FOREWORDS

 植物组织培养的理论性、学术性比较强，国内国外的参考书籍比较多，技术交流多数建立在实验室研究基础之上。本教材的特色，一是将实验室的试验技术、操作技术转化为生产技术，研究成果转化为生产效益。二是植物组织培快繁生产技术应用和指导。例如第2章植物组培养快繁技术；第4章花卉在生产上的生产快繁技术应用；第5章果蔬类脱毒生产快繁技术应用；第6章药用植物生产快繁技术应用；第7章林木类生产快繁技术应用，第8章植物组织培养生产经营与管理；使学生掌握30多种经济作物组培快繁生产应用技术和管理，增强了该课程的实践性和可操作性，突出培养学生的分析问题、解决问题的实践能力。

 本教材编写，按教育部高职高专的教学要求，理论与实践分别占60%、40%。教材编写中除文字上强化实践外，增加了教学内容实践操作，编写了15个以2节课堂完成的实验实训项目，又增加10个综合实训项目，综合实训项目可单项实训，也可几项连续综合实训。由于全国地域差别较大，实训编入了较多的内容，各职业院校在讲授时根据地域不同和具体情况灵活选用，其目的是培养学生的实践动手能力。书后附有实验实训、综合实训指导书。

 教材编写第1章、第8章由曹春英同志（潍坊职业学院）编写；第2章、实训、附录，由房师梅同志（潍坊职业学院）编写；第3章、第7章由秦静远同志（杨陵职业技术学院）编写；第4章、第6章由姚军同志（广西农业职业技术学院）编写；第5章、第9章由李菊艳同志（黑龙江农业职业技术学院）编写；第10章、第11章、第12章由张明菊同志（黄冈职业技术学院）编写，全书最后由曹春英同志统稿，聘请潍坊职业学院陈美霞、河南农业职业学院黄海帆审稿。本教材在编写过程中，潍坊职业学院生物技术专业组培中心丁世民、丁雪珍、郝会军、王洪波、赵晓燕老师为本教材提出了很多宝贵意见，并得到大力帮助和支持，在此表示衷心感谢。同时，也引用了同行们许多资料和图片，在此一并表示感谢！

 由于时间仓促，编者水平有限，错误之处，恳请同行和读者批评指正。

编　者

2005 年 12 月

第二版前言
FOREWORDS

生物技术是当今国际科技发展的主要推动力，生物产业已成为国际竞争的焦点，对解决人类面临的人口、健康、粮食、能源、环境等主要问题具有重大影响。"十二五"生物技术发展规划提出，"十二五"期间，我国生物医药、生物农业、生物制造、生物能源、生物环保等产业快速崛起，生物产业整体布局基本形成，推动其成为国民经济支柱产业之一，使我国成为生物技术强国和生物产业大国。生物技术及其衍生的战略性新兴产业的发展迫切需要一流的生物技术人才。植物组织培养技术是农业生物技术中最早实现产业化并取得显著经济效益和社会效益的领域，近年来随着效益农业、都市农业的发展，农业科研院所和农业现代化园区几乎都有组培项目，新兴的组培企业不断涌现。组培苗的产业化迫切需要一批实践能力强的植物组织培养技术应用人才。

本教材根据职业教育的特点，按照职业资格标准，人才培养目标实现高素质、高技能的综合职业能力（专业能力、方法能力、社会能力）培养模式实施编写。本教材将植物组织培养分为9个学习项目，每个项目按照职业岗位所需知识、能力、素质结构要求，设定项目背景、知识目标（岗位所需的相关知识）、能力要求（岗位所需的职业能力）、学习方法（学生自主学习方法）。每个项目按照岗位能力要求又分解为若干个学习任务，每项任务设定任务目标、相关知识、工作流程、技能训练、考核与评价。其目的是使学生熟悉本岗位知识；能胜任本岗位的工作能力；能熟练掌握本岗位的技能操作；学习过程中有自我考核和评价。按照职业资格标准要求全方位培养学生的综合职业能力。

本教材由曹春英（潍坊职业学院）、丁雪珍（潍坊职业学院）主编，赵京岚（泰山职业技术学院）、段鹏慧（山西林业职业技术学院）任副主编，参加编写的还有房师梅（潍坊职业学院）、李菊艳（黑龙江农业职业技术学院）、朱旭东（苏州农业职业技术学院）、任勇攀（泰山职业技术学院）、李常英（潍坊职业学院）。具体编写分工如下：项目1由曹春英编写；项目2由房师梅编写；项目3由丁雪珍编写；项目4由朱旭东编写；项目5由段鹏慧编写；项目6由李常英编写；项目7由李菊艳编写；项目8由赵京岚编写；项目9由任勇攀编写。全篇由曹春英和丁雪珍共同统稿，书中插图由曹春英和丁雪珍、房师梅拍摄提供，由苏州农业职业技术学院陈忠辉教授、潍坊职业学院韩磊教授审稿，在此表示衷心感谢。

本教材为"十二五"职业教育国家规划教材，是在普通高等教育"十一五"国家级规划教材（第一版）应用的基础上作了内容调整，可用于高职院校、职业技校、职业中专教与学，也可为植物组培快繁产业工作者参考使用。

由于水平所限，教材中难免出现错误和遗漏，敬请各位读者批评指正。本书在编写过程中得到了中国农业出版社的指导，各参编学校领导的支持，以及山东青岛嘉路园艺、青州良田花卉研究所、寿光万芳花卉有限公司的大力支持和帮助，谨此表示深深的谢意。

编　者
2014 年 2 月

目 录
CONTENTS

项目一

植物组织培养技术和职业岗位认知

 项目背景 >>>

    植物组织培养是现代生物技术的重要组成部分，现已渗透到生命科学的各个领域，成为许多基础理论深入研究的必要手段和方法，并广泛应用于农业、林业、工业、医药等多个行业，自身也逐步走向产业化发展的道路，特别是在农业工厂化高效生产领域显现出强大的技术优势，其研究和应用有力地推动了农业现代化进程。因此，生产上对从事种苗脱毒与快速繁殖的技能型人才的需求越来越大。在学习植物组织培养操作技术之前，首先要对该技术的意义、基本原理、优势、应用等有大致的了解，为后续的学习打下基础。

 知识目标 >>>

1. 了解植物组织培养的意义、概念和类型。
2. 了解植物组织培养技术的基本原理。
3. 明确植物组织培养的特点与优势。
4. 熟悉植物组织培养在农业科技方面的应用。
5. 了解植物组织培养职业岗位的工作目标、工作职责、任职要求。

 能力要求 >>>

1. 能通过小组合作进行组培企业调查，了解岗位设置情况。
2. 能利用网络查询植物组织培养技术的发展现状与应用前景。

 学习方法 >>>

1. 利用网络查询植物组织培养技术的发展与应用。
2. 查阅图书馆的图书资料，获取植物组织培养技术的基本知识。
3. 对当地组培生产企业进行调查，了解组培企业的岗位设置、任职要求等。

任务一　植物组织培养技术认知

 任务目标 >>>

1. 了解植物组织培养的意义、概念和类型。

1

2. 了解植物组织培养技术的基本原理。
3. 明确植物组织培养的特点与优势。
4. 熟悉植物组织培养在农业科技方面的应用。

 任务分析>>>

植物组织培养技术是在植物生理学的基础上发展起来的一项生物技术，是运用工程学原理，利用人工培养基对植物的器官、组织、细胞和原生质体进行培养，改变植物性状，生产植物产品，为人类生产和生活服务的一门综合性技术，也是现代生物的核心技术之一。

许多教学科研单位、农林企业、高新技术企业等都需要掌握植物组培技术的人才。因此，其原理和方法的教学成为许多中高职院校园艺技术、园林技术、农业生物技术等专业教学计划中的基本内容。通过本课程的学习可以使学生掌握其基本理论、基本技能，以及在农业、林业、医药、工业上的应用情况，增加就业或创业机会。

 相关知识>>>

一、植物组织培养的意义、概念和类型

（一）植物组织培养的意义

二十大报告指出：中国式现代化的本质要求是实现全体人民共同富裕，促进人与自然和谐共生，而农业农村现代化是中国式现代化的重要组成部分。农业现代化关键在科技进步和创新。

植物组织培养技术是现代生物科技领域的重要组成部分和基本研究手段之一，得到世界各国生物技术研究学者的广泛关注。它具有占用耕地少、生产不受季节限制、能够全年连续生产、不受灾害性天气和病虫害影响的特点。同时，由于组织培养中植物材料的生长环境是人为创造并可以人为控制的，而且采用了更适于植物生长的"培养基"代替土壤为植物材料提供生长发育所需要的养分和生长调节物质，因此，不论生产规模大小，由于技术效果稳定，只要生产计划合理、产品销路通畅，就可以得到较高和稳定的生产效益和经济效益。随着农业科技、环保科技、制药科技的发展，全国各地的中高职院校、科研机构、生物科技企业对商业化组织培养生产越来越重视，纷纷投资建设生物技术公司或商业化运转的生产实体，农民科技种植户也采取小规模的家庭作坊式生产。

（二）植物组织培养的概念

植物组织培养是指在无菌条件下，将植物的离体器官、组织、细胞或原生质体置于人工培养基和适宜的培养条件下，使其长成完整小植株的技术过程。由于培养物脱离母株在试管内培养，故又称为离体培养、试管培养。

在植物组织培养过程中，由植物体上切取的根、茎、叶、花、果实、种子以及被培养的部分组织统称为外植体。外植体属于植物的体细胞，与性细胞一样，具有相同的遗传信息。外植体是多细胞体，既有相同细胞，也有各种不同类型细胞，这些细胞团或部分细胞都具有分化为器官或其他组织的能力，所以，由一个外植体脱

分化所形成的愈伤组织是异质性的。

愈伤组织是指形态上没有分化但能进行活跃分裂的一团组织,细胞排列疏松、无序或较为紧密,多为薄壁细胞。在自然状态下,当植物体的一部分受到机械损伤、昆虫咬伤或由于风、雪等自然灾害的袭击而局部受伤时,经过一段时间的修复,便会在伤口处形成一团愈伤细胞,对植物体起到保护作用。愈伤组织的产生是由于植物受伤部位的组织代谢发生暂时紊乱,诱导内源生长素和细胞分裂素加速合成的结果。在离体培养条件下,许多植物的外植体也会出现类似的情况,在外植体切口处及其附近形成愈伤组织,这主要与培养基中有外加生长素和细胞分裂素有关。与自然条件下产生的愈伤组织不同,离体培养条件下产生的愈伤细胞具有再分化的潜力,在适宜的培养基上和有利的培养条件下可再分化出一个完整的植株。因此,诱导培养的外植体产生愈伤组织,使愈伤组织再分化产生幼小植物体,是植物组织培养中一项很重要的技术。

(三) 植物组织培养的类型

植物组织培养根据不同的依据,可划分为不同的类型 (图1-1)。

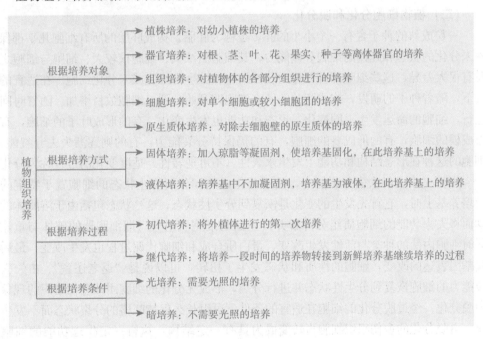

图1-1　植物组织培养的类型

二、植物组织培养技术的基本原理

(一) 植物细胞全能性

植物细胞全能性是指植物体的每个具有完整细胞核的细胞,都具有该植物体的全部遗传信息和产生完整植株的能力。植物细胞全能性是一种潜在的能力,不管是性细胞还是体细胞,在特定条件下都能表达出来,产生一个完整植株。一个受精卵通过分化可产生具有完整形态、结构和机能的植株,这是植物细胞全能性,也是受精卵具有该物种全部遗传信息的表现。同样，植物的体细胞也是从合子的有丝分裂产生的，也有全能性，具备遗传信息传递、转录和翻译的能力。

在一个完整的植株上，某部分的体细胞只表现出一定的形态，具备一定的功能，这是由于它们受到具体器官或组织所在环境的束缚，但其遗传潜力并没有丧失。一旦脱离原来所在的器官或组织，成为离体状态时，在一定的营养、激素和外界条件作用下，就可能表现出全能性，从而生长发育成完整的植株。植物细胞全能性是组织培养的理论基础。一个生活的植物细胞，只要有完整的膜系统和细胞核，就会有一整套发育成一个完整植株的遗传基础，在适宜的条件下可以通过分裂、分化再生成一个完整植株，这就是所谓的细胞全能性。但是在自然状态下，由于细胞在植物体内所处位置及生理条件的不同，它的分化受到各方面的调控，致使其所具有的遗传信息不能全部表达出来，所以只能形成某种特化细胞，构成植物体的一种组织或一个器官的一部分。由此可以说明，条件是十分重要的，或者说是关键的，只要条件合适，细胞潜在的遗传能力就会表现出来。植物组织和细胞培养技术就是以细胞全能性作为理论依据，人为地创造出一个适合生长的理想条件，使细胞的全能性得以表达。

（二）植物细胞分化和脱分化

一粒成熟的种子含有一个小小的胚，也称为胚胎。构成胚胎的所有细胞几乎都保持着未分化的状态和旺盛的细胞分裂能力，其细胞质浓稠、细胞核较大、细胞与细胞之间没有很大差异，这些细胞都可以称为胚性细胞、分生性细胞或未分化细胞。在适宜的条件下，随着种子的萌发，构成胚胎的所有细胞即开始分裂，细胞数目增加。随着时间的进行，细胞的命运发生不同变化，形态和功能也发生变化，有的形成叶子的细胞，有的形成根的细胞，有的形成茎的细胞，有的仍保持分裂能力，有的则逐渐失去分裂能力，细胞的这种在形态结构和功能上发生永久性（不可逆转性）适度变化的过程称为分化。

当把一个已经失去分裂能力，处于分化成熟和分裂静止状态的细胞置于特定的增殖培养基上时，它首先发生的变化是恢复到分生性状态，这一状态包括由于溶酶体的活动而将失去功能的细胞质组分降解并产生新的细胞质组分（即细胞器的破坏与重建），同时细胞内酶的种类与活性发生改变，蛋白质合成和细胞代谢过程也发生改变，最后引起基因表达的改变，细胞的性质和状态发生了扭转，可以说是"返老还童"。由失去分裂能力的细胞恢复到分生性状态并进行分裂，形成无分化的细胞团即愈伤组织的现象称为脱分化。经过脱分化的细胞在适宜的条件下可以长久保持旺盛的分裂状态而不发生分化。由脱分化的愈伤组织细胞再转变成为具有一定结构，执行一定生理功能的细胞团和组织，构成一个完整的植物体或植物器官的现象称为再分化。一个已分化的细胞要表达出其全能性，就要经过脱分化和再分化，这就是植物组织培养所要达到的目的。设计培养基和创造合适培养条件的主要原则就是如何促使植物组织和细胞完成脱分化和再分化，培养的主要工作就是设计和筛选培养基，探讨和建立合适的培养条件。植物激素在调节细胞脱分化和再分化中起主要作用。植物对激素十分敏感，组培中常通过改变激素的种类、浓度和相对比例来达到调节脱分化和再分化的目的。

（三）细胞的再分化和形态（器官、胚）建成

在通常情况下，性细胞结合并生长发育成合子胚，最后产生具有完整结构的有机体。在组织培养中，体细胞要表现它的全能性，从已经具有专一功能的细胞（如叶芽

能发育成叶片的功能），在人工培养的特定条件下，经过脱分化过程，改变细胞原来的结构和功能，恢复到无结构的分生组织状态（愈伤组织），从愈伤组织分生细胞团再次分化，进行器官形成而产生丛生芽或胚状体，形成完整的植株。细胞脱分化的难易程度与植物种类、组织和细胞状态有直接关系，一般单子叶植物和裸子植物比双子叶植物难度大，成年细胞和组织比幼年细胞和组织难度大，单倍体细胞比二倍体细胞难度大。

三、植物组织培养的特点与优势

植物组织培养发展迅速，应用范围广泛，主要具备以下特点与优势。

1. 研究材料单一，无性系遗传信息稳定　在组织培养研究中，植物材料的遗传信息一致是非常重要的因素，否则培养结果没有意义。在植物组织培养中由于植物细胞具有全能性，故单个或小块组织细胞经培养即可再生出植株，培养中获得的各种水平的无性系，如细胞、组织、器官或小植株，材料均来自单一的个体，遗传信息稳定，能保证植物的优良性状不丢失。

2. 经济方便，效率高　植物组织培养以茎尖、根、叶、子叶、下胚轴、花芽、花瓣等作外植体进行器官培养，只需几毫米甚至不到1mm大小的材料。由于取材少，培养效果好，对于新品种的推广和良种复壮更新具有重要意义。植物组织培养能做到微型化、精密化，节约人力、物力和土地，方便管理。植物组织培养比田间生产、盆栽、水培、沙培等都经济得多，精细得多，还避免了其他生物、微生物的干扰。植物组织培养生产效率提高，短时间内可获得大量产品。

3. 培养条件可控，可周年试验或生产　植物组织培养的培养材料是在人为提供的培养基及小气候环境条件下生长，培养基中各种成分及培养环境的温度、光照度、光的波长、光周期等完全不受季节限制，可全年连续试验和生产。

4. 生长快，周期短，重复性强　在植物组织培养过程中，技术人员可以根据不同植物、离体器官的不同要求提供不同的培养条件。因此，植物组织生长快，重复性强，往往1～2个月即可完成一个生长周期，大大缩短了时间，及时为生产提供规格整齐一致的优质种苗。

5. 管理方便，利于自动化控制　植物组织培养是在一定场所，人为提供一定的温度、光照、湿度、营养等条件，进行高度集约化、高密度的科学培养生产，比起盆栽、田间栽培繁殖省去了中耕除草、浇水施肥、病虫害防治等繁杂的劳动，大大节省了人力、物力及土地，并可通过仪器仪表进行自动化控制，有利于工厂化生产。

四、植物组织培养在农业科技上的应用

植物组织培养在农业生产中的应用主要体现在优品种的快速繁殖技术、植物茎尖脱毒及脱毒苗的再繁育技术、新品种培育、种质资源离体保存和次生代谢产物的生产等几方面。

（一）优良品种的快速繁殖技术

有些植物如枣树、草莓、马铃薯、菊花、牡丹、兰花、百合、郁金香等用种子繁殖的后代可能会发生变异，不能保持其原有的优良性状。如果采用常规的无性繁殖方法，

繁殖数量少，繁殖率低。采用组织培养无性系快速繁殖，以微小的植物材料、较高的增殖倍数和较快的繁殖速度，一年生产几万、几十万甚至几百万株小苗，达到繁殖材料微型化、培养条件人工化、培养空间高密度应用合理化，可实现育苗的工厂化生产，从而大幅度提高经济效益。

在组培快繁方面，我国有多家科研单位和种苗工厂已进入批量生产阶段，如海南、广东、福建的香蕉苗，云南、上海的鲜切花种苗，广西的甘蔗，山东的草莓，江苏、河北的速生杨等。

（二）植物茎尖脱毒及脱毒苗的再繁育技术

有些植物因为常年的土壤栽培感染了病毒、细菌，导致植株发病，常规的繁殖方法使带病母株将病毒、细菌传递给幼苗继续感染发病，这种危害给生产带来较大的损失。如柑橘的衰退病曾毁灭了部分橘园，葡萄的扇叶病毒侵染使其产量降低10%～50%，危害马铃薯的病毒已达十余种。过去常采用拔除病株的做法，近年来又开展抗病育种和综合防治，虽然取得了一定成效，但由于种苗本身带毒，仍不能彻底解决问题。

根据植物茎尖脱毒原理，病毒在植物体内分布不均匀，植株生长点的分生区细胞增殖快，病毒扩散慢，植物茎尖生长点病毒存量少。将植物预先培养出幼嫩的生长点，放在高温（38℃）下处理60～90d，脱去部分病毒；再取0.5mm植物体茎尖进行无菌培养，可获取脱毒茎尖。将经检测后确定无毒的瓶苗或种苗进行组织培养技术快速繁殖，获得脱毒种苗。常见脱毒生产的植物有马铃薯、甘薯、草莓、姜、大蒜、香石竹、兰花、百合、大丽花、郁金香等。种苗脱毒后建立原种田，采用脱毒苗生产，产量明显提高。目前，在我国已经建立了很多脱病毒种苗生产基地，培养脱毒苗供应全国生产栽培，经济效益可观。作物脱毒可结合当地生产开发"地方老品牌"品种进行脱毒快繁生产。先脱毒后快繁，可以提供优良种苗，提高农产品产量、品质，形成创汇农业，增加地方经济效益。

（三）新品种培育

植物组织培养应用现代的技术手段解决了常规育种周期长、技术烦琐、短期不见效果的问题。体细胞杂交也称为细胞原生质融合，从细胞中提取原生质，在人为条件下用一定的方法诱导、促进原生质体的融合，有可能获取远缘杂交新品系。对杂种胚进行培养可拯救杂种胚。在细胞培养的过程中，由于培养基、激素、培养条件的不同，会产生一些突变体，通过诱导和筛选突变体有可能培育出具有某些抗性或单纯营养型的品种。从细胞中提取细胞质，将携带遗传物质的原生质体培养成小植株或将外源基因导入培育新品种已是非常常用的新技术手段，后代得到纯合的多种性状优化组合缩短了育种进程、简化了选育程序，并能培育出适合农业发展的新品种。

（四）种质资源离体保存

植物离体保存是将单细胞、细胞原生质体、愈伤组织、体细胞胚、组培苗等组织培养物贮存在能抑制其生长、使其缓慢生长或不能生长的条件下，达到保存植物种质资源的目的。植物种质资源保存有植物生态保存、植物种子保存、植物离体保存等方法。保存的植物有名、特、新、优的植物品种及自然界中濒危的植物资源。通过组织培养保存植物种质资源不受环境影响，不占用空间，不消耗人力、物力，便于管理，可随时开发应用，也便于国际间植物资源的交换交流。

（五）次生代谢产物的生产

利用植物组织或细胞的大规模培养，可提取出人类需要的多种天然产物，如蛋白质、脂肪、糖类、香精、橡胶、药物、生物碱以及其他活性物质等。这些有机物是高等植物的次生代谢产物，产量极其有限，有些还不能人工合成，所以远远不能满足市场需求。利用组织培养技术培养植物的某些器官或愈伤组织提取次生代谢产物，筛选合成能力高、生长快的株系，进行工业化生产植物次生代谢产物，是获得某些天然产物行之有效的途径。目前有 40 余种天然产物在培养细胞中的含量超过原植物，如人参皂苷含量在愈伤组织中含量为 21.4%，在愈伤组织分化根中含量为 27.4%，而在天然人参根中的含量仅为 4.1%。

任务二　植物组织培养职业岗位认知

任务目标 >>>

1. 了解植物组织培养职业岗位工作目标。
2. 了解植物组织培养职业岗位工作职责。
3. 熟悉植物组织培养职业岗位任职要求。

任务分析 >>>

植物组织培养的快繁、脱毒、加速育种进程等技术在农业、林业、工业、医药业等多种行业得到广泛应用，取得了巨大的经济效益、社会效益及生态效益。近年来随着效益农业、都市农业的发展，农业科研院所和农业现代化园区几乎都有组培项目，新兴的组培企业也不断涌现。因此，组培苗的产业化开发迫切需要一批实践能力强的植物组织培养技术应用人才。只有对植物组织培养各职业岗位的目标、职责和任职要求有充分的认识，才能有针对性地进行学习和训练。

相关知识 >>>

一、组培企业的生产岗位设置

植物组织培养生产流程如图 1-2 所示。

根据植物组织培养生产流程，组培企业一般包括培养基制备工、接种工、培养工、驯化移栽养护工等岗位。

1. 培养基制备工　配制母液和工作培养基。

2. 接种工　进行外植体接种和继代、生根转接。

3. 培养工　负责培养车间的管理。

4. 驯化移栽与养护工　负责组培苗的驯化移栽和日常养护工作。

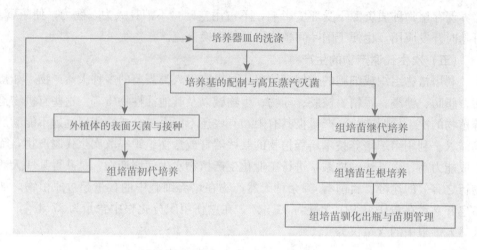

图1-2　植物组织培养生产流程

二、植物组织培养职业岗位工作目标

1. 培养基制备工　熟练、正确进行培养器皿的清洗；按需、准确、规范、熟练配制培养基；规范进行培养基的灭菌与存放。

2. 接种工　规范、熟练进行外植体的灭菌与接种、瓶苗的继代与生根转接。

3. 培养工　组培苗的分类管理符合要求；能根据培养材料的要求进行培养条件的调控；对组培苗生长分化情况观察仔细、记录全面；能及时挑选出异常苗并进行有效处理。

4. 驯化移栽与养护工　熟练、规范进行驯化移栽操作；移栽组培苗成活率高。

三、植物组织培养职业岗位工作职责

1. 培养基制备工

（1）按照母液和培养基配制操作流程进行培养基的配制。

（2）认真做好计算、核对与操作，及时填写和保存工作记录。

（3）保证桌面整洁，无残留液，用品摆放合理有序，保持所有器具及工作区域的卫生。

2. 接种工

（1）接种车间保持清洁卫生。

（2）做好接种前的准备工作，严格遵守无菌操作规程。

（3）认真做好工作记录。

（4）保质保量完成工作任务。

3. 培养工

（1）保持培养车间清洁卫生。

（2）每天及时拣出污染苗、畸形苗和其他生长异常苗。

（3）根据培养需要有效调控环境条件。

（4）定期做好培养材料的观察记录，及时反馈。

（5）保证用电安全。

4. 驯化移栽与养护工

(1) 保持棚室整洁卫生。

(2) 按照组培苗驯化移栽要求规范操作。

(3) 进行科学管理，保证组培苗生长发育的营养和环境条件。

(4) 认真观察并有效解决组培苗移栽过程中出现的问题。

(5) 保证组培苗驯化移栽与生长质量。

(6) 保证组培苗的销售期。

四、植物组织培养职业岗位任职要求

1. 培养基制备工

(1) 清楚培养器皿的洗涤方法与标准，能够熟练清洗培养器皿。

(2) 能够熟练配制母液和培养基。

(3) 清楚培养基的配制目的、操作流程、各环节技能要求，掌握与培养基制备相关的理论知识。

(4) 能够规范使用高压蒸汽灭菌锅。

(5) 能根据培养基的种类分区域存放并正确标识。

2. 接种工

(1) 准确识别植物器官，正确选择和处理外植体。

(2) 根据不同的外植体选择适宜的接种方法，具备娴熟、规范的无菌操作能力。

(3) 具有无菌观念，清楚外植体表面灭菌的原理、无菌操作的方法及其操作规程与注意事项。

3. 培养工

(1) 准确判断污染瓶和畸形苗，并有效处理。

(2) 清楚组培原理、培养条件、常用的组培快繁方法与影响因素。

(3) 具备组培苗观察能力和易发问题的分析解决能力。

(4) 会使用相关设备，能够有效调控培养环境。

(5) 能够根据培养对象实施科学有效的管理。

4. 驯化移栽与养护工

(1) 熟悉组培苗驯化移栽的目的、原则、时期与条件要求。

(2) 能够根据驯化移栽的对象制订科学的实施方案，并熟练、规范进行驯化移栽操作。

(3) 熟悉相关设施设备的特点、性能与使用方法，具备简易栽培设施的建造与维护能力。

(4) 具备一定的栽培养护能力。

 案例说明 >>>

一、某组培企业培养基制备员工作制度

(1) 每天各室必须保持清洁，物品保持清洁，物件保持本色。

（2）瓶子清洗干净，无脏物及洗涤剂痕迹。

（3）各室垃圾及时清理，无过夜垃圾。

（4）工作积极，当天工作当天完成。

（5）严格按照主管或组长指示的各种剂量和标准去配制培养基，做到准确无误。

（6）严格按照培养基、设备、器械的要求进行高压消毒或灭菌。

若因琼脂或糖称量不准确，熬制不均匀，定容不准，消毒时压力过高或没达到压力要求或计时不准确，没有严格遵守技术规程，而使培养基不凝；或因培养基及器械杀菌不彻底而全部污染，按培养基成本给予罚款处理。

二、某蝴蝶兰组培生产企业接种员工作制度

（1）大、小苗分级清楚。

（2）不得随意挑选需转接的瓶苗。

（3）操作台每天保持清洁。

（4）避免叶子被夹破扎伤。

（5）瓶苗按要求摆放。

（6）按时操作，不得提前停工。

（7）插苗整齐，瓶苗不得有倒伏现象。

（8）不得虚报接种数量或登记有误。

（9）切割苗株不得切伤基部而导致苗黄化或死亡。

（10）不要用过烫的刀、镊，以免烫伤瓶苗导致苗死亡。

（11）瓶内不得有畸形苗、黄化叶、黄化苗。

（12）注明培养基代号、品种代号、操作员代号，字迹要清楚，字母书写要规范。

（13）爽身粉不得撒落在附近的物品上。

（14）使用酒精、脱脂棉、刀片、纸张时不得浪费。

（15）不得种混或种错品种。

（16）每瓶苗株严格按要求数量接种。

三、某组培企业培养室工作制度

（1）每天要在规定时间内检查出各品种的污染苗，并且在空缺的地方补充同一个品种的瓶苗。

（2）查瓶苗时应该注意以下事项。

①轻拿轻放，若打破瓶苗则按品种罚款。

②查污染时要仔细，主管抽查时若发现每层架子上超过5瓶污染苗，则按瓶罚款；查污染过程中发现不是污染苗或者有疑问时，要先放在旁边的架子上或者边上（待定），不得随意把没有污染的瓶苗误认为有污染而丢掉，记录污染的人员也要仔细督查清楚。

③从外植体转为第一代的瓶苗非常重要，一定要仔细清查。

④每天把该转的母瓶（品种、数量、月份、瓶数）清点好，一次报完总数后，检查出所需要的瓶数；母瓶一定要准备充分，不同品种之间不得混淆。

　　⑤控制和调节好每层架子的光照和每个培养室的温度和湿度。

　　⑥发现瓶苗黄化或异常情况出现，一定要及时上报，不得隐瞒，否则后果自负。

　　（3）工作期间不准有小集体活动，如私自发信息、打电话、闲聊等影响工作的不良行为，不听从管理者作辞退处理。

　　（4）每天要保持良好的工作状态，不得把不好的情绪带到工作中。

　　（5）在工作中若有好的方法、建议对工作有利，经领导批准被采纳的，公司将给予一定的奖励。

项目二

植物组织培养实验室、厂房结构及设施设备

 项目背景 >>>

植物组织培养是在无菌条件下进行的，培养材料的生长和分化过程需要人为提供适宜的小气候条件，因此对环境和设施设备有较高的要求。进行植物组织培养工厂化生产所需要的厂房，其建造费用及投产后的运转费用均比较高，因此要进行周密的计划和设计。设计前要进行多方面的考察，集多家优点，克服地域的不足之处，充分利用有效空间，提高产量，创造良好的经济效益。

 知识目标 >>>

1. 了解植物组织培养实验室、厂房的基本结构及各部分结构的具体功能、设施设备的配备。
2. 了解植物组织培养实验室、厂房的设计原则与设计要求。
3. 熟悉植物组织培养常用设施设备的用途及使用方法。
4. 熟悉植物组织培养实验室、厂房的日常维护意义和要求。

 能力要求 >>>

1. 能对现有植物组织培养实验室、厂房的设计进行合理评价，提出修改意见。
2. 能根据需要和实际情况对植物组织培养实验室、厂房的设计提出草案。
3. 能熟练使用植物组织培养常用的设施设备。

 学习方法 >>>

1. 老师带领学生实地参观考察组培实验室或厂房，边讲边看。了解实验室、厂房的名称、结构、功能、配备的仪器设备情况。
2. 针对具体的组培设备、器械，由教师讲学生做，一步一讲一操作，直到学生能独立操作。
3. 对所参观的实验室、厂房的结构及设施设备的配置进行评价，提出建设性整改意见。

任务一　实验室、厂房结构

 任务目标>>>

1. 了解植物组织培养实验室、生产厂房的基本组成及各部分结构的具体功能，能对现有厂房的设计进行合理评价，提出修改意见。

2. 了解植物组织培养实验室、生产厂房的仪器设备配备及功能，熟悉常用仪器设备的使用方法。

 任务分析>>>

植物组织培养实验室与生产设施构建是组培研究和工厂化建设最基本的部分，进行植物组织培养快速繁殖工厂化生产既是一件普通事情又是一件比较麻烦的事情，要事先做好计划和设计。设计前要进行多方面的考察，集多家优点，克服地域不足，充分利用有效空间。对今后工作中需要的设备进行全面了解，以便因地制宜地利用现有房屋，或新建、改建实验室，其大小取决于生产的目的和规模。在设计组织培养实验室时，应按照组织培养程序来设计，避免某些环节倒排，引起日后工作混乱。

 相关知识>>>

植物组织培养要在严格的无菌条件下进行。要达到无菌操作和无菌培养，需要人为创造无菌环境，使用无菌器具，同时还需要控制温度、光照、湿度等培养条件。

一个标准的植物组织培养实验室应当包括准备室（洗涤室、培养基配制室）、无菌接种室、恒温培养室、驯化培养室等。一般要求各个组成部分最好能按工作程序的先后进行排列。洗涤室应在培养基配制室之前，然后进行高压灭菌，再进入无菌操作室。无菌操作室应与培养室相连。丢弃的培养物及被污染的器皿应便于回到洗涤室，所以各个实验室应有序安排。如果条件有限，可将部分工序合并于一个房间内完成，但设备的安装与排列要合理，房间要宽敞、明亮、通风。实验室的大小和设置可根据工作性质和规模，结合实际条件自行设计，其中以无菌操作室和恒温培养室最为重要。

一、实验室的结构

（一）组织培养对实验室的要求

（1）实验室应建在周围安静、阳光充足、无高大建筑物遮挡的环境下；最好在常年主风向的上风方向，尽量减少污染；要求交通便利，便于产品的运送。

（2）实验室各分室的大小和比例应相对合理，设备的配置、摆放应与其功能相适应。

（3）必须满足3个基本工作的需要：生产准备（器皿洗涤与存放、培养基制备、各种器具的灭菌）、无菌操作和控制培养。

（4）实验室的建筑与装修材料要耐腐蚀，便于清洁和消毒。

（5）明确室内的采光、控温方式，应与气候条件相适应。

（二）实验室基本组成

1. 准备室 准备室一般由以下几个部分组成。

（1）洗涤室。主要用于培养容器、玻璃器皿和培养材料的清洗。房间内应配备大型水槽，最好是白瓷水槽；上下水道要畅通；备有周转箱，用于运输培养器皿；备有干燥架，用于放置干燥洗净的培养器皿等。

（2）药品贮藏室。用于存放无机盐、维生素、氨基酸、糖类、琼脂、生长调节物质等各种化学药品。要求室内干燥、通风、避免光照，配有药品柜、冰箱等设备。各类化学试剂按要求分类存放，需要低温保存的药剂应置于冰箱保存，有毒、有腐蚀性及易燃易爆药品应按规定存放和管理。

（3）称量室。要求干燥、密闭、无直射光照。根据需要，配备各类天平。一般配备 1/100 普通天平和 1/10 000 的电子天平，条件允许可加配 1/1000 和 1/100 000 的天平，形成系列。除电源外，应设有防震固定的台座。

（4）培养基配制室。用于培养基的配制、分装以及培养基的暂时存放。室内应配有试管、培养瓶、烧杯、量筒、吸量管、移液器等器具；配备平面实验台及安放药品和器皿等的各类药品柜、器械柜、物品存放架；配备水浴锅、微波炉、过滤装置、酸度计、分注器及贮藏母液的冰箱等。

（5）灭菌室。用于器皿、器械、封口材料和培养基的消毒灭菌，要求墙壁耐湿。室内需要备有高压蒸汽灭菌装置、细菌过滤装置、电磁炉等。

2. 无菌操作室 又称为接种室，是进行植物材料的分离及培养体转移的重要场所（图 2-1）。由于植物组织培养经常需要无菌操作，所以无菌条件的好坏对组织培养成功与否起重要作用。无菌操作室的基本要求是干净、无菌、密闭、光线好。一般安装滑动门，减少开关门时的空气流动，以防外界微生物及尘埃侵入；墙壁光滑平整，地面平坦无缝，易于清洁和消毒。相较于植物组织培养而言，微生物的生长时间短。所以，防止细菌和霉菌侵入是提高工作效率和降低生产成本的关键。

图 2-1 无菌操作室

室内设备主要有：紫外灯，以便灭菌；照明装置及插座，以备临时增加设备之用；超净工作台，以便放置接种器械、酒精灯、贮存 75% 酒精浸泡棉球的广口瓶；移动式载物台（医用平板推车）。操作室面积根据工作需求确定，小的无菌操作室面积一般为 5～7m²。

无菌操作室外最好设置预备室作为缓冲间，用以减少工作人员从外界带入的尘埃等污染物。控温光照培养箱可以放在缓冲间内。预备室与无菌室之间最好以玻璃相隔，便于观察。

3. 培养室 培养室是将接种到培养瓶中的植物离体材料进行培养的场所（图 2-2）。培养室须配有固定式培养架、旋转式培养架、转床和摇床、控温控光设备，以满足器官（芽、茎、花药等）、愈伤组织、细胞和原生质体等固体或液体培养的需要。

培养材料通常摆在培养架上，制作培养架应考虑使用方便、节能、充分利用空间及安全可靠。

培养室要有温度和湿度保证，一般保持在 20～27℃，要求室内温度均匀一致，湿度恒定。为防止培养基的干燥和微生物的污染，相对湿度以保持在 70%～80% 为宜。温湿度的保持可用空调机或调湿机通过继电器、石英定时开关钟、控温仪等控制。

图 2-2　无菌培养室

为满足植物培养材料生长对气体的需要，应安装排风窗和换气扇等换气装置；有条件的可装置细菌过滤装置，保持相对的无菌环境。如需进行液体培养，还应根据培养的种类放置摇床、转床等装置。如需进行暗培养，应配备暗培养的设备（如柜子或无光培养箱）。

4. 驯化移栽室　驯化移栽室用于瓶苗的移栽。室内备有弥雾装置、遮阳网、移植床等设施；钵、盆、移植盘等移植容器；草炭、蛭石、沙子等移植基质。瓶苗移栽一般要求温度在 15～35℃，相对湿度在 70% 以上。

二、厂房结构

（一）组织培养对厂房的要求

（1）选址一般在城市的近郊区，要求排灌水方便，远离污染源，水电供应充足，交通便利（离交通干线 200m 以外），周边环境清洁，地下水位在 1.5m 以下。最好在常年主风向的上风方向，尽量减少污染。

（2）各车间大小与相对比例合理，车间设计符合生产流程和工作程序，设施设备的配置、摆放与其功能相适应。

（3）厂房的建筑与装修材料要耐腐蚀，便于清洁和消毒。

（4）厂房的防水处理应高于标准，不能有渗漏现象。

（5）地基最好高出地面 30cm 以上。

（6）厂房必须满足 3 个基本工作的需要：生产准备（器皿洗涤与存放、培养基制备、各种器具的灭菌）、无菌操作和控制培养。

（7）车间内采光、控温方式应与气候条件相适应。

（二）组织培养生产厂房基本组成

1. 洗涤间　用于完成玻璃器皿等仪器的清洗、干燥和贮存，外植体的预处理与清洗，瓶苗的出瓶、清洗与整理等工作。房间内应宽敞明亮，方便多人同时操作；配备大型水槽，上下水道要畅通；地面、天花板及墙壁应耐湿和便于清洁；应有晾干台，用于放置洗涤后的培养器皿及周转箱、烘箱等。

2. 药品配制间　主要用于化学药品的贮藏、称量和溶液的配制。要求干燥、通风、无直射光线。房间内设立工作台，工作台最好用耐腐蚀、耐高温的材料，要牢固、平稳，具有较好的抗震性能。配备大型工作台、药品柜、普通冰箱、电子分析天平、托盘天平、磁力搅拌器、容量瓶、烧杯、量筒等。磁力搅拌器与电子天平要分开放置。

3. 培养基制作间　主要用于培养基的配制、分装、包扎和高压灭菌等工作。要求房间宽敞明亮、通风良好，方便多人同时操作。目前灭菌大多采用电加温，预先设计电路线，确保用电线路和灭菌锅的用电安全；灭菌锅附近的墙壁设置换气窗，利于通风排气；地面、墙壁应用耐湿材料铺设，防水、防潮、防腐蚀。配备托盘天平、酸度计、工作台、高压灭菌锅、周转箱、贮物柜等。

4. 缓冲间　用于工作人员进出接种室更换衣物，避免带进接种室杂菌。面积以 $4\sim5m^2$ 为宜。缓冲间应安装紫外灯，用以照射灭菌。配备鞋柜、衣柜、工作服、卫生帽、口罩、拖鞋等。

5. 无菌操作间（接种间）　用于接种材料的处理、接种及培养物转接。接种室根据生产规模宜小不宜大，一般面积在 $7\sim8m^2$。地面、天花板及四壁要求尽可能光滑，易于清洁和消毒。配备超净工作台、医用小推车、接种器具消毒器、酒精灯、接种工具、置物架等。配置推拉门，以减少开关门时的空气流动。房间密闭，干爽安静，清洁明亮；在适当位置安装 $1\sim2$ 盏紫外灯，用以照射灭菌；最好安装空调，使室温可控；门窗紧闭，减少与外界空气对流。

6. 培养间　用于培养已接种的材料。培养间的大小可根据生产规模和培养架的大小、数目及其他附属设备而定。其设计以充分利用空间和节省能源为原则，以比培养架略高为宜，周围墙壁和天花板要求光滑平坦、有绝热防火性能。能够控制光照和温度，并保持相对无菌环境；适当位置安装紫外灯进行照射灭菌。配备培养架、空调机、光照时控器、温度计等。

7. 瓶苗驯化移植间　用于瓶苗的驯化和移植。通常在日光温室内进行，其面积大小根据生产规模而定。要求能够控温调湿、控光通风、控菌防虫。配备移栽容器、弥雾装置、遮阳网、移栽基质等。如果条件允许，可以选择智能型连栋式温室，又称为现代化温室，每栋可达数千至上万平方米，框架采用镀锌钢材，屋面用铝合金材料作桁条，覆盖物可采用玻璃、塑料板材或塑料薄膜。冬季通过热水、蒸汽或热风加温，夏季采用通风与遮阳相结合的方法降温。整栋温室的加温、通风、遮阳和降温等工作可部分或全部由电脑控制。

任务二　设备及用具简介

 任务目标 >>>

1. 了解植物组织培养相关设备、用具的种类及其功能。
2. 了解植物组织培养相关设备、用具的使用方法及注意事项。

 任务分析 >>>

植物组织培养是一项技术性很强的工作。植物组织培养工作的开展，首先要求工作人员对组织培养相关设备、用具的功能、使用方法及注意事项有系统的了解，才能保证组织培养工作的顺利进行。

 相关知识>>>

一、基本仪器设备和用具

（一）灭菌设备及用具

1. 湿热灭菌设备（高压蒸汽灭菌锅）　高压蒸汽灭菌锅根据操作形式可分为开放式操作和密封式操作；根据体积大小可分为小型手提式、中型立式、大型卧式等不同规格；根据控制方式可分为手动控制、半自动控制和全自动控制等不同类型（图2-3、图2-4）；根据生产规模的不同可分为卧式大型消毒灭菌锅和小型手提式消毒灭菌器。生产量大的选用卧式大型消毒灭菌锅，一次可消毒培养基20kg，工作效率高；小型手提式消毒灭菌器方便灵活，用于无菌操作转接工具及少量培养基的灭菌。

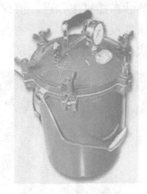

图2-3　手提式压力锅　　　　　　　图2-4　立式高压灭菌锅

2. 过滤除菌设备　过滤除菌设备使用的滤膜网孔直径小于$0.45\mu m$，当溶液通过滤膜后，细菌的细胞和真菌的孢子、菌丝等因大于滤膜直径而被阻。在需要过滤除菌的液体量很大时，常使用抽滤装置；液量小时，可用注射器配备滤膜与滤器。该设备主要用于赤霉素、玉米素、脱落酸等不耐热物质的灭菌。

3. 干热灭菌设备与用具　利用高温烘烤或灼烧的方法进行灭菌，包括烘箱（用于器皿和器械的灭菌）、酒精灯（用于接种工具的灭菌）、接种器械灭菌器等。

4. 其他灭菌设备及用具　利用紫外光波、超声波、臭氧等杀菌，主要用于空气和物体表面的消毒。常用设备包括紫外灯、超声波清洗器、臭氧发生器等。

（二）接种设备与用具

1. 超净工作台　超净工作台是植物组织培养最常用的无菌操作设备。根据风幕形成的方式可分为水平风和垂直风两种；根据使用方式分为单人单面、双人单面（图2-5）、双人双面等；根据操作形式分为开放式操作和密封式操作两种。

超净工作台需要进行的日常维护如下。

（1）保持室内的干燥和清洁。潮湿的环境会使材料锈蚀，影响电气电路的正常工作；另外，潮湿空气还利于细菌、霉菌的滋生。

超净工作台的准备

超净工作台使用注意事项

（2）根据环境的洁净程度，可定期（一般为2～3个月）将粗滤布（涤纶无纺布）拆下清洗或给予更换。

（3）定期（一般为1周）对周围环境进行灭菌，同时经常用纱布蘸酒精或丙酮等有机溶剂，将紫外灯表面擦干净，保持表面清洁，以保证杀菌效果。

（4）当加大风机电压已不能使风速达到0.32m/s时，必须更换高效空气过滤器。过滤器的寿命为2年，初效过滤器的寿命是6～8个月，按照使用寿命定期更换过滤器，并填写维护记录。

图2-5　双人单面超净工作台

（5）定期对设备进行清洁是安全使用的重要保证。清洁应包括使用前后的例行清洁和定期对过滤器等主要部件的维护和更换。

（6）每天工作完毕后整理工作台，用蘸有擦拭液的纱布擦拭工作台，擦拭完毕后拉下玻璃门。设备内外表面应光亮整洁，没有污迹，顶部没有灰尘。

（7）每月进行一次维护检查，使工作台处于最佳状况，并填写维护记录。

2. 接种工具　指外植体接种或培养物继代转接时使用的各种工具。主要有用于分离植物组织等的尖头镊子；用于夹取植物器官进行继代转接和外植体接种的枪型镊子；用于剪取幼嫩组织、细胞团等的解剖剪；用于转接、剪取瓶苗茎段的弯头剪；用于切割外植体或培养物的解剖刀；用于剥离茎尖和转移愈伤组织的接种针；用于原球茎、愈伤组织、植物器官等切割分离的切割盘等（图2-6）。

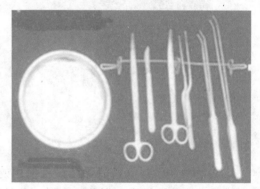

图2-6　各种接种用具

3. 显微镜　包括双目体视显微镜（解剖镜）、生物显微镜、倒置显微镜和电子显微镜等。用于剥离茎尖、提取原生质和进行培养物的观察、分析、拍照等。

（三）培养设备与用具

1. 培养架　瓶苗培养时通常摆放在培养架上。培养架材料为金属、铝合金或木质等。隔板最好使用玻璃板或铁丝网，既透光又保证上层培养物不受热。为使用方便，培养架通常设计为5～7层，最低一层离地面高50cm以上，每层间隔约30cm，培养架高1.7～2.3m。一般在每层上方安装日光灯，用以补充光照。培养架长度通常根据日光灯的长短而定；宽度可根据实际情况而定，一般为安装2支日光灯的宽度（40～50cm）。最好使用专门为组织培养设计的节能冷光源，其光谱与日光相近且省电。每日照明时间根据培养物的特性不同而有所区别，一般为10～16h，可用自动计时器控制。

2. 恒温振荡箱　液体培养时常使用恒温振荡器改善培养基的氧气供应状况（图2-7）。

3. 光照培养箱　对于一些对环境条件要求特别严格的培养物，可培养在能自动调控温度、湿度、光照等条件的智能光照培养箱里。

4. 培养器皿　在组织培养中，配制培养基和进行培养时需要大量的器皿。培养器皿要求由碱性溶解度小的硬质玻璃制成，其透光度好，能耐高压高温。根据培养目的和要求不同，可选用不同类型和规格的培养容器。

光照培养箱的
使用与维护

图 2-7　恒温振荡箱

（1）培养瓶。主要用于外植体静置培养、振荡培养或瓶苗继代培养，规格有 50mL、100mL、150mL、250mL、500mL 等。优点：培养面积大，利于组织生长；透光度好；瓶口较小，不易污染。

（2）试管。主要用于茎尖培养、花药培养、花粉粒液体培养等。试管要求口径大，长度稍短，以 20mm×150mm、25mm×150mm、30mm×150mm 为宜。优点：占空间少，单位面积容纳的数量多。

（3）果酱瓶。主要用于继代和生根培养。优点：在工厂化大批量生产时使用，价格低廉；口径较大，便于操作。缺点：污染率较高，透光性稍差。

（4）塑料瓶。主要用于兰科植物的培养，规格有 100mL、150mL、200mL、250mL 等。优点：密封好，透气性差，瓶内湿度大；质轻，便于操作，不易破损，污染率低；长方体形状的培养株数多，且叠摞起来节约空间。缺点：可重复利用性较差。

（四）称量、贮存设备与用具

1. 天平　用于琼脂、蔗糖和各种药品的称量。需要有用于称量微量元素和植物激素等的电子天平（图 2-8），用于称量大量元素、蔗糖和琼脂等的托盘天平和其他不同精度的天平。

2. 烧杯　用于配制培养基母液时溶解各种化合物，规格有 50mL、100mL、200mL、250mL、500mL、1 000mL 等。

3. 量筒　用于量取不同体积的液体，规格有 100mL、200mL、250mL、500mL、1 000mL 等。

4. 试剂瓶　用于盛放化学试剂，有广口、细口、磨口、无磨口等多种。广口瓶用于盛放固体试剂，细口瓶盛放液体试剂；棕色瓶用于盛放避光的试剂；磨口塞瓶能防止试剂吸潮和浓度变化。另外，还有瓶口带有磨口滴管的滴瓶。

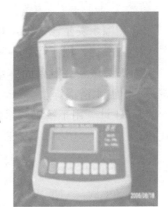

分析天平的
水平调整

图 2-8　电子天平

分析天平的
正确使用

5. 移液管　用于吸取各种用量较少的母液，规格有 1mL、2mL、5mL、10mL 等。

6. 容量瓶　用于配制培养基母液时的定容，规格有 50mL、100mL、250mL、500mL、1 000mL 等。

容量瓶的使用

（五）环境控制设备与用具

1. 空调机　自动控制植物组织培养实验室或厂房的温度，为培养物提供最适宜的温度条件。

2. 冰箱　用于母液和某些试剂的贮存及培养材料的保鲜或预处理等。

3. 光照时控器　用于自动控制培养间的光照时间。

二、其他设备与用具

1. 磁力搅拌器　磁力搅拌器用于加速搅拌难溶的各种药品等，同时还可加热，加快药品的溶解（图 2-9）。

图 2-9　磁力搅拌器

2. 蒸馏水发生器或纯水机　用于制备配制母液和培养基的蒸馏水或去离子水。

3. 药品柜　用于存放各种化学药品。

4. 加热设备　制备固体培养基时需加热使固化剂溶化，因此需要加热设备如电磁炉、恒温水浴锅等。

5. pH 计　用于精确测量和调节培养基的 pH，大规模生产中一般用精密 pH 试纸代替。

项目三

植物组织培养快速繁殖技术

项目背景 >>>

植物组织培养快速繁殖技术（简称植物组培快繁技术）是指利用组织培养的方法在培养瓶内大量繁殖植物种苗的技术。它是将植株上的小块组织（比如一块叶片、一段茎节、一个芽或一个花蕾等）在培养瓶中培养，在短时间内便能繁殖出成千上万个新的植株。植物组培快繁除需要有设计合理的实验室、配备必需的仪器和器皿用具外，还必须熟练掌握其基本操作技术，这是植物组织培养成功的前提条件。植物组培快繁的基本操作通常包括器皿的洗涤与灭菌，培养基母液的配制与保存，培养基的配制与灭菌，外植体的选择、表面灭菌与接种，材料的初代培养、继代培养、生根培养、驯化移栽等。

知识目标 >>>

1. 掌握器皿洗涤与消毒的方法。
2. 了解培养基的种类与特点。
3. 掌握培养基母液配制的目的与要求。
4. 熟练掌握培养基配制与灭菌的方法。
5. 掌握瓶苗培养技术。
6. 掌握组培苗的驯化移栽与苗期管理技术。

能力要求 >>>

1. 能根据器皿的种类进行洗涤和消毒。
2. 能熟练进行培养基母液的配制与保存。
3. 能根据所提供的配方进行培养基的配制与高压灭菌。
4. 能根据植物种类选择适宜的外植体，并进行初代培养。
5. 能对初代培养得到的中间繁殖体进行继代增殖培养。
6. 能按照生产需要进行瓶苗的生根培养。
7. 能根据各种培养物的不同要求合理地进行培养室管理。
8. 能熟练进行组培苗的驯化移栽与苗期管理。

学习方法 >>>

1. 教师在每次布置学习任务前先给学生下达任务资讯单，提出相关问题，让学生利用网络、图书资料等获取相关知识。

2. 课堂上对获取的资讯进行汇报，小组讨论资讯的完整性，并由教师加以启发和引导。

3. 分组讨论任务实施计划，并在教师指导下加以决策。

4. 分组进行相关任务的实际操作，教师及时给予巡视指导。

5. 在教师的指导下，对任务实施情况进行检查，及时发现问题并加以解决。

6. 在教师进行评价和总结之后完成任务报告单。

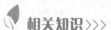

任务一　器皿的洗涤与消毒灭菌

 任务目标 >>>

1. 掌握洗涤液的配制方法。
2. 能根据器皿与用具的种类进行正确洗涤，并且会检查洗涤器皿是否洁净。
3. 能对洗涤好的器皿和用具进行正确存放。
4. 能根据器皿的种类选用适宜的方法进行消毒。

 任务分析 >>>

植物组织培养是在无菌条件下进行的，除了要对培养材料和接种用具进行严格消毒外，各种器皿和用具的清洁同样重要，因为各种灭菌方法的有效作用时间都是以材料和用具的清洁为前提的。因此，各种器皿的洗涤与消毒就成为组培快繁生产中最频繁的工作，工作量较大。

相关知识 >>>

一、常用洗涤液的种类

洗涤液的种类很多，配制方法也不一样，可根据器具要求选择经济、有效的洗涤液，常用的主要有洗衣粉、洗洁精和铬酸洗涤液等。

1. 洗衣粉、洗洁精　洗衣粉、洗洁精是常用的去污剂，去污力强。对于油脂多的器皿，可以先用吸水纸将油脂擦去，再用洗衣粉水洗涤，这样效果较好。洗衣粉、洗洁精适用于玻璃器皿和金属类器具的洗涤。

2. 铬酸洗涤液　铬酸洗涤液由重铬酸钾和浓硫酸混合而成，属强氧化剂，对无机离子、灰尘效果好，对油污无效。

二、各种器皿和用具的洗涤

植物组培快繁生产中用到的各种器皿和用具必须在清洗干净后使用，特别是培养瓶和盛培养基的器皿，一定要严格清洗，以防油污、重金属离子、酸、碱等有害物质残留在瓶内，影响培养物的生长。其具体内容将在技能训练二中详细介绍。

三、常用的消毒灭菌方法

消毒与灭菌是组织培养工作的关键技术。消毒和灭菌两个词在实际使用中常被混用，其实它们的含义并不相同。消毒是指应用消毒剂等方法杀死物体表面和内部的病原菌营养体的方法；而灭菌是指用物理和化学方法杀死物体表面和内部的所有微生物，使之呈无菌状态。

植物组织培养整个过程都在无菌条件下进行，因此所用的培养基、培养器皿、各种操作工具、培养材料、培养空间、操作人员等都需要消毒或灭菌。常用的消毒、灭菌方法如图3-1所示。

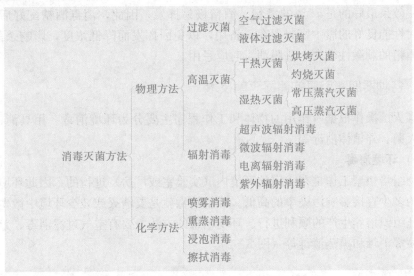

图3-1 常用的消毒灭菌方法

四、常用空间灭菌方法的作用原理与特点

1. 紫外线 紫外线波长在100～400nm。紫外线之所以能够灭菌，是由于它能引起细菌或病毒的遗传物质DNA和RNA的结构变化，包括碱基损伤如丢失与改变、单链或双链断裂与交联及各种光产物的形成等，从而影响DNA复制、RNA转录和蛋白质的翻译，导致病菌或病毒死亡。另外，紫外线辐射所产生的臭氧和各种自由基可损伤蛋白质和酶分子，导致其功能改变。紫外线不仅对微生物有致命影响，对人也有一定的致癌作用。因此，在用紫外线消毒期间，工作人员不要处在正进行消毒的空间内，更不要用眼睛注视紫外灯，也要避免手长时间在开着紫外灯的超净工作台内进行操作。在接种室用紫外线消毒后，一般不要立即进入，应在关闭紫外线灯20min后再进入室内，因为室内高浓度的臭氧会对人体尤其是呼吸系统造成伤害。

2. 甲醛和高锰酸钾 一般采用甲醛溶液（福尔马林）和高锰酸钾按2：1的比例混合进行熏蒸，产生无色但有强烈刺激性的甲醛气体，可与菌体蛋白中的氨基结合使其变性或使蛋白质分子烷基化，对细菌、芽孢、真菌、病毒均有效。甲醛对眼睛、嗅觉和呼吸道有强烈的刺激作用，因此，用甲醛和高锰酸钾封闭消毒期间，不宜进入消毒空间。消毒后要通风换气，等气味散尽后再进入。

3. 新洁尔灭（苯扎溴铵溶液）　新洁尔灭（苯扎溴铵溶液）是一种表面活性剂，可吸附在细菌的表面，从而改变其细胞壁和细胞膜的通透性，使菌体内的酶、辅酶和代谢产物泄漏，妨碍细菌的呼吸及糖酵解过程，并使菌体蛋白变性。此类消毒剂具有杀菌力强，无刺激性、腐蚀性及漂白性，易溶于水，不产生污染等特点。新洁尔灭对结核杆菌、绿脓杆菌、芽孢、真菌和病毒效用差，甚至无效。

4. 酒精　一般使用95％的酒精进行器械消毒；70％～75％的酒精用于细菌消毒。75％的酒精与细菌的渗透压相近，可以在细菌表面蛋白变性前不断地向菌体内部渗入，使细菌蛋白脱水、变性凝固，最终杀死细菌。酒精浓度低于75％时，由于渗透性降低，会影响杀菌能力。酒精消毒能力的强弱与其浓度有直接的关系，过高或过低都不行，效果最好的是75％的酒精。酒精极易挥发，因此，消毒酒精配好后应立即置于密封性能良好的瓶中密封保存、备用，以免因挥发而降低浓度，影响杀菌效果。另外，酒精的刺激性较大，黏膜消毒时应忌用。

五、各种器皿和用具的消毒灭菌技术

消毒灭菌操作根据所作用的物体和工作程序主要分为环境消毒、用具消毒灭菌、培养基灭菌、外植体消毒等。

（一）环境消毒

植物组培快繁工作是在一定的环境内（实验室或厂房）进行的，因此环境中微生物数量的多少直接影响污染率的高低。环境消毒就是要消灭或减少环境中微生物的基数，保证组织培养生产的顺利进行。环境消毒的方法主要有空气过滤消毒、紫外辐射消毒、喷雾消毒和熏蒸消毒等（图3-2）。

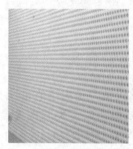

空气过滤消毒　　　　紫外辐射消毒　　　　喷雾消毒　　　　熏蒸消毒

图3-2　环境消毒方法

1. 空气过滤消毒　成规模的植物组织培养车间可采用空气过滤系统对整个环境进行消毒，这种方法投入较高，操作要求严格，一般很少采用。组培快繁中普遍采用的是对无菌操作的微环境（如超净工作台的局部无菌环境）进行空气过滤消毒。

2. 紫外辐射消毒　利用紫外线照射，细菌吸收紫外线后蛋白质和核酸发生结构变化，引起细菌的染色体变异，最终死亡。缓冲间、接种间、培养间等均可采用紫外辐射消毒，一般照射20～30min。由于紫外线的穿透能力很弱，所以此法只适于空气和物体表面的消毒，要求距照射物不超过1.2m。紫外辐射对人体皮肤和眼睛会造成伤害，须注意人员进入前关闭紫外线灯。

3. 喷雾消毒　利用70％～75％的酒精或0.2％的新洁尔灭对环境进行喷雾，既

可以直接杀死环境中的微生物，又可以使飘浮的尘埃降落，防止尘埃上附着的杂菌污染培养基和培养材料。

4. 熏蒸消毒 利用加热焚烧、氧化等方法使化学药剂变为气体扩散到空气中，杀死空气和物体表面的微生物。常用的熏蒸剂是甲醛，熏蒸时按 $2mL/m^3$ 用量，将甲醛置于广口容器中，加 $0.2g/m^3$ 高锰酸钾氧化挥发。熏蒸时，房间可预先喷湿，关闭紧密，24h 后打开门窗通风。此法对污染严重的环境效果特别好，但熏蒸的房间不能有培养材料。对有培养材料的培养室，可改用乙二醇加热熏蒸的方法，用量为 $6mL/m^3$ 即可。

(二) 用具消毒灭菌

组培快繁中用到的各种器具如培养皿、玻璃容器、过滤器、剪刀、镊子、解剖刀、切割盘、接种服等在使用前也须消毒灭菌，根据用具种类不同分别采用干热灭菌、湿热灭菌、浸泡灭菌、擦拭灭菌等方法。

1. 干热灭菌 利用烘箱进行烘烤灭菌的方法，适用于各种玻璃器皿和器械的灭菌。将清洗后的玻璃器皿和器械妥善包扎，放入箱内，将箱温控制在 $150\sim170℃$，烘烤 120min，即可达到灭菌效果。在干热条件下，细菌的营养细胞抗热性大为提高，故能源消耗大，又浪费时间，所以目前多采用湿热灭菌，接种工具也可采用消毒器烘烤和酒精灯外焰灼烧的方法灭菌。

2. 湿热灭菌 适用于培养基、玻璃器皿、棉塞、布制品及金属用具等的灭菌，一般灭菌可在 $0.10\sim0.15MPa$ 压力下保持 $20\sim30min$。在密闭的蒸汽灭菌器内，其中的蒸汽不能外溢，压力不断上升，使水的沸点不断提高，从而锅内温度也随之增加。在 $0.10\sim0.15MPa$ 的压力下，锅内温度达 $121\sim125℃$，在此蒸汽温度下可以很快杀死各种细菌及高度耐热的芽孢和孢子。

3. 浸泡灭菌 在无菌操作时，把镊子、剪子、解剖刀等置于 $70\%\sim75\%$ 的酒精中浸泡，使用之前取出在酒精灯外焰上灼烧，待冷却后使用。

4. 擦拭灭菌 接种用具及超净工作台表面等使用前可用 75% 酒精或 $0.1\%\sim0.2\%$ 新洁尔灭溶液进行擦拭灭菌。

(三) 培养基灭菌

由于配制培养基所用到的原料是有菌的，配制过程中虽经过简单的煮沸，但时间短，不能杀死所有微生物，加上分装的容器、封口的材料也都有菌，因此分装后的培养基要尽快灭菌。培养基灭菌一般采用湿热灭菌，特殊情况下采用过滤除菌。

1. 湿热灭菌 具体操作将在任务三的技能训练二中详细介绍。

2. 过滤除菌 主要针对一些不能处于高温高压环境的物质，如 GA、IAA、ZT（玉米素）、部分维生素、多数抗生素和酶。过滤除菌装置使用前先对过滤器、滤膜、接液瓶等进行高压灭菌，然后在超净工作台上将过滤器、滤膜、接液瓶等安装好，进行过滤灭菌（图3-3）。

(四) 外植体消毒

从外界或室内选取的植物材料都不同程度地带有各种微生物。这些污染源一旦被带入培养基，便会造成培养基污染，因此，植物材料必须经严格的表面消毒处理后才能接种到培养基中。

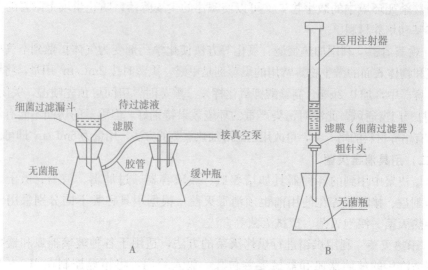

图 3-3　液体过滤灭菌装置
A. 减压过滤消毒装置　B. 细菌过滤消毒器

工作流程>>>

器皿的洗涤与消毒工作流程如图 3-4 所示。

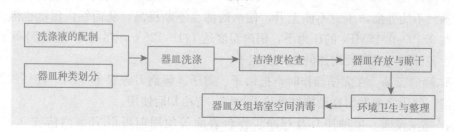

图 3-4　器皿的洗涤与消毒

技能训练一　铬酸洗液的配制

一、训练目的

学习铬酸洗液的配制技术,以备将来洗涤各种玻璃器皿时能及时配制铬酸洗液。

二、材料

重铬酸钾、浓硫酸、蒸馏水、试剂瓶、1/100 电子天平、药匙、称量纸、1 000mL 量筒、玻璃棒、电磁炉、瓷缸、200mL 量筒、500mL 烧杯、标签纸等。

三、操作步骤

铬酸洗液用重铬酸钾与硫酸配制而成,可根据需要配制成弱、中、强 3 种。刚配好的洗液呈棕红色，反复使用至青褐色则失效。

1. 弱 称取重铬酸钾 50g 加入蒸馏水 1L，加热搅拌至完全溶解，冷却；量取浓硫酸 90mL 缓慢加入重铬酸钾溶液中，混合均匀。放入试剂瓶密封保存。

2. 中 称取重铬酸钾 50g 加入蒸馏水 100mL，加热搅拌至完全溶解；冷却后再缓慢加入浓硫酸 875mL，混合均匀。放入试剂瓶密封保存。

3. 强 在浓硫酸加热的同时缓慢加入磨碎的重铬酸钾，直到重铬酸钾达到饱和为止。一般浓硫酸 1L 加入重铬酸钾 50g。放入试剂瓶密封保存。

四、铬酸洗液配制时注意事项

（1）配制时重铬酸钾溶液一定要冷却后才能加浓硫酸，且只能把浓硫酸缓慢加入重铬酸钾溶液中，决不能将重铬酸钾溶液或蒸馏水倒入浓硫酸中。

（2）由于铬酸洗液具有极强的氧化和腐蚀作用，不要用手直接接触洗液，也不要使其溅到皮肤及衣服上，以防"烧"破衣服和损伤皮肤。

技能训练二 洗涤各种器皿

一、训练目的

学习各种器皿的洗涤方法，以备将来使用器皿前能及时采用不同的方法进行洗涤。

二、材料

盐酸、容量瓶、铬酸洗液、毛刷、洗衣粉、肥皂、洗洁精、蒸馏水、烘箱、高压蒸汽灭菌器、四氯化碳、棉布、95%酒精、1 000mL 量筒、玻璃棒、电磁炉、瓷缸、200mL 量筒、500mL 烧杯、长臂胶皮手套、洗液缸、塑料盆、周转箱、各种玻璃器皿等。

三、操作步骤

（一）1%盐酸的配制

百分含量的溶液一般不是按照体积百分比来配制，而是按照质量百分比配制。

例如，有 37%浓盐酸，体积足够，要配制成 1%盐酸 2L。计算如下：2 000mL×1%＝37%×盐酸体积 mL（这是纯 HCl 的量）；20mL /37%＝54.05mL（这是需要的 37%的盐酸体积），然后补足水 2 000mL－54.05mL＝1 945.95mL 就可以了。

（二）各种器皿的洗涤

1. 新玻璃器皿 使用前先用 1%稀盐酸浸泡 12～24h。再用毛刷蘸洗衣粉水刷洗干净，之后用流水冲洗 3～4 次，最后用蒸馏水冲淋 1 遍，晾干（或烘干）后备用。

2. 已用过的培养器皿 首先除去容器内的残渣，然后用自来水冲洗，再浸泡在洗衣粉水中 15～30min，之后用毛刷刷洗干净，用流水冲洗 3～4 次，最后用蒸馏水冲淋 1 遍，晾干（或烘干）后备用。

3. 已被霉菌等杂菌污染的器皿 首先经 121℃高温高压蒸汽灭菌 30min，趁热倒去残渣，再用自来水冲洗，浸泡在洗衣粉水中 15～30min，用毛刷刷洗干净，之后用流水冲洗 3～4 次，最后用蒸馏水冲淋 1 遍，晾干（或烘干）后备用。

4. 移液管、量筒等量器　首先在铬酸洗涤液中浸泡 2h 以上，取出后用少量水冲洗，再在流水中冲洗 30min，最后用蒸馏水冲淋 1 次，晾干（或烘干）后备用。

铬酸洗液因具有强氧化性，使用时应戴橡胶手套操作，不能将裸露的手伸入洗液中捞取待洗器皿。铬酸洗液浸泡仪器时，应使仪器周壁全部浸洗后稍停一会再倒回洗液瓶，第一次用少量水冲洗刚浸洗过的仪器后废水不要倒在水池里和下水道里，避免腐蚀水池和下水道，应倒在废液缸中，缸满后集中处理。如果无废液缸，倒入水池时要边倒边用大量的水冲洗。

5. 解剖刀、镊子、剪刀等　新购买的金属器皿因其上有润滑油或防锈油，须用蘸有四氯化碳的棉布擦去油脂，再用湿布擦净，干燥备用。每次使用后先用洗衣粉水刷洗，再用酒精擦拭。

四、各类器皿洗涤注意事项

（1）特别注意要清洗干净器皿口。
（2）培养器皿上的标记一定要擦净。
（3）洗过的玻璃器皿要晾干或烘干后才能使用。
（4）移液管之类的量具和计量用具不宜高温烘烤。

技能训练三　组培室环境的消毒

1. 组培室环境清扫　根据组织培养厂房（或实验室）的具体情况对各车间或实验室进行卫生清扫，明确清洁是组织培养工作的保障。

2. 配制各种消毒溶液

（1）75％酒精的配制。由于酒精易挥发，一般现用现配。

实验室购买的酒精一般是 95％的，配制的方法类似于 1％盐酸的配制。例如，有 95％的酒精，体积足够，要配制 75％的酒精 200mL。计算如下：200mL×75％＝95％×酒精体积 mL，200mL×75％/95％＝158mL（这是需要的 95％的酒精体积），然后补足水 200mL－158mL＝42mL 就可以了。

（2）2％新洁尔灭的配制。按照购买的新洁尔灭的浓度参考酒精的配制方法进行配制。

3. 地面、墙壁和工作台的消毒　将配好的 2％新洁尔灭（或 75％酒精）溶液倒入喷雾器中，对地面、墙壁、工作台、角落均匀地喷雾。在喷房顶时，注意不要让药液滴入眼睛。

4. 无菌室和培养室的灭菌　首先将房间密闭，然后按 $0.2g/m^3$ 的用量将高锰酸钾置于广口容器中，加入 $2mL/m^3$ 的甲醛氧化挥发。操作时要戴好口罩和手套，倒入甲醛后迅速离开熏蒸房间，熏蒸 24～48h 打开门窗通风。

 评价考核>>>

器皿的洗涤与消毒评价考核标准参照表 3-1 执行。

表 3-1　器皿的洗涤与消毒考核标准

考核内容		考核标准	分值（满分100）	自我评价	教师评价
	准备工作	物品准备齐全，人员安排合理	5		
洗涤液配制	1%盐酸溶液配制	计算正确，量取准确，配制量适宜	15		
	铬酸洗液配制	按天平使用规则准确称量重铬酸钾，溶解彻底，配制方法正确			
	2%新洁尔灭溶液配制	配制浓度符合要求，配制方法正确			
器皿洗涤	根据器皿种类选用有效的洗涤方法		15		
	按要求用洗涤液浸泡				
	按照正确的步骤进行洗涤				
	按要求用流水将洗涤液冲洗干净				
器皿检查与存放	明确器皿洁净的标准		10		
	按照洁净标准正确判断器皿洁净与否				
	达到洁净要求的能正确进行存放				
	不符合要求的重新洗涤				
厂房卫生清理	对各房间地面清扫彻底，擦拭干净		10		
	对实验台面、仪器表面、墙壁、门窗等擦拭干净				
厂房消毒	能因地制宜选择有效的消毒方法，对厂房各车间进行消毒		10		
	接种室与培养室空间采用紫外辐射消毒				
	选用适宜的消毒剂或消毒方法对各车间地面与墙壁消毒				
	会计算空间大小，并采用适量的消毒剂进行熏蒸消毒				
现场整理	工作台面清洁，物品按要求整理归位		5		
实训报告	操作过程描述准确、有条理		10		
	实训结果描述真实详尽				
	图片处理使报告画龙点睛				
	操作过程中取得的效果和存在的问题总结真实详尽				
能力提升	不懂的事情通过查资料、讨论、请教他人能够弄明白		10		
	做事前习惯进行周密的计划				
	养成勤于观察、详尽记录的习惯				
	培养良好的沟通能力				
	善于捕捉试验图片，留足佐证材料				
素质提升	做事积极主动，与人团结合作		10		
	遇到问题灵活变通，富于创造性				
	学习、工作勤恳努力				
	对待新事物有强烈的求知欲				
	具有强烈的责任感，遇事有担当				

任务二 培养基母液的配制与保存

 任务目标 >>>

1. 掌握培养基的基本成分，了解各成分的作用。
2. 了解常用培养基的种类和特点。
3. 明确培养基母液配制的目的和意义。
4. 能按照配方独立进行各类培养基母液的配制与保存。

 任务分析 >>>

培养基是人为提供离体培养材料的营养源。配制不同的培养基，是为满足不同植物材料对营养的不同需要。没有一种培养基能够适合一切类型的植物组织或器官，在建立一项新的培养体系时，首先必须找到一种合适的培养基，培养才有可能成功。

每种培养基需要十几种化合物，配制起来十分不方便，特别是微量元素和植物激素的用量极少，很难精确称量。因此，可将配方中的各种成分配成浓缩液即浓缩贮备液（简称母液），用时稀释。一方面能够方便快速配制培养基，另一方面又能保证各培养基成分含量的准确性。

 相关知识 >>>

一、培养基的种类、配方与特点

（一）常用培养基的种类

（1）根据形态不同，培养基可分为固体培养基和液体培养基。如果培养基中加入了适量的凝固剂（琼脂、卡拉胶等），则为固体培养基；如未加入凝固剂，即为液体培养基。

（2）根据培养阶段不同，培养基可分为初代培养基和继代培养基。初代培养基是指在第一次接种外植体（即初代培养阶段）时使用的培养基；继代培养基是指用来接种初代培养物之后（即继代培养阶段）的培养基。

（3）根据作用水平（或培养的进程）不同，培养基可分为诱导（启动）培养基、增殖（扩繁）培养基和生根培养基。

（4）根据营养水平不同，培养基可分为基本培养基和完全培养基。基本培养基只含有无机盐、蔗糖、维生素和水等最基本成分（如常见的 MS、White、N6、B5 等培养基）；完全培养基由基本培养基添加适宜的植物生长激素和有机附加物组成。

（二）培养基配方

常用的培养基配方如表 3-2 所示。

表 3-2 常用培养基配方

单位：mg/L

成分 \ 培养基	MS (1962)	B5 (1968)	White (1943)	SH (1972)	Knudson C (1946)	VW (1949)	N6 (1974)
KNO_3	1 900	2 527.5	80	2 500		525	2 830
NH_4NO_3	1 650					500	
$(NH_4)_2SO_4$		134			500		463
$Ca(NO_3)_2 \cdot 4H_2O$			300		1 000		
$CaCl_2 \cdot 2H_2O$	440	150		200			166
$Ca_3(PO_4)_2$						200	
$MgSO_4 \cdot 7H_2O$	370	246.5	720	400	250	250	185
KH_2PO_4	170				250	250	400
$NaH_2PO_4 \cdot H_2O$		150	17				
Na_2SO_4			200				
Na_2-EDTA	37.3			15			37.3
$FeSO_4 \cdot 7H_2O$	27.8			20	25		27.8
Na-Fe-EDTA		28					
$Fe_2(SO_4)_3$			2.5				
KCl			65				
$Fe_2(C_4H_4O_6)_3$						28	
$NH_4H_2PO_4$				300			
$MnSO_4 \cdot H_2O$				10			
$MnSO_4 \cdot 4H_2O$	22.3	10	5		7.5	7.5	4.4
$ZnSO_4 \cdot 7H_2O$	8.6	2	3	1			3.8
H_3BO_3	6.2	3	1.5	5			1.6
KI	0.83	0.75	0.75	1			0.8
$Na_2MoO_4 \cdot 2H_2O$	0.25	0.25		0.1			
MoO_3			0.001				
$CuSO_4 \cdot 5H_2O$	0.025	0.025	0.01	0.2			
$CoCl_2 \cdot 6H_2O$	0.025	0.025		0.1			
盐酸硫胺素	0.1	10	0.1	5			1
烟酸	0.5	1	0.3	5			0.5
盐酸吡哆醇	0.5	1	0.1	5			0.5
肌醇	100	100		1 000			
甘氨酸	2		3				2
蔗糖	30 000	20 000	20 000	30 000	20 000	20 000	50 000
pH	5.8	5.5	5.6	5.8	5.8	5.5	5.8

（三）培养基的特点

1. MS 培养基 1962 年由 Murashige 和 Skoog 为培养烟草组织而设计，是目前应用最广泛的一种培养基。其特点是无机盐浓度高，具有高含量的氮、钾，尤其是铵盐和硝酸盐的含量很高，能够满足迅速增长的组织对营养元素的需求，有加速愈伤组织和培养物生长的作用，当培养物久不转移时仍可维持其生存。但它不适合生长缓慢、对无机盐浓度要求比较低的植物，尤其不适合铵盐过高时易发生毒害的植物。与 MS 培养基基本成分较为接近的还有 LS、RM 培养基：LS 培养基去掉了甘氨酸、盐酸吡哆醇和烟酸；RM 培养基把硝酸铵的含量提高到 4 950mg/L，磷酸二氢钾提高到 510mg/L。另外，ER 培养基（1965）与 MS 培养基也较为接近。

2. White 培养基 1943 年由 White 设计的，于 1963 年做了改良。这是一个低盐浓度培养基，它的使用也很广泛，对生根培养、胚胎培养或一般组织培养都有很好的效果。

3. N6 培养基 1974 年由我国朱至清等学者为水稻等禾谷类作物花药培养而设计。其特点是 KNO_3 和 $(NH_4)_2SO_4$ 含量高，不含钼。目前在国内已广泛应用于小麦、水稻及其他植物的花粉和花药培养。

4. B5 培养基 1968 年由 Camborh 等设计。它的主要特点是含有较低的铵盐，较高的硝酸盐和盐酸硫胺素。铵盐可能对不少培养物的生长有抑制作用，但它适合于某些双子叶植物特别是木本植物的生长。

5. SH 培养基 1972 年由 SchenkHid 和 Hidebrandt 设计。它的主要特点与 B5 培养基相似，不用 $(NH_4)_2SO_4$，而改用 $NH_4H_2PO_4$，是无机盐浓度较高的培养基。在不少单子叶和双子叶植物上使用，效果很好。

6. VW 培养基 1949 年由 Vacin 和 Went 设计，适合于附生兰的培养。总的离子强度稍低些，磷以 $Ca_3(PO_4)_2$ 形式供给，要先用 1mol/L HCl 溶解后再加入混合溶液中。

二、培养基的组成

培养基主要由水、无机元素、有机化合物、植物生长调节物质、培养基的其他成分五大类组成。

（一）水

水是植物原生质体的组成成分，也是一切代谢过程的介质和溶媒。它是生命活动过程中不可缺少的物质。配制培养基母液时要用蒸馏水，以确保母液及培养基成分的精确性，防止贮藏过程中发霉变质，大规模生产时可用自来水。但在少量研究上尽量用蒸馏水，以防成分的变化对研究结果造成不良影响。

（二）无机元素

1. 大量元素 指浓度大于 0.5mmol/L 的元素，有 N、P、K、Ca、Mg、S 等。常由 KNO_3、NH_4NO_3、KH_2PO_4、NaH_2PO_4、KCl、$MgSO_4 \cdot 7H_2O$、$CaCl_2 \cdot 2H_2O$ 等化合物来提供。

2. 微量元素 指浓度小于 0.5mmol/L 的元素，有 Fe、B、Mn、Zn、Cu、Mo、Co 等。

铁是一些氧化酶、细胞色素氧化酶、过氧化氢酶等的组成成分，同时，它又是叶绿素形成所必需的。培养基中的铁对胚的形成、芽的分化和幼苗转绿有促进作用。在制作培养基时不用 $Fe_2(SO_4)_3$ 和 $FeCl_3$ [因其 pH>5.2 时易形成 $Fe(OH)_3$ 的不溶性沉淀]，而用 $FeSO_4 \cdot 7H_2O$ 和 Na_2 - EDTA 结合成螯合物使用。B、Mn、Zn、Cu、Mo、Co 等也是植物组织培养中不可缺少的元素，缺少这些物质会导致生长发育异常。

（三）有机化合物

1. 糖类 这类有机物的作用一是为培养物提供赖以生长的碳源；二是使培养基维持一定的渗透压。常用的糖有蔗糖、葡萄糖、果糖、麦芽糖、半乳糖、甘露糖等，一般使用浓度在 20~30g/L。在大规模生产时，可用食用的绵白糖代替。

2. 维生素类 这类化合物在植物细胞中主要以各种辅酶的形式参与多种代谢活动，对生长、分化等有很好的促进作用。常用的种类有硫胺素（维生素 B_1）、吡哆醇（维生素 B_6）、烟酸（维生素 B_3，又称为维生素 PP）、泛酸（维生素 B_5）、生物素（维生素 H）、钴胺素（维生素 B_{12}）、叶酸（维生素 B_{11}）等。一般使用浓度在 0.1~1.0mg/L。

3. 肌醇（环己六醇） 肌醇在糖类的相互转化中起重要作用，它参与细胞壁和细胞膜的构建，能促进愈伤组织的生长以及胚状体和芽的形成，对组织和细胞的繁殖、分化有促进作用。一般使用浓度在 100mg/L。

4. 氨基酸 氨基酸是很好的有机氮源，可被细胞直接吸收利用。常用种类有甘氨酸、精氨酸、谷氨酸、谷酰胺、天冬氨酸、天冬酰胺、丙氨酸等。有时应用水解乳蛋白（LH）或水解酪蛋白（CH），但由于它们营养丰富，极易引起污染。如在培养中无特别需要，以不用为宜。

5. 天然复合物 其成分比较复杂，大多含氨基酸、激素、酶等一些复杂化合物。它对细胞和组织的增殖与分化有明显的促进作用，但对器官的分化作用不明显。它的成分大多不清楚，所以一般不使用。

（1）椰汁。是椰子的液体胚乳。它是使用最多、效果最好的一种天然复合物，一般使用浓度在 100~200g/L。它在愈伤组织和细胞培养中有促进作用。在马铃薯茎尖分生组织和草莓微茎尖培养中起明显的促进作用，但茎尖组织的大小超过 1mm 时，椰汁不发生作用。

（2）香蕉。主要在兰花的组织培养中应用，对原球茎增殖有明显的促进效果，并有利于壮苗与生根。一般使用浓度在 150~200g/L。

（3）马铃薯。去掉皮和芽后，加水煮 30min，经过滤，取其滤液使用。添加马铃薯滤液后可得到健壮的植株。一般使用浓度在 150~200g/L。

（四）植物生长调节物质

植物生长调节物质是培养基的关键性物质，对植物组织培养起着决定性作用，控制着培养物的脱分化、再分化和形态建成。

1. 生长素类 在组织培养中，生长素主要用于诱导愈伤组织形成，诱导根的分化和促进细胞分裂、伸长生长。常用种类有 IAA（吲哚乙酸）、NAA（萘乙酸）、IBA（吲哚丁酸）、2，4-滴（2，4-二氯苯氧乙酸）等。作用能力的强弱顺序为：2，

4-滴＞NAA＞IBA＞IAA。生长素不溶于水，IAA、NAA、IBA 配制时可用少量 95％酒精助溶，2，4-滴可用 0.1mol/L 的 NaOH 或 KOH 助溶。

IAA 是天然的生长素，高温高压条件下易被破坏，也易被细胞中的 IAA 分解酶降解，见光也易分解，需要避光贮存，过滤灭菌。其他 3 种生长素是人工合成的，耐高温高压，不易被分解破坏。特别是 NAA，稳定性好，活性较高，价格低廉，所以应用最为普遍。

2. 细胞分裂素类　主要作用有：①诱导芽的分化，促进侧芽萌发生长，细胞分裂素与生长素相互作用，当组织内细胞分裂素/生长素的数值大时，诱导愈伤组织或器官分化出不定芽；②促进细胞分裂与扩大；③抑制根的分化。因此，细胞分裂素多用于诱导不定芽的分化和茎、苗的增殖，而避免在生根培养时使用。

这类激素是腺嘌呤的衍生物，包括 6-BA（6-苄氨基嘌呤）、KT（激动素）、ZT（玉米素）等。作用能力的强弱顺序是：ZT＞6-BA＞KT，常用的是人工合成的、性能稳定的、价格适中的 6-BA。细胞分裂素不溶于水，也不溶于酒精，一般可溶于 0.1mol/L 的盐酸或 NaOH 溶液。

3. 赤霉素（GA）　有 20 多种，培养基中添加的是 GA_3，主要用于促进幼苗茎的伸长生长，促进不定胚发育成小植株；此外，赤霉素还用于打破休眠，促进种子、块茎、鳞茎等提前萌发。一般在器官形成后，添加赤霉素可促进器官或胚状体的生长。赤霉素溶于酒精，配制时可用少量 95％酒精助溶。赤霉素不耐热，高压灭菌后将有 70％～100％失效，应当过滤灭菌。

生长调节物质的使用量甚微，一般用 mg/L 表示浓度。在组织培养中生长调节物质的使用浓度，因植物的种类、部位、时期、内源激素等的不同而异，一般生长素的使用浓度为 0.05～5.00mg/L，细胞分裂素为 0.05～10.00mg/L。

（五）培养基的其他成分

1. 琼脂　在固体培养时琼脂是最好的固化剂。琼脂是一种从海藻中提取的高分子糖类，本身并不提供营养。琼脂能溶解在 90℃ 以上的热水中成为溶胶，冷却至 40℃ 即凝固为固体状凝胶。琼脂的使用浓度在 6～10g/L。一般琼脂以颜色浅、透明度好、洁净的为上品。琼脂的凝固能力除了与原料、厂家的加工方式有关外，还与高压灭菌时的温度、时间、pH 等因素有关，长时间的高温会使凝固能力下降，过酸或过碱加之高温会使琼脂发生水解，丧失凝固能力。时间过久，琼脂变褐，也会逐渐丧失凝固能力。

加入琼脂的固体培养基与液体培养基相比，优点在于操作简便，通气问题易于解决，便于随时观察研究等，缺点是培养物的吸收面积小；各种养分在琼脂中扩散较慢，影响养分的充分利用；培养物排出的一些代谢废物，聚集在吸收表面，对组织产生毒害作用。

2. 抗生物质　抗生物质有青霉素、链霉素、庆大霉素等，使用浓度在 5～20mg/L。添加抗生物质可防止微生物污染，减少培养材料的损失。每种抗生素都有其各自的抑菌谱，要选择使用，也可两种抗生素混用。但应当注意，抗生素对植物组织的生长也有抑制作用。

3. 抗氧化物　培养基中添加抗氧化物是为了抑制外植体和培养物褐化。常用的抗氧化剂有半胱氨酸、维生素C、柠檬酸、聚乙烯吡咯烷酮（PVP）等。

4. 活性炭 活性炭有很强的吸附作用，它可以吸附非极性物质和色素等大分子物质，包括琼脂中所含的杂质，培养物分泌的酚类、醌类物质及激素等。通常使用浓度在0.1~10.0g/L。培养基中添加活性炭可以防止褐化、促进生根、降低玻璃苗的产生频率。活性炭在胚胎培养中也有一定作用。但是，活性炭也具有副作用，如吸附培养基中的生长调节物质，削弱琼脂的凝固能力，添加时须注意。

三、培养基母液配制技术

（一）母液配制方法
母液的配制方法有两种：一种是配制成单一化合物的母液；另一种是配制成几种不同化合物的混合液。前者适用于配制多种培养基都需要的同一种溶液，后者适用于配制大量同种培养基。母液的配制方法将在技能训练中详细介绍。

（二）母液配制要求
1. 母液浓缩倍数 大量元素10~20倍；微量元素100~1 000倍；铁盐100倍；有机物100~200倍。

2. 防止沉淀 选用蒸馏水、分析纯或化学纯试剂。

3. 激素母液浓度 0.1~1.0mg/mL，1次配成50mL或100mL。

（三）培养基母液的保存
将配制好的母液分别倒入试剂瓶中，贴好标签。然后放入冰箱内，在0~4℃低温保存，用时再按比例稀释。

 工作流程 >>>

培养基母液的配制工作流程如图3-5所示。

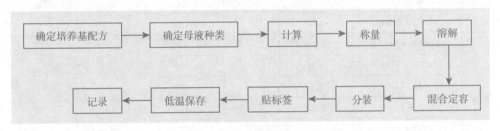

图3-5 培养基母液配制

技能训练一 配制MS培养基10倍大量元素母液1 000mL

一、训练目的

通过MS培养基10倍大量元素母液的配制，学习培养基大量元素母液的配制方法，掌握配制与保存培养基母液的基本技能，以备在日后的工作中配制其他培养基的大量元素母液。

二、材料

1/100 托盘天平、称量纸、药匙、1 000mL 烧杯、蒸馏水、磁力搅拌器、1 000mL 容量瓶、量筒、1 000mL 细口试剂瓶、标签纸、铅笔、冰箱、硝酸钾、硝酸铵、硫酸镁、磷酸二氢钾、氯化钙、0.1mol/L 的氢氧化钠、0.1mol/L 的盐酸等。

三、操作步骤

（1）用 1/100 托盘天平按表 3-3 所示依次称取大量元素药品，加入装有 500mL 蒸馏水的烧杯中，用磁力搅拌器搅拌促进溶解，一种药品溶解后再放另一种药品。注意 Ca^{2+} 与 SO_4^{2-}、PO_4^{3-} 易发生沉淀，因此将 $CaCl_2 \cdot 2H_2O$ 充分溶解后最后加入。

（2）定量转移到 1 000mL 容量瓶中，再加水定容至刻度，成为 10 倍母液。

（3）用配好的母液润洗 1 000mL 细口试剂瓶 3 次，弃掉洗液，将母液倒入试剂瓶中。

（4）贴好标签，并在标签上注明母液名称、浓缩倍数或配制浓度、配制日期、配制人。放入冰箱内于 0~4℃低温下保存。

表 3-3　MS 培养基母液的各成分比例

母液种类	成分	规定量/(mg/L)	扩大倍数	称取量/mg	母液体积/mL	配 1L 培养基吸取量/mL
大量元素	KNO_3	1 900	10	19 000	1 000	100
	NH_4NO_3	1 650		16 500		
	$MgSO_4 \cdot 7H_2O$	370		3 700		
	KH_2PO_4	170		1 700		
	$CaCl_2 \cdot 2H_2O$	440		4 400		
微量元素	$MnSO_4 \cdot 4H_2O$	22.3	500	11 150	1 000	2
	$ZnSO_4 \cdot 7H_2O$	8.6		4 300		
	H_3BO_3	6.2		3 100		
	KI	0.83		415		
	$Na_2MoO_4 \cdot 2H_2O$	0.25		125		
	$CuSO_4 \cdot 5H_2O$	0.025		12.5		
	$CoCl_2 \cdot 6H_2O$	0.025		12.5		
铁盐	Na_2-EDTA	37.3	100	3 730	1 000	10
	$FeSO_4 \cdot 7H_2O$	27.8		2 780		
有机物	甘氨酸	2.0	200	200	500	5
	盐酸硫胺素	0.1		10		
	盐酸吡哆醇	0.5		50		
	烟酸	0.5		50		
	肌醇	100		10 000		

技能训练二　配制 MS 培养基 500 倍微量元素母液 1 000mL

一、训练目的

通过 MS 培养基 500 倍微量元素母液的配制，学习培养基微量元素母液的配制方法，以备在日后的工作中配制其他培养基的微量元素母液。

二、材料

1/10 000 分析天平、称量纸、药匙、1 000mL 烧杯、蒸馏水、磁力搅拌器、1 000mL 容量瓶、1 000mL 细口试剂瓶、标签纸、铅笔、冰箱、硫酸锰、硫酸锌、硼酸、碘化钾、钼酸钠、硫酸铜、氯化钴等。

三、操作步骤

（1）用 1/10 000 分析天平按表 3-3 所示依次称取微量元素药品，加入装有 500mL 蒸馏水的烧杯中，用磁力搅拌器搅拌促进溶解，一种药品溶解后再放另一种药品。

（2）定量转移到 1 000mL 容量瓶中，再加水定容至刻度，成为 500 倍母液。

（3）用配好的母液润洗 1 000mL 细口试剂瓶 3 次，弃掉洗液，将母液倒入试剂瓶中。

（4）贴好标签，并在标签上注明母液名称、浓缩倍数或配制浓度、配制日期、配制人。放入冰箱内于 0～4℃低温下保存。

技能训练三　MS 培养基 100 倍铁盐母液的配制

一、训练目的

通过 MS 培养基 100 倍铁盐母液的配制，学习培养基铁盐母液的配制方法，以备在日后的工作中配制其他培养基的铁盐母液。

二、材料

1/100 托盘天平、称量纸、药匙、1 000mL 烧杯、蒸馏水、磁力搅拌器、1 000mL 容量瓶、1 000mL 细口试剂瓶、标签纸、铅笔、冰箱、EDTA 钠盐、硫酸亚铁等。

三、操作步骤

（1）用 1/100 托盘天平按表 3-3 所示依次称取铁盐药品，加入装有 500mL 蒸馏水的烧杯中，用磁力搅拌器搅拌促进溶解，一种药品溶解后再放另一种药品。

（2）定量转移到 1 000mL 容量瓶中，再加水定容至刻度，成为 100 倍母液。

（3）用配好的母液润洗 1 000mL 细口试剂瓶 3 次，弃掉洗液，将母液倒入试剂

铁盐母液的
配制

瓶中。

（4）贴好标签，并在标签上注明母液名称、浓缩倍数或配制浓度、配制日期、配制人。放入冰箱内于0～4℃低温下保存。

技能训练四　MS 培养基 200 倍有机物母液的配制

一、训练目的

通过 MS 培养基 200 倍有机物母液的配制，学习培养基有机物母液的配制方法，以备在日后的工作中配制其他培养基的有机物母液。

二、材料

1/10 000 分析天平、称量纸、药匙、500mL 烧杯、蒸馏水、磁力搅拌器、500mL 容量瓶、500mL 细口试剂瓶、标签纸、铅笔、冰箱、甘氨酸、盐酸硫胺素、盐酸吡哆醇、烟酸、肌醇等。

有机物母
液的配制

三、操作步骤

（1）用 1/10 000 分析天平按表 3-3 所示依次称取有机物药品，加入装有 250mL 蒸馏水的烧杯中，用磁力搅拌器搅拌促进溶解，一种药品溶解后再放另一种药品。

（2）定量转移到 500mL 容量瓶中，再加水定容至刻度，成为 200 倍母液。

（3）用配好的母液润洗 500mL 细口试剂瓶 3 次，弃掉洗液，将母液倒入试剂瓶中。

（4）贴好标签，并在标签上注明母液名称、浓缩倍数或配制浓度、配制日期、配制人。放入冰箱内于0～4℃低温下保存。

技能训练五　6‐BA 和 NAA 母液的配制

每种激素必须单独配成母液，一般浓度在 0.1～1.0mg/mL，用时根据需要取用。多数激素难溶于水，要先溶于特定溶剂，然后才能加水定容。具体方法为：将 IAA、IBA、GA、NAA 等先溶于少量 95% 的酒精中再加水定容；2，4‐滴可用少量 0.1mol/L 的氢氧化钠溶解后再加水定容；KT 和 6‐BA 先溶于少量 0.1mol/L 的盐酸或氢氧化钠中再加水定容。

一、训练目的

通过 MS 培养基 6‐BA 和 NAA 母液的配制，学习培养基激素母液的配制方法，以备在日后的工作中配制其他的激素母液。

二、材料

1/10 000 分析天平、称量纸、药匙、100mL 烧杯、50mL 烧杯、100mL 量筒、

蒸馏水、磁力搅拌器、100mL 容量瓶、100mL 细口试剂瓶、标签纸、铅笔、冰箱、盐酸、6‑BA、NAA、95%酒精等。

三、操作步骤

1. 配制 0.1mol/L 的盐酸 100mL　一般市售浓盐酸质量分数为 36%~38%，其中质量分数为 37% 的浓盐酸的密度为 1.19g/mL。浓盐酸易挥发，所以开瓶的盐酸质量分数不是标签上注明的。为计算方便，实验室以 36.5% 计算。1L 浓盐酸其物质的量为 36.5%×（1.19×1 000）/36.5＝11.9mol，物质的量浓度即为 11.9mol/L，0.011 9mol/mL。可以记住这个数，配制适当摩尔浓度的盐酸溶液。

$$100mL×0.1mol/L＝11.9mol/L×盐酸体积$$
$$盐酸体积＝0.84mL$$

用吸量管量取 0.84mL 的浓盐酸注入 100mL 量筒中，补足水到 100mL 刻度即可。

2. 配制 0.5mg/mL 的 6‑BA 母液 100mL　用 1/10 000 分析天平准确称取 6‑BA 50mg，放到 100mL 的烧杯中，先加少量 0.1mol/L 的盐酸搅拌使之溶解，完全溶解后加蒸馏水混匀，定量转移到 100mL 容量瓶中，定容。最后倒入 100mL 细口试剂瓶中。贴上标签，记录好母液名称、浓度、配制日期、配制人。放入冰箱内于 0~4℃ 低温下保存。

3. 配制 0.2mg/mL 的 NAA 母液 50mL　用 1/10 000 分析天平准确称取 NAA 10mg，放到 50mL 的烧杯中，先加少量 95% 的酒精搅拌使之完全溶解，然后加蒸馏水混合，定量转移到 50mL 容量瓶中，定容。最后倒入试剂瓶中。贴上标签，记录好母液名称、浓度、配制日期、配制人等。放入冰箱内于 0~4℃ 低温下保存。

 评价考核 >>>

培养基母液的配制与保存的评价考核标准参照表 3‑4 执行。

表 3‑4　培养基母液的配制与保存考核标准

考核内容		考核标准	分值（满分100）	自我评价	教师评价
准备工作		物品准备齐全、合理，摆放整齐	5		
母液配制	计算	根据培养基配方与母液浓度计算各种药品用量	15		
		计算正确，结果准确无误			
		检查所用药品与配方药品是否一致，不一致须进行换算			
	药品称量	用适宜精度的天平称量所需药品	10		
		天平操作规范熟练，称量准确			
	药品溶解	选择适宜量程的烧杯溶解药品	10		
		采用正确的溶解方式，搅拌器正确使用			
		溶剂选用合理，溶解彻底，溶液不混浊或沉淀			

（续）

考核内容		考核标准	分值（满分100）	自我评价	教师评价
母液配制	定容	根据配制的量选择合适的容量瓶准确定容	10		
		定容方法正确，平视溶液凹面和刻度线一致			
	装瓶	用配好的母液润洗试剂瓶	5		
		将混合均匀的母液转移到试剂瓶中			
		装瓶引流，做到不洒不漏			
	标记	在标签纸上记下母液名称、配制倍数或浓度、配制日期等	5		
		标签贴到母液瓶中央，标签贴的位置合适、不偏不倚			
		标记清楚明了			
母液保存		贴好标签的母液瓶，放入冰箱中于0~4℃下冷藏	5		
		母液瓶放置合理、标签朝外对着冰箱门			
现场整理		工作台面清洁，物品按要求整理归位	5		
实训报告		参照表3-1	10		
能力提升		参照表3-1	10		
素质提升		参照表3-1	10		

任务三　培养基的配制与灭菌

任务目标 >>>

1. 掌握培养基配制的工作过程。
2. 能根据提供的配方独立进行培养基母液的量取、培养基的配制与分装。
3. 能规范使用高压蒸汽灭菌器对培养基进行灭菌，并能正确存放。

任务分析 >>>

　　培养基是植物组织培养的重要基质。在离体培养条件下，不同的植物组织对营养有不同的要求，甚至同一种植物不同部位的组织对营养的要求也不相同，只有满足了它们各自的要求，才能成功进行组织培养。没有一种培养基能够适合所有类型的植物组织或器官的生长。因此，在建立一项新的培养系统时，首先必须找到合适的培养基。培养基在配制的过程中，首先要在容器中加入一定量的蒸馏水，然后再准确称量需加入的各种母液和其他成分，最后将熬制好的培养基按照要求进行分装。

相关知识>>>

一、培养基配制操作流程

无菌培养基的配制如图 3-6 所示。

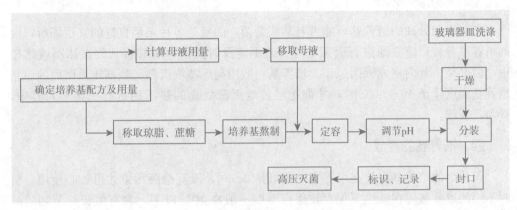

图 3-6 培养基配制及灭菌流程

二、培养基的配制与分装

1. 确定培养基配方及用量 根据培养对象、培养目的等，通过查阅资料及咨询等确定培养基配方，然后根据外植体的数量和试验处理的多少确定培养基的用量。

2. 称取琼脂、蔗糖 用 1/100 天平分别称取 6~10g/L 的琼脂和 20~30g/L 的蔗糖。

3. 培养基熬制 量取适量蒸馏水（水的体积应少于所配制培养基的体积，占总体积的 2/3~3/4）放入加热容器，加入称量好的琼脂和糖，接通电源加热，至琼脂完全溶化。熬制培养基的过程中先放入难溶解的琼脂及有机附加物（马铃薯、香蕉等），最后加入药剂混合液，因混合液中的有机物遇热时间长，易分解失效。

4. 移取母液 先计算出母液的用量，再从冰箱中取出存放的各种培养基母液；检查母液是否变色、沉淀、结晶、长霉，已失效的应弃之不用。按大量元素、微量元素、铁盐、有机成分、植物激素的顺序将母液取出，混合。

5. 定容 将母液混合液加入完全溶解的琼脂溶液中，搅拌混匀，并加水定容到所需体积。

6. 调节 pH 用酸度计或精密 pH 试纸测试培养基溶液的 pH（5.5~6.8），偏碱滴加 0.1mol/L 的盐酸调整，偏酸滴加 0.1mol/L 的氢氧化钠调整，直到达到配方要求值。多数培养基经高压灭菌，其 pH 会降低 0.2~0.3 个单位，故调节 pH 时应比要求的 pH 提高 0.2~0.3 个单位。

7. 分装 培养基要趁热分装，100mL 的容器装入 30~40mL，即 1L 培养基装 35 瓶左右，太多则浪费培养基，太少则不易接种和影响生长，但也要根据培养对象来决定。如果培养时间较长，应适当多装培养基；生根等短期培养时，可适当少装培养基。分装时不要把培养基滴到瓶口或瓶壁上，以免日后落菌污染。

8. 封口 用合适的封口材料和线绳进行包扎。

9. 标识与记录 封装好的培养基做好标记放到高压灭菌锅中准备灭菌。在工作记录本上记录所做培养基名称、时间、装瓶数。

三、培养基的灭菌

未经灭菌处理的培养基可能带有某些杂菌，而且是各种杂菌良好的繁殖场所，因此培养基分装后应立即进行灭菌处理。若不能及时灭菌，最好将其放在冰箱或冰柜中，但必须 24h 内完成灭菌工作。培养基一般用高压蒸汽灭菌。当高压灭菌后的琼脂培养基温度降至 40～50℃ 时，才能把经过滤灭菌处理的热不稳定有机物加入其中，摇匀、凝固。

四、培养基的存放

灭菌后的培养基应放在培养室中预培养 2～3d，没有杂菌污染才可放心使用。暂时不用的培养基应在低温下保存，保存温度一般在 10℃ 以下，含有生长调节物质的灭菌培养基保存温度应在 4～5℃。含吲哚乙酸或赤霉素的培养基应在灭菌后 1 周内用完；其他培养基应在灭菌后 2 周内用完，最多不超过 1 个月，以免培养基干燥变质。

技能训练一 培养基的配制与分装

一、训练目的

通过配制 5L 菊花诱导培养基 MS＋6 - BA 1.0mg/L＋NAA 0.1mg/L＋0.6％琼脂＋3％蔗糖（pH6.2），学习培养基的配制与分装技术。

二、材料

1/100 天平、电磁炉、不锈钢锅、玻璃棒、量筒、烧杯、吸量管、洗耳球、pH试纸、0.1mol/L 盐酸、0.1mol/L 氢氧化钠、封口膜、玻璃纸、线绳、培养瓶、0.5mg/mL 6 - BA、0.2mg/mL NAA 等。

三、操作步骤

1. 称取琼脂、蔗糖 用 1/100 天平分别称取琼脂 30g、蔗糖 150g。

2. 培养基熬制 取约 3.5L 蒸馏水放入加热容器，加入称量好的琼脂和糖，接通电源加热。为避免糊底和溢出，先用旺火煮开，再用文火加热，边加热边搅拌，至完全溶解。

3. 母液取用量的计算

（1）制备培养基时，MS 基本培养基配方的母液取用量（mL）＝配 1L 培养基吸取母液体积（mL）×制备培养基的升数。

按照表 3-3 所示，计算出需要大量元素母液 500mL、微量元素母液 10mL、铁盐母液 50mL、有机物母液 25mL。

（2）生长调节物质母液取用量（mL）＝配方中的浓度（mg/L）×制备培养基的升数/母液浓度（mg/mL）。按照配方要求和激素母液浓度，计算出需要 6-BA 10mL、NAA 2.5mL。

4. 移取母液　按母液顺序依次用量筒移取大量元素母液 500mL、铁盐母液 50mL、有机物母液 25mL；用专一对应的移液管分别吸取微量元素母液 10mL、6-BA 母液 10mL、NAA 母液 2.5mL，混合。

5. 定容　将母液混合液加入完全溶化的琼脂溶液中，搅拌混匀，并加水定容到 5L。

6. 调节 pH　用酸度计或精密 pH 试纸测试培养基溶液的 pH，偏高滴加 0.1mol/L 的盐酸调整，偏低滴加 0.1mol/L 的氢氧化钠调整，调至 pH 6.2。

7. 分装　用乳胶管把配制好的培养基趁热分装到培养瓶中，100mL 的培养瓶每瓶装入培养基 30～40mL，分装时数量要均匀、合适，培养基不黏附瓶口和瓶壁。

8. 封口　用封口膜和玻璃纸封口，用线绳包扎。

9. 标识与记录　封装好的培养基做好标记放入高压灭菌锅中准备灭菌。在工作记录本上记录所做培养基名称、时间、装瓶数、配制人姓名。

技能训练二　培养基的高压蒸汽灭菌

一、训练目的

通过对分装好的培养基进行灭菌，学习全自动式高压蒸汽灭菌器的使用方法。

二、材料

分装好的培养基、蒸馏水、全自动式高压蒸汽灭菌器（以上海博迅 YXQ-LS-50SⅡ为例）等。

三、操作步骤

1. 加水　向高压蒸汽灭菌器内加蒸馏水至淹没电热丝。

2. 装锅　将待灭菌的培养基放入高压蒸汽灭菌器。不要放得太紧，以免影响蒸汽的流通和灭菌效果。物品也不要紧靠锅壁，以免冷凝水顺锅壁流入灭菌物品中。

3. 密封　加盖旋紧螺旋，封闭高压蒸汽灭菌器各出汽口。

4. 设置参数　接通电源，设置参数（温度 121℃，时间 20～30min）。

5. 自动灭菌　按一下"工作"键，"工作"指示灯亮，系统正常工作，进入自动控制灭菌过程。当内腔温度达到设定温度时，定时计时灯亮，灭菌开始计时。

6. 报警　当灭菌时间达到设定的时间时，完成灭菌。"工作"指示灯、"计时"

高压蒸汽灭菌锅的使用

指示灯灭，并伴有蜂鸣声提醒，面板显示"End"，此时灭菌结束。

7. 降压　切断电源，自然冷却至压力降为0。

8. 出锅保存　打开锅盖，立即取出培养基，平放冷却，备用。少数培养基置37℃恒温培养箱内24h，若无菌生长，可低温保存使用。如果有菌生长，说明灭菌不彻底，需要再次灭菌。

 评价考核>>>

培养基的配制与灭菌考核标准参照表3-5执行。

表3-5　培养基的配制与灭菌考核标准

考核内容		考核标准	分值（满分100）	自我评价	教师评价
准备工作		检查各种母液，无沉淀和混浊	5		
		仪器物品准备齐全、合理，人员安排合理			
培养基配制	称量	正确按照培养基用量计算母液外其他物质的用量	5		
		准确称量琼脂、糖和其他固体添加物			
		天平使用规范			
	加水	在加热容器中加入总容积 2/3 左右的蒸馏水，不可过多或过少	3		
	熬制	将称量好的琼脂和糖加入加热容器中，放到电磁炉上接通电源加热熬制	5		
		边加热边搅拌，防止糊底和溢锅，直至琼脂全部溶化			
	母液用量计算	根据培养基配方、体积、母液浓度计算各种母液用量	5		
		各种母液无遗漏			
		计算方法正确，结果准确			
	移取母液	把所需的母液按顺序摆好，依次量取	6		
		选用量器合理，专管专用			
		一次性移取，移取迅速、不滴不漏			
		量取规范、准确			
	定容	在熬好的培养基中加入量取的母液混合液，并加水定容到所需要的体积	3		
		定容方法正确，体积准确			
	调 pH	用酸度计或精密 pH 试纸测量培养基的 pH	3		
		用 0.1mol/L 的盐酸或氢氧化钠调节至所需数值			
		酸度计使用正确，调节正确			

（续）

考核内容		考核标准	分值（满分100）	自我评价	教师评价
分装与包扎	分装	趁热将培养基分装到摆好的培养瓶中	8		
		分装到培养瓶中的培养基厚度在1.0～1.5cm			
		培养基不能滴到瓶口和瓶壁上			
		分装均匀、体积变化小			
		培养瓶表面和台面洁净			
	包扎	选用适当的封口材料包扎封口	7		
		包扎规范熟练			
高压灭菌		高压蒸汽灭菌器使用规范	15		
		设置灭菌温度、灭菌时间合理准确			
		操作熟练			
		灭菌后取出培养基平放冷却			
		培养基放置平稳，存放环境符合要求			
现场整理		工作台面清洁，物品按要求整理归位	5		
实训报告		参照表3-1	10		
能力提升		参照表3-1	10		
素质提升		参照表3-1	10		

任务四　外植体的初代培养技术

任务目标 >>>

1. 掌握外植体选择的原则及预处理方法。
2. 能根据培养的植物种类选择合适的外植体并进行正确的预处理。
3. 能熟练、规范地对外植体进行消毒。
4. 掌握初代培养中易出现的问题和解决措施。

任务分析 >>>

组培苗的初代培养是指将外植体从母体上切取下来进行的第一次离体培养，也就是将某种植物需要进行组织培养的外植体组织或器官从母体上取下，经过表面及深层消毒后，切割成合适的小块置于培养基上进行培养的过程。由于初代培养的成败直接关系到该种植物后续组织培养是否成功，所以初代培养在组织培养的整个过程中尤为关键。初代培养的效果不仅与植物的种类、培养基的成分有关，也与培养技术有直接关系。

 **相关知识** >>>

一、外植体的选择与预处理

理论上讲，植物的任何活器官、细胞或组织都能作外植体。但不同种类植物、不同组织和器官对诱导条件的反应往往不一致，有的部位诱导成功率高，有的很难诱导脱分化、再分化，或者只分化芽而不分化根。因此，外植体选择的合适与否决定着植物组织培养的难易程度。

（一）外植体选择的原则

1. 选择优良的种质　植物组培快繁是为了在短时间内获得性状一致、保持原品种特性的大量种苗，因此外植体一定要从具有该品种典型特征、遗传性状稳定、生长健壮、无病虫害的优良植株上选取。

2. 选择生理状态良好的材料　一般来说分化程度越高的细胞和组织脱分化越难，所以应尽量选择幼嫩的、生理状态良好的材料。对大多数植物而言，应在其开始生长或生长旺季选择年幼的材料，此时材料内源激素含量高，容易分化，不仅成活率高，而且生长速度快，接种成功率高。若在生长末期或进入休眠期时采样，则外植体可能对诱导反应迟钝或无反应。花药培养应在花粉发育到单核靠边期取材，这时比较容易形成愈伤组织。

3. 选择易于消毒的材料　在选择外植体时，应尽量选择带杂菌少的器官或组织，降低初代培养时的污染率。一般地上组织比地下组织容易消毒，一年生组织比多年生组织容易消毒，幼嫩组织比老龄和受伤组织容易消毒。

4. 选择来源丰富的材料　为了建立高效而稳定的组培快繁体系，往往需要反复试验，并要求结果具有可重复性，所以一定要选用来源丰富的材料。

5. 选择的外植体大小合适　外植体越大污染率越高，外植体越小越不容易诱导或容易褐化死亡，适宜的外植体大小是 0.5～1.0cm。一般地，茎尖分生组织大小为 0.2～0.5mm，茎段带 1～2 个节，叶片、花瓣等面积为 0.25cm^2。

（二）外植体的选择与预处理

就无菌短枝扦插、丛生芽培养来说，木本植物、能形成茎段的草本植物的茎尖和茎段能在培养基的诱导下萌发出侧芽，成为中间繁殖体，如速生杨、葡萄、菊花、马铃薯、香石竹等。有些草本植物植株短小或没有显著的茎，可用叶片、叶柄、花萼、花瓣作外植体，如非洲紫罗兰、秋海棠、虎尾兰等。将采来的植物材料除去不用的部分，需要的部分要仔细洗干净。

1. 顶芽茎段、腋芽茎段外植体　组培快繁用的材料最好在生长季节从品种优良、生长健壮、无病虫的植株上选择发育旺盛的当年生枝条作外植体，并剪去叶片、留下叶柄。

植物的茎、叶部分多暴露于空气中，本身具有较多的茸毛、油脂、蜡质和刺等，在栽培上又受到泥土、肥料中的杂菌污染。所以，表面消毒前要经自来水较长时间的冲洗，必要时用软毛刷刷洗，硬质材料可用刀刮，并在自来水龙头下流水冲洗，时间长短视材料清洁程度而定。特别是一些多年生木本植物材料更要注意，冲洗后可用肥皂、洗衣粉或吐温等进行洗涤。洗衣粉可除去轻度附着在植物表面的污物和脂质性的物质，便于使材料与消毒液直接接触。易漂浮或细小的材料可装入纱布袋内冲洗。流水冲洗在污染严重时特别有用。

洗涤结束后，进入无菌操作室进行消毒接种。根据外植体的植物种类和接种要求，2~3个芽剪成一段，剪口的部位不要离芽眼太近，以免进行表面灭菌时伤害到芽。大部分木本植物和草本植物进行离体快繁时用顶芽、腋芽茎段作外植体。把材料切割成适当大小，以能放入灭菌容器为宜。

2. 果实及种子外植体 在兰花的组织培养中，常用果实及种子作外植体，选取的果实或者种子已经成熟，但不能裂开，带壳消毒。

3. 叶片外植体 从品种纯正、生长健壮、无病虫害的植株上选取叶片作外植体时须将叶片清洗干净。

4. 花梗或花序轴外植体 带腋芽的花梗节在迅速伸长的时期是诱导原球茎的最佳材料，花谢后花梗不再适合作外植体。把采下的花梗清洗干净，剪成单芽茎段。

5. 花蕾外植体 从品种纯正、生长健壮、无病虫害的植株上选取含苞待放的优质花蕾作外植体。

6. 块根、块茎外植体 这类材料生长于土中，消毒较为困难。除了预先用自来水洗涤外，还应采用软毛刷刷洗，用刀切去损伤及污染严重的部位，用吸水纸吸干后再用纯酒精漂洗。然后进行常规消毒，切取需要的部位。

7. 根尖外植体 从品种纯正、生长健壮、无病虫害的植株上选取乳白色的新根作外植体。

二、外植体的表面消毒与接种

1. 外植体的表面消毒 经过预处理的外植体材料表面仍附着多种微生物，因此须进一步消毒。常规的表面消毒方法是先将外植体用70%~75%酒精浸泡30~60s，然后置于2%次氯酸钠溶液中浸泡10~20min，最后用无菌水冲洗3次。另外，可以在消毒溶液中加入1~2滴表面活性剂（吐温-80或吐温-20），以促进材料与消毒液充分接触，消毒效果更好。有时还可以采用磁力搅拌、超声振动等方法促使消毒杀菌剂与外植体充分接触。

2. 外植体的接种 在超净工作台上，先打开已准备好的培养基瓶盖或封口膜，将培养瓶倾斜拿在手中，使瓶口靠近酒精灯火焰，并将瓶口在火焰上方转动灼烧数秒。用镊子夹取一块切好并消过毒的外植体送入瓶内，轻轻插在培养基上。将叶片背面接触培养基（由于背面气孔多，有利于吸收水分和营养物质），茎尖、茎段要按其生长极性将下端插放在培养基上。外植体接种以每瓶放一枚切块或一个切段或一个芽为宜，这样可以节约培养基和人力，一旦培养物污染可以废弃此瓶，而不影响其他。接完种后，将瓶口在火焰上再灼烧数秒，盖上瓶盖或封口膜，用线绳包扎。然后再接种下一瓶，直到全部接种完毕。最后在瓶上做好记录，注明材料的名称、培养基名称、接种日期、接种人等。同时，在工作记录本上记录更详细的信息，其中还包括外植体名称、切块大小、消毒过程等。

三、外植体的初代培养

初代培养即接种某种外植体后最初的几代培养，旨在获得无菌材料和无性繁殖系。初代培养时，常用诱导或分化培养基，即培养基中含有较多的细胞分裂素和少量的生长素。初代培养建立的无性繁殖系包括茎梢、芽丛、胚状体和原球茎等。根据初代培养时发育的方向可分为顶芽和腋芽的发育、不定芽的发育、体细胞胚状体的发生与发育和原球茎的发育。

（一）顶芽和腋芽的发育

顶芽和腋芽在离体培养中都可被诱导而生长发育，由芽萌发变为幼枝，幼枝继续生长，形成新的顶芽和侧芽。再将新形成的芽切割下来继续培养，反复萌生新的枝条，在很短的时间内重复芽→枝→芽的再生过程，就能生产出许多再生小植株。

采用外源细胞分裂素可促使具有顶芽、腋芽及休眠侧芽的外植体启动生长，从而形成一个微型的多枝多芽的小灌木丛状的结构（丛生芽）。之后也采取芽→枝→芽的培养，迅速获得多数的嫩茎。一些木本植物和少数草本植物可以通过这种方式来进行再生繁殖，如月季、菊花、香石竹等。这种繁殖方式也称为无菌短枝扦插，它不经过产生愈伤组织而再生，所以是使无性系后代保持原品种特性的一种最佳的繁殖方式。适宜这种再生繁殖方式的植物在采样时注意采用顶芽、侧芽或带有芽的茎切段，种子萌发后取枝条也可以。

（二）不定芽的发育

目前已有许多种植物通过外植体上不定芽的产生而再生出完整的小植株。在培养中由外植体产生不定芽，通常首先要经脱分化形成愈伤组织，之后经再分化形成器官原基，多数情况下先形成芽，后形成根，即外植体→愈伤组织→不定芽→植株。在不定芽培养时，常用诱导或分化培养基。培养不定芽得到的培养物一般采用芽丛进行繁殖，如非洲菊、草莓等。

（三）体细胞胚状体的发生与发育

体细胞胚状体类似于合子胚但又有所不同，它也经过球形、心形、鱼雷形和子叶形的胚胎发育时期，最终发育成小苗，但它是由体细胞发生的。胚状体可以从愈伤组织表面产生，也可从外植体表面已分化的细胞中产生，或从悬浮培养的细胞中产生。体细胞胚状体产生植株有3个显著的优点：由一个培养物所产生的胚状体数目往往比不定芽的数目多；胚状体形成快；胚状体结构完整，一旦形成就可能直接萌发形成小植株。

目前已知有100多种植物能产生胚状体，但有的发生和发育较为困难。一是植物激素对胚状体的发生有影响。在培养初期，要求必须含有一定量的生长激素，以诱导脱分化、形成愈伤组织。二是遗传基因对胚状体的发生有影响。有些植物容易形成胚状体，有的植物容易产生不定芽，这由物种的遗传性决定。

（四）原球茎的发育

在兰科植物组培过程中，由茎尖或侧芽产生原球茎，原球茎不断增殖，逐渐分化成为小植株。原球茎最初是兰花种子发芽过程中的一种形态构造。种子萌发初期并不出现胚根，只是胚逐渐膨大、种皮的一端破裂，胀大的胚呈小圆锥状，称为原球茎。因此，原球茎可以理解为缩短呈珠粒状嫩茎器官。在顶芽和侧芽的培养中产生的都是这样的原球茎。从一个芽的周围能产生几个到几十个原球茎，培养一定时间后，原球茎逐渐转绿，相继长出毛状假根，通过进一步培养，使其再生、分化，形成完整的植株。扩大繁殖时将原球茎切割成小块，转接到增殖培养基上，可增殖出几倍、几十倍、几百倍的原球茎。

四、初代培养中易出现的问题与解决措施

经过初代培养，外植体可能会出现褐化、玻璃化、污染等现象，出现这些问题后，需要分析原因并及时采取措施。

（一）外植体的褐化及其解决措施

外植体的褐化是指外植体在培养过程中，自身组织从表面向培养基释放出褐色物质，以致培养基逐渐变成褐色，外植体也随之变褐而死亡的现象。

解决措施：①选择分生能力较强的材料作为外植体；②采用适宜的培养基和光温条件；③在培养基中添加活性炭、抗氧化剂或其他抑制剂；④缩短转瓶周期等。

（二）外植体的玻璃化现象及其解决措施

玻璃化现象是植物组织培养过程中特有的一种生理失调或生理病变，瓶苗呈半透明状，外观形态异常的现象。

解决措施：①调整培养基，适当增加培养基中钙、锌、锰、硝态氮、蔗糖等的含量，降低铵态氮、细胞分裂素和赤霉素的浓度，或在培养基中加入间苯三酚或根皮苷或其他添加物等；②改变培养条件，如增加自然光照、控制光照时间、调整培养温度、改善培养器皿的气体交换状况等，可有效地减轻或防止瓶苗玻璃化。

（三）外植体的污染及其解决措施

外植体污染是指在组培过程中，由于细菌、真菌等微生物的侵染，培养基和培养材料滋生大量菌斑，使瓶苗不能正常生长和发育的现象。相对于继代生根环节，初代培养的污染更严重，控制也更难些。

解决措施：①进行外植体材料的预培养；②接种前进行表面及深层消毒；③在培养基中添加抗生素及杀菌药物；④确保接种室、培养室清洁无菌；⑤接种时保持接种台整洁；⑥规范无菌接种操作等。

（四）初代培养其他常见问题及解决措施

（1）培养物水浸状、变色、坏死、茎断面附近干枯。

可能原因：表面及深层杀菌过度，消毒时间过长，外植体选用不当（部位或时期）。

解决措施：换用其他杀菌剂或降低浓度，缩短消毒时间，选用其他部位，于生长初期取材。

（2）培养物长期培养无反应。

可能原因：基本培养基不适宜，生长素不当或用量不足，温度不适宜。

解决措施：改换基本培养基或调整培养基成分，尤其是调整盐离子浓度，增加生长素用量，调整培养温度。

（3）愈伤组织生长过旺、疏松，后期水浸状。

可能原因：激素过量，温度过高，无机盐含量不当。

解决措施：减少激素用量，适当降低培养温度，调整无机盐（尤其是铵盐）含量，适当提高琼脂用量增加培养基硬度。

（4）愈伤组织太紧密、平滑或凸起，粗厚，生长缓慢。

可能原因：细胞分裂素用量过多，糖浓度过高，生长素过量。

解决措施：减少细胞分裂素用量，调整细胞分裂素与生长素比例，降低糖浓度。

（5）侧芽不萌发，皮层过于膨大，皮孔长出愈伤组织。

可能原因：枝条过嫩，生长素、细胞分裂素用量过多。

解决措施：减少激素用量，采用较老化枝条。

 工作流程 >>>

外植体的接种及初代培养如图 3-7 所示。

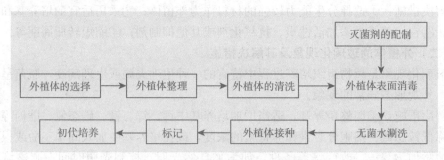

图 3-7　外植体的接种与初代培养

技能训练一　菊花外植体的选择与预处理

一、训练目的

通过学习菊花外植体的选择与预处理技术，掌握植物组织培养中外植体的选择与预处理技术。

二、材料

各类外植体、果枝剪、手术刀片、保鲜袋、标签纸、塑料桶、笤帚、簸箕等。

三、操作步骤

（1）在菊花生长季节，从品种优良、生长健壮、无病虫的植株上选择当年生枝条作外植体，剪去叶片，留下叶柄。

（2）经自来水较长时间的冲洗，必要时用软毛刷刷洗。

（3）用洗衣粉水洗涤，除去附着在植物表面的污物及脂质性物质。

（4）再用流水冲洗干净。

技能训练二　菊花外植体的消毒与接种

一、训练目的

学习菊花外植体的消毒与接种技术，从而掌握一般外植体材料的消毒与接种技术。

二、材料

超净工作台、工作服、口罩、帽子、拖鞋、75％酒精、剪刀、镊子、2％次氯酸钠、瓶装无菌水、无菌瓶、无菌滤纸、无菌瓶装培养基、标签纸、铅笔、火柴等。

三、操作步骤

1. 准备工作

（1）环境消毒。在接种前30min打开无菌操作间和超净工作台的紫外灯进行环境消毒。

（2）开风机。照射20min后关闭紫外灯，打开风机使超净工作台处于工作状态。

（3）接种物品准备。将无菌培养基、经过预处理的外植体、无菌瓶、无菌水、无菌滤纸、搁架、镊子、剪刀等放在超净工作台旁的医用推车上。将铅笔、标签纸、火柴等放在超净工作台的抽屉内。

（4）接种人员准备工作。接种人员用水和肥皂洗净双手，在缓冲间换好专用实验服，戴好口罩和帽子，并换穿拖鞋。进入接种间，坐在超净工作台前，用75％酒精擦拭双手，然后擦拭工作台面。

（5）放入培养基。用蘸有75％酒精的纱布擦拭装有培养基的培养瓶，放进工作台。

（6）放入接种器具。把经过灭菌的搁架包装纸打开，注意千万不能用手碰到搁架除手柄之外的其他处，过火后放在超净工作台的右前方；如果没有灭菌器，剪刀也按同样的方法打开，过火后放在搁架上。

（7）培养瓶灭菌。取下装有培养基的培养瓶封口材料，用酒精灯火焰灼烧瓶口，转动瓶口使瓶口的各个部位均能被烧到。

（8）接种工具消毒。用75％酒精擦拭接种工具并反复灼烧（或插入接种器具消毒器中，打开电源在280℃温度条件下灭菌1min）。

2. 外植体表面消毒　将经过预处理的菊花外植体剪成带1～2个芽的茎段，5个为一组，放入装有75％酒精的无菌瓶中浸润30～60s，取出。再放入装有2％次氯酸钠溶液的无菌瓶中浸泡10～15min，再取出。放入装有无菌水的无菌瓶中清洗3次（每次1min以上）。

3. 接种　将消过毒的菊花茎段外植体从无菌水中取出，放入无菌吸水纸上吸干水分，剪掉两头。打开已准备好的培养基瓶盖或封口膜，用无菌镊子在酒精灯无菌圈内接入茎段，每瓶接入1个茎段，注意保持茎段的极性接入。用酒精灯的火焰灼烧瓶口，转动瓶口使瓶口的各个部位均能烧到，盖上瓶盖与封口材料，扎口。如此反复操作，直到全部外植体接种完成。注意工具用后及时灭菌，避免交叉污染。

4. 标识与整理

（1）标识。在培养瓶上标识接种材料名称、培养基名称、接种日期、接种人等信息。

（2）整理。接种完毕后，清理干净工作台及接种室。将接种物品放在医用推车上带出接种室。打开超净工作台的紫外灯消毒15min，关闭紫外灯。

5. 培养及观察　将接种好的外植体放在培养室中培养。定期到培养室中观察瓶苗的生长状况，并做好记录。

 评价考核>>>

外植体初代培养技术考核标准参照表3-6执行。

表3-6　外植体的初代培养技术考核标准

考核内容		考核标准	分值（满分100）	自我评价	教师评价
准备工作		物品准备合理、齐全，人员分工合理有序	5		
外植体的选择与预处理	外植体的选择	根据植物种类选择适宜的外植体	5		
		选择部位正确			
		生理状态符合要求			
		大小适宜			
	外植体的预处理	根据外植体的不同类型选择适当的预处理方法	10		
		去除不用的部位，修整程度适宜			
		材料表面清洗洁净			
外植体的表面灭菌与接种	灭菌剂的配制	根据计划配制适宜浓度和体积的灭菌剂	5		
		配制过程规范			
	操作前的准备	正确对接种室及超净工作台消毒	10		
		接种工具灭菌充分			
		培养基等物品摆放合理、有序			
		接种人员消毒符合要求			
	表面消毒	外植体表面消毒程序正确	10		
		操作规范			
		浸泡、搅拌、冲洗时间把握恰当			
		正确使用无菌水进行涮洗，去除灭菌剂残留			
		无菌水涮洗次数合理			
		每次涮洗的时间达到1min以上			
		无菌操作规范			
	接种	用过消毒的工具切割已表面消毒的外植体	10		
		外植体切段合理			
		按照无菌操作程序打开培养瓶封口物			

（续）

考核内容		考核标准	分值 （满分100）	自我 评价	教师 评价
外植体的表面灭菌与接种	接种	按照外植体生长极性植入培养基	10		
		接种完毕，盖好培养瓶瓶盖，包扎好瓶口			
	标记	培养瓶上标记信息全面，书写字迹工整清晰	5		
		记录本上记录更全的信息			
初代培养		将接种好的外植体置于合适的培养条件进行培养	5		
		及时观察并记录污染、分化情况			
现场整理		工作台面清洁，物品按要求整理归位	5		
实训报告		参照表3-1	10		
能力提升		参照表3-1	10		
素质提升		参照表3-1	10		

任务五　瓶苗的继代增殖培养技术

任务目标>>>

1. 掌握瓶苗增殖的类型与特点。
2. 能根据植物种类选择适宜的增殖方式。
3. 能根据瓶苗的增殖类型进行规范的继代转接。

任务分析>>>

在初代培养的基础上所获得的芽、苗、胚状体和原球茎等称为中间繁殖体，它们的数量不多，需要进一步增殖，使之越来越多，从而达到快速繁殖的目的。继代培养是初代培养之后连续数代的增殖培养过程。因此，组培快繁建立无性繁殖系，正确选择快繁类型和诱导中间繁殖体是关键技术。

继代培养使用的培养基对于一种植物来说每次几乎完全相同，由于培养物在接近最良好的环境条件、营养供应和激素调控下，排除了其他生物的竞争，所以能够以几何级数增殖。一般情况下，在4～6周增殖3～4倍很容易做到。如果在继代转接的过程中能够有效地防止污染，又能及时地转接继代，一年内就能获得几十万甚至几百万株小苗。这个阶段就是继代增殖培养阶段。

相关知识>>>

一、瓶苗的增殖类型与特点

（一）无菌短枝型

将待繁殖的材料剪成带1叶的单芽茎段，转入成苗培养基瓶内，经一定时间培养后可长成大苗，再剪成带 1 片叶的单芽茎段，继代培养又成大苗。继代时将大苗反复切段转接，重复芽生苗增殖的培养，从而迅速获得较多嫩茎。这种增殖方式也称为微型扦插或无菌短枝扦插。将一部分嫩茎切段转移到生根培养基上，即可培养出完整瓶苗。这种方法主要适用于顶端优势明显或枝条生长迅速或对组培苗质量要求较高的草本植物和一部分木本植物，如菊花、香石竹、马铃薯、葡萄、甘薯、猕猴桃、大丽花、月季等。该技术成苗快，不经过愈伤组织诱导阶段，遗传性状稳定，培养过程简单，适用范围大，移栽容易成活。

（二）丛生芽增殖型

茎尖或初代培养的芽在适宜的培养基上诱导，不断发生腋芽而形成丛生芽。将丛生芽分割成单芽进行增殖培养，形成新的丛生芽，如此重复芽生芽的过程可实现快速大量繁殖的目的。将长势强的单个嫩茎转入生根培养基，诱导生根成苗，可以扩大繁殖。美国红栌、三角梅、光叶楮、樱桃砧木等多数木本植物最宜采用此种技术进行组培快繁。该技术再生后代遗传性状稳定，繁殖速度快，是茎尖培养和脱毒苗初期培养不可缺少的过程。

（三）器官发生型

从植物叶片、子房、花药、胚珠、叶柄等诱导出愈伤组织，从愈伤组织上诱导不定芽，也称愈伤组织再生途径。杨树、半夏、香花槐等植物的组培快繁就是用这种技术。使用该技术产生的再生后代容易发生变异，在良种繁殖时应特别注意。如烟草、油菜、柑橘、咖啡、小苍兰、虎尾兰、香蕉和棕榈等，可通过此途径培养获得植株。

（四）胚状体发生型

植物叶片、子房、花药、未成熟胚等体细胞经诱导产生胚胎。其发生和成苗过程与合子胚或种子类似，又有所不同，它也经过球形胚、心形胚、鱼雷形胚和子叶形胚的胚胎发育过程，形成类似胚胎的结构，最终发育成小苗，但它是由体细胞发生的。这种胚状体具有数量多、结构完整、易成苗和繁殖速度快的特点，是植物离体无性繁殖最快、生产量最大的繁殖技术，也是人工种子和细胞工程的前提，但要注意瓶苗的变异。百合等可通过此途径培养获得植株。

（五）原球茎型

兰科植物中大多数兰花的培养属于这一类型。原球茎是一种类胚组织，培养兰花类的茎尖或腋芽可直接产生原球茎，继而分化成植株，也可以继代增殖产生新的原球茎，通过原球茎扩大繁殖，这是"兰花工业"取得的成功技术。

各种瓶苗的再生类型比较列于表 3-7 中。

表 3-7　继代增殖培养中各种再生类型的特点比较

再生类型	外植体来源	特　点
无菌短枝型	嫩芽茎段或芽	一次成苗，培养过程简单，适用范围广，移栽容易成活，再生后代遗传性状稳定，但初期繁殖较慢
丛生芽增殖型	茎尖、茎段或初代培养的芽	与无菌短枝型相似，繁殖速度较快，成苗量大，再生后代遗传性状稳定

（续）

再生类型	外植体来源	特　点
器官发生型	除芽外的离体组织	多数经历"外植体→愈伤组织→不定芽→生根→完整植株"的过程，繁殖系数高，多次继代后愈伤组织的再生能力下降或消失，再生后代容易变异
胚状体发生型	活的体细胞	胚状体数量多，结构完整，易成苗，繁殖速度快，有的胚状体容易变异
原球茎型	兰科植物的茎尖	原球茎具有完整的结构，易成苗，繁殖速度快，再生后代变异概率小

二、瓶苗继代增殖培养的方法

瓶苗由于增殖方式不同，继代培养可以分为固体和液体培养两种方法。

1. 液体培养 以原球茎和胚状体方式增殖，可以用液体培养基进行继代培养。如兰花增殖后得到原球茎，分切后进行震荡培养（用旋转、震荡培养，保持22℃恒温，连续光照）即可得到大量原球茎球状体，再切成小块转入固态培养基，即可得到大量兰花苗。

2. 固体培养 多数继代培养都用固体培养，其瓶苗可进行分株、分割、剪截、剪成单芽茎段等转接到新鲜培养基上，其容器的容量可以与原来相同，大多数用容量更大的培养瓶、罐头瓶、兰花瓶等以尽快扩大繁殖。

三、继代增殖培养阶段常出现的问题、原因及解决措施

（1）苗分化数量少，生长慢，分枝少，个别苗生长细高。

可能原因：细胞分裂素用量不足，温度偏高，光照不足。

解决措施：增加细胞分裂素用量，适当降低温度，改善光照，改单芽继代为团块（丛芽）继代。

（2）苗分化过多，生长慢，有畸形苗，节间极短，苗丛密集，微型化。

可能原因：细胞分裂素用量过多，温度不适宜。

解决措施：减少或停用细胞分裂素一段时间，调节温度。

（3）分化率低，畸形，培养时间长，使苗再次愈伤组织化。

可能原因：生长素用量过多，温度偏高。

解决措施：减少生长素用量，适当降温。

（4）叶粗厚变脆。

可能原因：生长素用量过多，或兼有细胞分裂素用量过多。

解决措施：适当减少激素用量，避免叶片接触培养基。

（5）再生苗的叶缘、叶面等处偶有不定芽分化。

可能原因：细胞分裂素用量过多，或表明该种植物适于该种再生方式。

解决措施：适当减少细胞分裂素用量，或分阶段利用这一再生方式。

（6）丛生苗过于细弱，不适于生根或移栽。

可能原因：细胞分裂素用量过多或赤霉素使用不当，温度过高，光照短，光强不足，久不转移，生长空间小。

解决措施：减少细胞分裂素用量，免用赤霉素，延长光照时间，增强光照，及时转接，降低接种密度，更换封瓶纸的种类。

（7）幼苗淡绿，部分失绿。

可能原因：无机盐含量不足，pH 不适宜，铁、锰、镁等缺少或比例失调，光照、温度不适。

解决措施：针对营养元素亏缺情况调整培养基成分，调节 pH，调控温度、光照。

（8）幼苗生长无力，发黄落叶，死苗夹于丛生苗中。

可能原因：瓶内气体状况恶化，pH 变化过大，久不转接导致糖已耗尽，营养元素亏缺失调，温度不适，激素配比不当。

解决措施：及时转接，降低接种密度，调整激素配比和营养元素浓度，改善瓶内气体状况，控制温度。

 工作流程 >>>

瓶苗的继代增殖培养如图 3-8 所示。

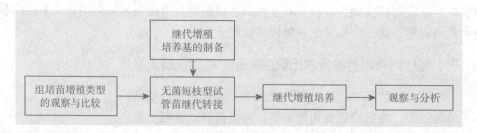

图 3-8　组培苗的继代增殖培养

技能训练　无菌短枝型菊花瓶苗继代转接技术

一、训练目的

学习无菌短枝型菊花瓶苗继代转接技术，从而掌握无菌短枝型材料的转接技术。

二、材料

植物组织培养实验室常规材料。

三、操作步骤

1. 准备工作　参照本项目任务四中的技能训练二。

2. 转接　左手拿接种瓶，右手拿弯头剪，从待转接的瓶苗瓶中剪下长 1.0～1.5cm 的茎段，迅速转移到新鲜的增殖培养基中。注意在接种过程中保持茎段的极性；手不能从打开的接种瓶上方经过，以免灰尘和微生物落入，造成污染。

按照这种方法依次剪取茎段、插植，使无菌短枝在增殖培养基中直立并均匀分布，每瓶接种 20 个茎段。

3. 封口 用酒精灯的火焰灼烧瓶口，转动瓶口使瓶口的各个部位均能烧到，然后盖上封口材料，扎口。如此反复操作，直到全部外植体转接完成。注意工具用后及时灭菌，避免交叉污染。

4. 标识与整理 参照本项目任务四中的技能训练二。

5. 培养及观察 参照本项目任务四中的技能训练二。

 评价考核 >>>

表 3-8　瓶苗的继代增殖培养技术考核标准

考核内容		考核标准	分值（满分100）	自我评价	教师评价
准备工作		物品准备合理、齐全，人员分工合理有序	5		
培养基配制及灭菌	药品称量及溶解	按天平使用规则使用衡器、量器	5		
		准确称量，溶解彻底			
	定容及pH调节	选择适合的容器，定容精准	5		
		酸碱液浓度制配合适，pH调节准确			
	分装及封口	选择分装容器适合，均匀分装，封口严密	5		
	高压灭菌	按高压灭菌锅使用规程灭菌，灭菌彻底，及时维护高压灭菌锅	5		
继代转接	转接准备	按要求进行超净工作台的灭菌	10		
		打开风机使超净工作台处于工作状态，让无菌空气吹拂工作台面和四周的台壁			
		用水和肥皂洗净双手，穿上消过毒的专用试验服、鞋子、戴好帽子，进入无菌操作车间			
		用75%酒精擦拭工作台和双手			
		用蘸有75%酒精的纱布擦拭装有培养基的培养器皿，放进工作台			
		接种工具经高温灼烧或烘烤后放到合适的位置			
	继代转接	采用合适的操作方法进行瓶苗的切割和转接	10		
		动作规范、熟练，操作过程无交叉污染			
	标记	把接好种的瓶苗标注好瓶苗的名称、培养基种类、接种时间、接种人等	5		
培养结果与分析		对培养物的生长状况、增殖率等指标有完整记载	15		
		对增殖率、污染率、生长情况进行分析			
		分析出现问题的原因，并能提出解决措施			
现场整理		工作台面清洁，物品按要求整理归位	5		
实训报告		参照表3-1	10		

（续）

考核内容	考核标准	分值 （满分100）	自我 评价	教师 评价
能力提升	参照表3-1	10		
素质提升	参照表3-1	10		

任务六 瓶苗的生根培养技术

 任务目标 >>>

1. 了解瓶苗生根培养的目的和意义。
2. 了解影响瓶苗生根的因素。
3. 掌握瓶苗生根培养的方法。
4. 能根据植物种类选用适宜的生根方法。

 任务分析 >>>

在植物组培快繁中，通过外植体的初代培养及瓶苗的继代增殖培养获得了大量中间繁殖体，但继代增殖培养对于任何植物来说都不可能无限度地进行，因为一方面继代次数过多易发生变异，另一方面受生产计划和生产规模的限制，增殖到一定数量或代数后必须分流进入壮苗、生根培养阶段。若不能及时将培养物转接到生根培养基上，就会使久不转移的瓶苗发黄老化，或因过分拥挤而使无效苗增多，影响移栽成活率，而造成人力、财力、物力的极大浪费。离体繁殖产生的芽、嫩梢和原球茎一般都需要进一步诱导生根才能得到完整的植株。

在生产中，继代的次数与繁殖的数量要计划准确，既保证生产量又不超过继代限度，达到工厂化育苗规范标准的最佳效益。

 相关知识 >>>

一、瓶苗生根培养的目的和意义

瓶苗的生根培养是使无根苗生根形成完整植株的过程，目的是使中间繁殖体生出浓密而粗壮的不定根，以提高瓶苗对外界环境的适应能力，使瓶苗能成功地移栽到瓶外，获得更多高质量的商品苗。瓶苗一般需转入生根培养基中或直接栽入基质中促进其生根，并进一步长大成苗。

二、影响瓶苗生根的因素

瓶苗生出的根大多属于不定根，根原基的形成与生长素有着很重要的关系，但根原基的形成和生长也可以在没有外源生长素的条件下完成。影响瓶苗生根的因素很多，有植物材料自身的因素，也有外部因素，如培养条件、培养基成分、继代培养次数、植物生长调节物质等。要提高瓶苗的生根率及移栽成活率，就必须考虑这些影响因素。

（一）植物材料

不同植物种类、不同的基因型、同一植株的不同部位和不同年龄对根的形成和分化影响不同。因植物材料不同，瓶苗生根从开始培养到长出一定数量的不定根，快的只需 3～4d，慢的则要 3～4 周甚至更长。一般情况下，营养繁殖容易生根的植物材料在离体繁殖中也容易生根。如核桃、柿等扦插生根较困难，瓶苗生根也难。此外，生根难易还与取材季节和所处的环境条件有关。不同植物材料生根的一般规律是：木本植物较草本植物难；成年树较幼年树难；乔木较灌木难。

（二）培养条件

1. 温度　一般诱导生根所需要的温度比分化增殖时的温度低一些。例如，继代培养时的最适温度一般为 25～28℃，而生根适宜温度在 20～25℃。在较低温度下诱导出的根质量好而且根的数量也比较适宜，但温度低于 15℃ 会影响根的分化和生长。另外，不同植物生根所需的最适温度不同，如草莓继代培养芽再生的适宜温度为 32℃，生根温度则以 28℃ 为宜；河北杨瓶苗白天温度为 22～25℃，夜间温度为 17℃ 时则生根速度最快，且生根率也高，可达 100%。

2. 光照　光照度和光照时间直接影响瓶苗生根。一般认为生根不需要光照，如毛樱桃新梢经适当暗培养可使生根率增加 20%；生根比较困难的苹果经暗培养可提高其生根率；杜鹃瓶苗嫩茎经低光照度处理也可促进其生根。在生根培养基中添加一定量的活性炭，可以为生根创造暗培养的环境，而且还能吸附一些有毒物质，使根不易褐化，有利于根的生长。对于大多数植物来说，光照并不抑制根原基的形成和根的正常生长，因此诱导生根普遍在光照下进行。

3. pH　瓶苗的生根要求一定的 pH 范围，不同植物对 pH 要求不同，一般在 pH 5.0～6.0。杜鹃瓶苗嫩茎的生根与生长在 pH 5.0 时效果最好；胡萝卜幼苗切后侧根的形成在 pH 3.8 时效果最好；水稻离体种子的根生长在 pH 5.8 时效果最好。

（三）培养基成分

瓶苗生根是从异养状态向自养状态的转变。培养基中人为提供的丰富营养使瓶苗产生依赖性而不容易生根，所以减少培养基中营养成分的含量可以刺激生根。瓶苗的生根对基本培养基的种类要求不严，如 MS、B5、White 等培养基都可用于诱导生根，但是其含盐浓度要适当降低。前面的几种培养基中除 White 外，都富含 N、P、K 盐，均抑制根的发生。因此，应将它们降到原来的 1/2、1/3 或 1/4，如无籽西瓜在 1/2 MS 时生根较好，硬毛猕猴桃在 1/3 MS 时生根较好，月季的茎段在 1/4 MS 时生根较好，水仙的小鳞茎则在 1/2 MS 时才能生根。

培养基中的其他成分也影响生根。有人认为铵态氮（NH_4^+）不利于生根；钙、硼和铁、维生素 B_1、维生素 B_6、维生素 B_{12} 均有利于生根。

（四）继代培养次数

瓶苗嫩茎（芽苗）一般随着继代培养次数的增加，其生根能力有所提高。例如，苹果瓶苗嫩茎继代培养的次数越多则生根率越高；富士苹果在前 6 代之内生根率低于 30%，生根苗平均根数不足 2 条，而随着继代培养次数的增加，到第 10 代时生根率达 80%，12 代以后生根率则达到 95% 以上；杜鹃茎尖培养中，随继代培养次数的增加，小插条生根数量明显增加，第 4 代最高，生根率可达 100%。

（五）植物生长调节物质

植物生长调节物质对不定根的形成起着决定性的作用，一般各种生长素均能促进生根。

1. 生长素 常用于促进生根的生长素有 IAA、IBA、NAA，其中 IBA、NAA 使用最多，但 IBA 价格高。3 种生长素对生根的作用由强到弱依次为 NAA＞IBA＞IAA，但不同种类的植物对生长素的种类和浓度要求不同，一般 IAA 适用于草本植物，IBA 适用于木本植物。对于难生根的可以采用两种生长素交替使用，效果可能会好些。

不同种类的生长素直接影响生根的数量和质量。一般 IBA 作用强烈，作用时间长，诱导的根多而长，IAA 诱导出的根比较细长，NAA 诱导发生的根比较短粗，一般认为用 IBA、NAA（0.1～1.0mg/L）有利于生根，两者可混合使用，但大多数单用一种人工合成生长素即可获得较好的生根效果。生根与生长素的浓度有关，高浓度的生长素促使根向短粗方向发展，但超过一定限度，则加速形成愈伤组织，影响根的形成与生长。此外，生根粉（ABT）也可促进不定根的形成，并可与生长素、赤霉素等配合使用。

2. 细胞分裂素 在生根方面，细胞分裂素对生长素有颉颃作用，从而对根的生长具有抑制作用，所以生根培养基中一般不加细胞分裂素。在长期多次继代培养中，由于高浓度的细胞分裂素使芽分化速度快，芽小而密，生长极其缓慢。这种矮小的芽在转入生根培养时，首先要转到细胞分裂素偏低或没有细胞分裂素的培养基上培养 1～3 代，待芽苗粗壮时再转到生根培养基中诱导生根，这样可以提高苗的质量。有些植物在高浓度的生长素和低浓度的细胞分裂素下，可达到兼顾芽的分化和根的生长两方面，常用的细胞分裂素是低浓度的 KT。

三、促进瓶苗生根的方法

当培养材料增殖到一定数量后，就要将成丛的苗分离，转接到生根培养基中进行生根培养，让苗长高长壮便于移栽。一般情况下草本植物大约 7d 即可生根，木本植物 10～15d 即可生根。同时，苗高株壮利于炼苗移栽。研究表明，培养基内矿物元素浓度高时有利于发生茎叶，而较低时有利于生根，所以生根培养基多采用 1/2MS 或 1/2 大量元素的培养基；培养基中去掉细胞分裂素，加入适量的生长素（细胞分裂素与生长素的比值低时有利于生根）。为了使生根小苗生长健壮利于移栽，生根培养基中的蔗糖用量可适当减少，用 1.5%～2.0% 的浓度，以减少瓶苗对异养条件的依赖；同时提高光照度，促进光合作用。当小植株生出 3～5 条水平根，每条根长 1～2cm 时，为最适宜的出瓶炼苗阶段。

另外，对于一些易于生根的植物也可采用下列方法促进生根。

（1）延长在增殖培养基中的培养时间，瓶苗即可生根，如菊花等易生根的植物种类。

（2）适当降低增殖倍率，减少细胞分裂素的用量（即将增殖与生根合并为一步），如吊兰、花叶芋、火炬花等能丛植的植物的生根培养。

（3）切割粗壮的嫩枝，用生长素溶液浸蘸处理后在营养钵中直接生根。这种方法只适用于容易生根的植物，如某些杜鹃、菊花、香石竹等。

（4）由胚状体发育成的小苗常常有原先即已分化的根，可以不经过诱导生根阶段。但由于经过胚状体发育的苗数比较多，且个体较小，所以常需要经过低浓度或没有植物激素的培养基培养的阶段，以便壮苗生根。

四、生根培养阶段常见问题、原因及解决措施

（1）培养物久不生根，基部切口没有适宜的愈伤组织。

可能原因：生长素种类、用量不适宜；生根部位通气不良；生根培养程序不当；pH 不适，无机盐浓度及配比不当。

解决措施：改进生根培养程序，选用适宜的生长素或增加生长素用量，适当降低无机盐浓度，改用滤纸桥培养生根等。

（2）愈伤组织生长过快、过大，根、茎部肿胀或畸形，几条根并联或愈合。

可能原因：生长素种类不适、用量过高，或伴有细胞分裂素用量过多，生根诱导培养程序不对。

解决措施：调换生长素种类或几种生长素配合使用，降低使用浓度，附加维生素 B_2 等以减少愈伤，改进生根培养程序等。

 工作流程 >>>

瓶苗的生根培养工作流程如图 3-9 所示。

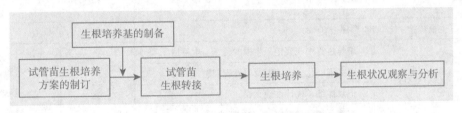

图 3-9 瓶苗的生根培养

技能训练 瓶苗生根培养

一、训练目的

通过实训，能对不同的瓶苗进行生根诱导培养，并能对转入壮苗生根阶段的瓶苗进行生根转接。能够根据瓶苗的种类制订可行的生根培养方案。

二、材料与用具

超净工作台、75％酒精、95％酒精、盛有培养基的培养瓶（100mL 培养瓶）、解剖刀、接种剪、镊子、接种盘、酒精灯、接种器械消毒器、瓶苗等。

三、方法步骤

1. 无菌培养基制备 按照生根培养方案制备生根培养基，分装，包扎，并进行高压蒸汽灭菌。

2. 准备工作 参照本项目任务四中的技能训练二。

3. 生根苗的切割与接种 选取达到生根要求的继代增殖培养材料，左手拿接种瓶，右手拿弯头剪，将待生根的培养材料剪成长 1.5～2.0cm 的茎段，迅速转移到新鲜的生根培养基中，按极性插植，每瓶转接 8～10 株。手不能从打开的接种瓶上方经过，以免灰尘和微生物落入，造成污染。

4. 封口 参照本项目任务五中技能训练。

5. 标识与整理 参照本项目任务四中的技能训练二。

6. 培养及观察 将培养苗放到培养室适宜条件下培养，培养过程中及时观察记录生根的数量、生根情况等。

 **评价考核**>>>

表 3-9 瓶苗的生根培养技术考核标准

考核内容	考核标准	分值（满分100）	自我评价	教师评价
准备工作	物品准备合理、齐全，人员分工合理有序	5		
培养基配制及灭菌	参照表 3-8	20		
生根转接	参照表 3-8	25		
培养结果与分析	培养过程中观察记录生根的数量、生根情况	15		
	观察细心认真，能够及时发现问题			
	记录详细，统计准确无误			
	问题分析科学、客观、准确			
现场整理	工作台面清洁，物品按要求整理归位	5		
实训报告	参照表 3-1	10		
能力提升	参照表 3-1	10		
素质提升	参照表 3-1	10		

任务七 培养室的管理

 任务目标>>>

1. 了解培养室管理的主要内容。

2. 掌握组培苗生长发育所需要的环境条件。

3. 能根据各种组培苗的特点，调节其生长环境条件，使瓶苗生长得更好。

4. 能及时发现生长异常的瓶苗并分析原因、提出解决方案。

 任务分析 >>>

瓶苗接种以后，外植体必须置于比较严格的可控条件下进行培养。每种植物都有其最适宜的生长环境，所以我们要根据不同植物对环境条件的要求，通过调控创造适宜的环境条件，使组培苗生长良好。其中最主要的是光照、温度、湿度和氧气等。培养室管理主要是通过对培养条件的调控，为组培苗创造最佳生长环境，同时要做好出入库的记录和异常苗的处理。

 相关知识 >>>

一、培养室管理的主要内容

(一) 培养条件的控制

1. 光照条件的调控 按要求控制和调节好每层架子的光照度和每个培养室的光照时间等。

(1) 首先是选择合适的培养室位置。一般选择在阳面，2～3 层楼，光照条件佳，可以节约电源。

(2) 使用电子石英控时器自动控制人工照明时间。

(3) 培养架排列要与窗玻璃垂直，便于阳光分布均匀。

(4) 中午阳光比较充足时，窗附近日照太强，要用窗帘进行遮阳。

2. 温度的控制

(1) 培养室天棚、地面、墙壁要有保温处理。

(2) 用空调或控温仪来调控室内温度。

(3) 每个培养室内尽量培养同一种或同一类植物，便于调节到植物生长的最适温度。

3. 湿度的调控

(1) 室内通过加湿器来增加湿度，通过除湿机来降低湿度。

(2) 培养瓶内通过增加培养基用水量、适当减少琼脂用量或使用不透气的封口膜增加湿度，通过相反方式来降低湿度。

4. 氧气的调控 固体培养基主要通过透气性好的瓶盖或瓶塞，液体培养基通过振荡培养来增加通气量。

(二) 出入库记录

按照瓶苗种类准确记录组培苗出入库瓶数（包括转接苗出入库瓶数、污染苗出库瓶数、驯化苗出库瓶数等）。

(三) 污染苗检查、记录与清理

每天要在规定时间内检查出各种培养材料的污染苗，并且在空缺的地方补充同一种材料的瓶苗。查污染时要仔细，发现有疑问的污染苗要先放在旁边的架子上或者边上（待定），不得随意把健壮的瓶苗误认为已被污染而丢掉，记录污染状况时

要仔细督查清楚。

（四）瓶苗摆放

按植物种类、品种、接种时间等不同将瓶苗分类摆放整齐。

二、瓶苗生长发育的环境条件

一般而言，组织培养所需的条件包括温度、光照、湿度、培养基的 pH、渗透压、气体等，它们的变化都会影响组织培养育苗的生长和发育。

1. 温度 温度是植物组织培养中的重要因素，大多数植物组织培养都在 23～27℃进行，一般采用（25±2）℃。低于 15℃植物组织会表现为生长停止，高于 35℃对植物生长不利。温度不仅影响植物组织培养育苗的生长速度，也影响其分化增殖以及器官建成等发育进程。在研究某种培养物对温度的要求时，应考虑植物生长环境的温度条件。

2. 光照 光照也是组织培养中重要的条件之一，它对外植体的生长与分化有较大的影响，主要表现在光照度和光照时间（光周期）两方面。一般来说，光照度较强，幼苗生长粗壮，而光照度较弱幼苗容易徒长。组织培养中多采用 2 000～3 000lx 的光照度。研究发现光周期可在一定程度上影响培养物的增殖与分化。因此，培养时要选用一定的光周期来进行组织培养，最常用的光周期是 16h 的光照、8h 的黑暗。

3. 湿度 影响组织培养的湿度包括培养容器内的湿度和培养室内环境的湿度。容器内湿度主要受培养基水分含量、封口材料的透气性、培养基内琼脂含量等因素的影响。封口材料直接影响容器内湿度情况，封闭性较高的封口材料易引起透气性受阻，也会导致植物生长发育受影响。培养室内环境的相对湿度可以影响培养基的水分蒸发，湿度过低会使培养基丧失大量水分，导致培养基各种成分浓度的改变和渗透压的升高，进而影响组织培养的正常进行。湿度过高时，易使杂菌滋长，造成污染。一般要求培养室内保持 70%～80%的相对湿度。

4. 培养基的 pH 不同的植物对培养基最适 pH 的要求不同。大多数植物适宜的 pH 在 5.6～6.5，一般培养基皆要求 pH 5.8。如果 pH 不适则直接影响外植体对营养物质的吸收，进而影响其分化、增殖和器官的形成。

5. 渗透压 培养基中由于含有无机盐类、蔗糖等化合物，因此会影响渗透压的变化。通常 0.1～0.2MPa 对植物生长有促进作用，0.2MPa 以上对植物生长有阻碍作用，而在0.5～0.6MPa 植物生长会完全停止，6 个大气压则植物细胞不能生存。

6. 气体 氧气是组织培养中必需的因素，瓶盖封闭时要考虑通气问题，可用附有滤气膜的封口材料。固体培养基可加入活性炭来增加通气度，以利于发根；接种时应避免把外植体全部埋入培养基中，以免造成缺氧。液体培养时应考虑用振荡培养、旋转培养和滤纸桥培养。

三、常见异常培养物的识别与处理

（一）污染苗

1. 污染苗的识别

(1) 若微生物零星分散在培养基中，可确定是人为引起的污染。原因可能是：培养基灭菌不彻底；超净工作台长时间不换滤网，致使净化能力降低；接种用具灭菌不彻底；操作不正确；动作生硬缓慢，开瓶时间太久；接种台物品摆放杂乱；操作中心在人体范围之内；接种室长期不灭菌，微生物太多。

（2）若微生物从材料周围的培养基长起，可确定是植物材料带菌引起。原因可能是：接种用具灭菌不彻底，接种时材料被污染；未及时发现污染苗，接种过程发生交叉感染；材料消毒不彻底。

（3）若微生物从培养基以上部分的外植体长起，而不是从培养基先长起，且发生在 5d 以后，则说明是材料带的内生菌；若从培养基以下开始长菌，发生时间较早，且有从里向外的趋势，则说明是切口引起的污染。原因是消毒后未剪去两个切口或虽剪去切口但器具带菌。

（4）真菌污染时污染部分长有不同颜色的霉菌，在接种后 3～10d 才能发现。原因可能是：周围环境不清洁；超净工作台的过滤装置失效；培养用器皿的口径过大；操作技术不规范等。

（5）细菌污染时菌斑呈黏液状，接种后 1～2d 即可发现。原因可能是：材料带菌；培养基灭菌不彻底；接种工具灭菌不彻底等。

2. 预防措施　为了减少损失，提高工作效率，必须在每个操作环节注意避免污染的发生。平时做好超净工作台检修、养护；保持培养室清洁；严守无菌操作规程；避免阴雨天在室外采集外植体；在春、秋季进行组培；材料要先进行预培养；严格进行外植体消毒；接种用具灭菌彻底；培养基灭菌彻底；接种人员应经常用 75%酒精将手擦净。

3. 瓶苗污染后的处理

（1）真菌污染后必须经高压灭菌后废弃。细菌污染不会弥散至整个空间，只要及时发现，将材料上部未感菌的部分剪下转接，仍可以正常使用。

（2）对一些特别宝贵的材料，可以取出再次进行更为严格的消毒，然后接入新鲜的培养基中重新培养。

（二）玻璃化苗

1. 影响瓶苗玻璃化的因素　玻璃化苗是在芽分化启动后的生长过程中由糖类、氮代谢和水分状态等发生生理性异常所引起，它受多种因素影响和控制。

（1）激素浓度。激素包括生长素和细胞分裂素，一方面指细胞分裂素的浓度，另一方面是以上两种激素的比例平衡。高浓度的细胞分裂素有利于促进芽的分化，也会使玻璃化的发生比例提高；细胞分裂素与生长素的比例失调，细胞分裂素的含量显著高于两者的适宜比例，使组培苗正常生长所需的激素水平失衡，也会导致玻璃化的发生。

（2）温度。温度主要影响苗的生长速度。温度升高时，苗的生长速度明显加快，高温达到一定限度后，会对正常的生长和代谢产生不良影响，促进玻璃化的产生；变温培养时温度变化幅度大，忽高忽低的温度变化容易在瓶内壁形成小水滴，增加瓶内湿度，提高玻璃化发生率。

（3）湿度。包括瓶内的空气湿度和培养基的含水量。瓶内湿度与通气条件密切相关，通过气体交换降低瓶内湿度，减少玻璃化发生率。相反，如果不利于气体的交换，瓶子内处于不透气的高湿状态，苗的长势快，但玻璃化的发生率也相对较高。一般来说，在单位容积内培养的材料越多，苗的长势越快，玻璃化的发生率越高。

（4）培养基的硬度。由琼脂的用量决定。随琼脂浓度的增加，玻璃化的比例明显减少，但琼脂过多时，培养基太硬，影响养分的吸收，使苗的生长速度减慢。进行液体培养时，须通过摇床来振荡通气，否则材料被埋在水中，很快就会玻璃化或窒息死亡。

（5）光照。增加光照度可以促进光合作用，提高糖类的含量，使玻璃化的发生比例降低。光照不足再加上高温极易引起组培苗的过度生长，加速玻璃化的发生。

（6）培养基成分。一般认为，提高培养基中的碳氮比可以减少玻璃化的发生率。

2. 解决瓶苗玻璃化的措施　玻璃化苗在瓶内过度生长，但有用的苗很少。为避免不必要的浪费，可考虑以下几点。

（1）利用固体培养，增加琼脂浓度，降低培养基的衬质势，造成细胞吸水阻遏。提高琼脂纯度也可降低玻璃化的发生率。

（2）适当提高培养基中蔗糖的含量或加入渗透剂，降低培养基的渗透势，减少培养基中植物材料可获得的水分，造成水分胁迫。

（3）降低培养容器内部环境的相对湿度。

（4）适当降低培养基中细胞分裂素和赤霉素的浓度。

（5）控制温度，适当低温处理，避免过高的培养温度，在昼夜变温交替的情况下比恒温效果好。

（6）增加自然光照，将玻璃化苗放于自然光下几天后茎、叶变红，玻璃化现象逐渐消失，因自然光中的紫外线能促进瓶苗成熟，加快木质化。

（7）增加培养基中 Ca、Mg、Mn、K、P、Fe、Cu 元素含量，降低 N 和 Cl 元素的比例，特别是降低铵态氮含量，提高硝态氮含量。

（8）改善培养容器的通风换气条件，如用棉塞或通气好的材料封口。

（三）褐化苗

褐化是外植体中的酚类化合物与多酚氧化酶作用被氧化形成褐色的醌类化合物，醌类化合物在酪氨酸酶的作用下，与外植体组织中的蛋白质发生聚合，进一步引起其他酶系统失活，导致组织代谢紊乱，生长受阻，最终导致死亡。

1. 引起褐化的原因

（1）种类和品种。在不同植物或同种植物不同品种的组培过程中，褐化的发生率和严重程度存在很大差异，一般木本植物更容易发生褐化现象。在蝴蝶兰组培的原球茎诱导阶段，褐化现象较生根培养时严重。此外，本身色素含量高的植物组培时也容易褐化。

（2）材料的年龄和大小。外植体的老化程度越高，其木质素的含量也越高，越容易褐化，成龄材料一般均比幼龄材料褐化现象严重。

外植体小的材料更容易发生褐化，相对较大的材料则褐化较轻；另外，切口越大，褐化程度会越严重。伤口能加剧褐化现象的发生。各种消毒用的化学试剂对外植体的伤害也会引起褐化。酒精消毒对外植体的伤害比较重，较易引起材料死亡；对于不易褐化的材料，用氯化汞消毒后一般不会引起褐化，若用次氯酸钠进行消毒，则很容易引起褐化的发生，而且消毒效果不如氯化汞。

（3）取材时间和部位。由于植物体内酚类化合物含量和多酚氧化酶的活性在不同的生长季节而有所不同，一般在生长季节含有较多的酚类化合物，幼嫩茎尖较其他部位褐化程度严重。木质化程度高的节段在进行药剂消毒处理后褐化现象更严重。

另一些材料如蝴蝶兰、香蕉等随着培养时间的延长褐化程度会加剧，超过一定时间不进行转瓶继代时，褐化物的积累还会引起培养材料的死亡。

（4）光照。在切取外植体前，如果将材料或母株枝条进行遮光处理，然后再切取外植体培养，能够有效地抑制褐化的发生。将接种后的初代培养材料在黑暗条件下培养对抑制褐化发生也有一定效果，但不如在接种前处理有效。

（5）温度。温度对褐化有较大影响，温度高褐化现象严重。

（6）其他。培养基成分和培养方式等对褐化的发生也有一定影响。

2. 缓解和减轻褐化现象的措施

（1）外植体和培养材料进行 20～40d 的遮光培养或暗培养。

（2）选择适宜的培养基，调整激素用量，控制温度和光照。

（3）在不影响正常生长和分化的前提下，尽量降低温度，减少光照。

（4）冬、春季节选择年龄适宜的外植体材料进行组培，并加大接种数量。

（5）在培养基中加入抗氧化剂和其他抑制剂，如抗坏血酸、硫代硫酸钠、有机酸、半胱氨酸及其盐酸盐、亚硫酸氢钠、氨基酸等，可以有效地抑制褐化。

（6）加快继代转接的速度。

（7）添加活性炭等吸附剂（0.1%～2.5%）是生产上常用的有效方法。

工作流程 >>>

培养室的管理工作流程如图 3-10 所示。

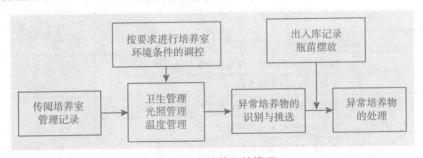

图 3-10　培养室的管理

技能训练　污染苗、褐化苗、玻璃苗等异常培养物的识别与处理

一、训练目的

污染、玻璃化、褐化是植物组织培养与快速繁殖过程中的三大难题，通过识别污

染苗、玻璃化苗、褐化苗，做好植物组织培养操作间的管理工作。

二、材料

植物组织培养室的各种组培苗等。

三、训练步骤

1. 异常苗的识别　大量观察瓶苗，首先识别正常苗，进而发现异常苗。比较异常苗有无以下特征，并初步判断异常苗属于哪类。

（1）污染苗的识别。污染苗在组培过程中，受到真菌、细菌等微生物的侵染，在培养容器内滋生大量的菌斑，瓶苗不能正常生长和发育。真菌污染苗在培养基的表面有粉状、毛状菌斑；细菌污染苗在培养基的表面有油状、脓状菌斑。

（2）玻璃化苗的识别。培养的嫩茎、叶片出现半透明状和水渍状。

（3）褐化苗的识别。培养基变成褐色，培养材料变褐甚至死亡。

2. 异常苗的处理

（1）真菌污染苗。因为会形成孢子，所以必须经高压灭菌后扔掉。

（2）细菌污染苗。对于污染程度较轻的材料，可以将材料上部未染菌的部分剪下转接，剩下部分扔掉。

（3）对一些特别宝贵的污染材料，可以取出再次进行更为严格的灭菌，然后接入新鲜的培养基中重新培养。

（4）玻璃化苗和褐化苗。参照相关知识，采取相应措施。

 评价考核 >>>

表 3 - 10　培养室管理考核标准

考核内容		考核标准	分值 （满分 100）	自我 评价	教师 评价
环境调控	卫生管理	每天打扫室内卫生，保持培养室的低菌环境	10		
		每周进行 1 次空间消毒			
	光照管理	能根据瓶苗的生长需要合理进行光照调控	10		
		会设置光照时间自动控制仪			
		通过调整瓶苗在培养架的位置控制光照度			
	温度管理	根据组培苗的种类和培养阶段设置适宜的温度	10		
		会使用空调机自动调控培养室温度			
		通过调整瓶苗在培养架的不同位置，对培养温度进行小幅度调整			
	湿度管理	按要求进行湿度调控	5		
常见问题处理	污染苗的挑选与处理	及时挑选污染苗	10		
		培养室定期消毒			
		及时、正确处理污染瓶苗			

（续）

考核内容		考核标准	分值 （满分 100）	自我 评价	教师 评价
常见 问题 处理	褐化苗的挑选 与处理	及时挑选褐化苗，正确分析产生原因	10		
		通过组培材料的选择、外植体生理状态、培养基成 分、连续转接等操作控制褐化			
	玻璃化苗的 识别与处理	及时挑选玻璃化苗，正确分析产生原因	10		
		通过调整激素浓度、无机成分种类与浓度、光照时 间、温度或添加其他物质等操作控制玻璃化			
现场整理		工作台面清洁，物品按要求整理归位。	5		
实训报告		参照表 3 - 1	10		
能力提升		参照表 3 - 1	10		
素质提升		参照表 3 - 1	10		

任务八　组培苗的驯化移栽与苗期管理

任务目标>>>

1. 掌握组培苗的特点，能根据其特点进行驯化。
2. 掌握组培苗的移栽技术。
3. 能创造合适的条件进行苗期管理，保证组培苗较高的成活率。

任务分析>>>

瓶苗驯化与移栽是植物组培快繁的最后一步，关系着生产的成败，如果做不好会前功尽弃。同时，由于瓶苗的生存环境与自然环境有较大差异，只有充分了解和分析瓶苗的特点，人为创设有利于瓶苗成活的过渡条件，才能顺利获得大量健壮种苗。

相关知识>>>

一、瓶苗生存环境与自然环境的差异

1. 高温且恒温　在植物瓶苗整个生长过程中，通常采用恒温培养，而且温度控制在（25±2）℃，有的植物需将温度控制得更高；而外界环境条件中的温度处于不断变化之中，温度的调节完全是由自然界太阳辐射的日辐射量决定的，温差很大，一般不会保持在（25±2）℃。

2. 高湿　培养瓶内空气的相对湿度接近 100%，远远大于培养瓶外的空气湿度，培养瓶内的水分状态直接影响着瓶苗的生长和各种生理活性。

3. 弱光　组织培养中的光强与太阳光相比一般很弱，故幼苗生长也较弱，经受不了太阳光的直接照射。

4. 无菌 瓶苗所在环境是无菌环境，不仅培养基无菌，而且瓶苗也要无菌，在移栽过程中瓶苗要经历由无菌向有菌的转换。

5. 异养 瓶苗是在人工配制的培养基上生长和发育的，完全是异养条件，因此瓶苗的光合能力弱，移栽后要由异养转为自养。

二、组培苗的特点

组培苗由于是在无菌、异养、适宜的光照和温度、近 100% 的相对湿度环境条件下生长的，所以在生理、形态等方面都与自然条件生长的小苗有很大的差异，形成了自己的特点：生长细弱，角质层不发达，叶片通常没有表皮毛或仅有较少表皮毛，甚至叶片上出现了大量的水孔，而且气孔的数量、大小也往往超过普通苗；叶绿体光合性能差；根系不发达，吸收功能弱；对逆境的适应性和抵抗能力差。

三、组培苗的驯化

1. 驯化目的 提高组培苗对自然条件的适应性，促其健壮，最终提高移栽成活率。

2. 驯化原则 从温度、光照、湿度及有无杂菌等环境因素考虑。驯化开始的数天内，创造与培养环境条件相似的环境；后期则创造与预计栽培条件相似的环境，逐步适应。

3. 驯化方法 即炼苗，将组培苗从培养室转移至驯化温室，不开封口，在自然光下放置 7~10d，然后打开封口继续放置 1~2d。

四、组培苗的移栽

1. 移栽基质选择 适合于栽种组培苗的基质要具备透气性、保湿性和一定的肥力，容易进行灭菌处理，并且不利于杂菌滋生。一般可选用珍珠岩、蛭石、沙子等。为了增加黏着力和一定的肥力可配合草炭或腐叶土。需按比例搭配，一般用珍珠岩、蛭石、草炭或腐叶土，其比例为 1:1:0.5，也可用沙子、草炭或腐殖土，其比例为 1:1。

2. 苗床准备 草本植物移栽于苗床（宽度 1m，长度根据温室跨度而定）中，直接在苗床中铺上栽培基质，浇透水即可。木本植物移栽于塑料营养钵中，将营养钵排于苗床中，钵中装填基质至距钵上缘 0.5~1.0cm 处，最后也浇透水。

3. 瓶苗出瓶 将瓶苗打开瓶口，用镊子把小苗从瓶中取出，放于盛有清水的盆中，注意尽量不伤根。

4. 洗苗 在清水中轻轻洗去黏附于小苗根部的培养基，要洗得干净且尽量不伤根。

5. 移栽 在苗床（株距 5cm、行距 8cm）或钵中用竹签打孔，将洗好的小苗插于孔中并将孔覆严，移栽完毕用喷壶浇一遍水，以保证根系与基质充分接触。

五、组培苗的苗期管理

1. 保持小苗的水分供需平衡 保持小苗水分供需平衡首先应把培养基质浇透水。

移栽后搭设小拱棚，以减少水分的蒸发，并且初期要常进行喷雾处理，保持拱棚薄膜上有水珠出现。在移栽后7d以内应给予较高的空气湿度条件，减少叶面的水分蒸发，尽量接近培养瓶的条件，让小苗始终保持挺拔的状态。移栽7d以后发现小苗有生长趋势，可逐渐降低湿度，减少喷水次数，将拱棚两端打开通风，使小苗适应湿度较小的条件。10d后揭去拱棚的薄膜，并给予水分控制，逐渐减少浇水，促进小苗粗壮成长。

2. 防止微生物滋生　由于瓶苗原来的环境是无菌的，移出来后难以保证无菌，但应尽量不使菌类大量滋生，以利小苗成活。所以要对基质进行消毒，可以适当使用一定浓度的杀菌剂如多菌灵、甲基硫菌灵，浓度稀释800～1 000倍，每7～10d喷药1次。喷水时可加入0.1%的尿素，或用1/2MS大量元素的水溶液作追肥，可加快幼苗的生长与成活。

3. 保证适宜的温度和光照条件　瓶苗移栽后要保持适宜的温度、光照条件。适宜的生根温度是18～20℃，冬、春两季地温较低时，可用电热线来加温。温度过低会使幼苗生长迟缓或不易成活。温度过高会使水分蒸发加快，从而使水分平衡受到破坏，造成微生物滋生。另外，在移栽初期可用较弱的光照，如在小拱棚上加盖遮阳网，以防阳光灼伤小苗和增加水分的蒸发。当小植株有了新的生长时，逐渐加强光照，后期可直接利用自然光照，以促进光合产物的积累，增加抗性，促其成活。

 工作流程 >>>

组培苗驯化移栽与苗期管理工作流程如图3-11所示。

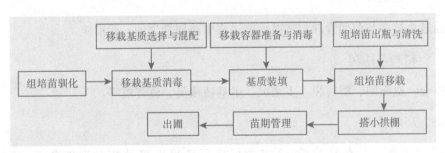

图3-11　组培苗驯化移栽与苗期管理操作流程

技能训练一　组培苗的驯化移栽

一、训练目的

通过组培苗的驯化移栽，掌握组培苗驯化和出瓶移栽的基本方法。

二、材料与用具

组培苗、穴盘、营养钵、草炭、蛭石、珍珠岩、喷雾器、遮阳网、塑料膜、竹坯、竹签、水盆、镊子等。

三、方法步骤

1. 组培苗的驯化 当组培苗的根为嫩白色、具有2～3条侧根、根长1～2cm时,将生根瓶苗的培养瓶转移至塑料大棚内,在遮光率为50%～70%的遮阳网下进行锻炼。不开封口,在自然光下放置7～10d,然后打开封口继续放置1～2d。

2. 育苗容器准备 草本植物可移栽于穴盘中,先用5%高锰酸钾溶液对穴盘进行浸泡消毒,然后在穴盘中装填上栽培基质(如蛭石、珍珠岩、草炭等可单独使用,也可按照1:1:0.5的比例混合),用木板刮平。木本植物移栽于塑料营养钵中,将营养钵排于苗床中,钵中装填基质至距钵缘0.5～1.0cm处。基质装填完成后浇透水。

3. 组培苗出瓶 将组培苗打开瓶口,用镊子把小苗从瓶中夹出放到盛有清水的盆中,注意尽量不要弄断根。

4. 洗苗 在清水中轻轻洗去小苗根部的培养基,要洗得干净且尽量不伤根。

5. 移栽 在穴盘的孔穴或营养钵的基质中心用竹签打孔,将洗好的小苗插于孔中并将孔覆上,轻轻镇压,用细喷雾器喷一遍水,以保证根系与基质充分接触。

6. 搭小拱棚 插上竹坯,盖上塑料膜,再在小拱棚上盖上遮阳网,做好保湿和遮阳工作。

技能训练二　组培苗的苗期管理技术

一、训练目的

通过直接参与苗期管理,掌握炼苗过程中苗期管理的一般措施。

二、材料与用具

喷壶、遮阳网、塑料膜、多菌灵、甲基硫菌灵、营养液等。

三、方法步骤

1. 湿度管理 在移栽后7d以内尽量创造接近培养瓶的湿度条件(90%以上),让小苗始终保持挺拔的状态。移栽7d以后,当发现小苗有生长趋势,可逐渐降低湿度,早晚将拱棚两端打开通风。移栽后10～15d揭去拱棚的薄膜,逐渐减少浇水次数,促进小苗粗壮成长。

2. 防止菌类滋生 使用一定浓度的杀菌剂对基质和小苗进行杀菌处理,以便有效的保护幼苗,可用多菌灵或甲基硫菌灵800～1 000倍液,每7～10d喷药1次。

3. 温度管理 瓶苗适宜的生根温度是18～20℃,冬、春两季地温较低时可用电热线来加温。

4. 光照管理 在光照管理的初期可用较弱的光照,如在小拱棚上加盖遮阳网,以防阳光灼伤小苗或增加水分的蒸发。当小植株有了新的生长时,逐渐加强光照,后期可直接利用自然光照,以促进光合产物的积累,增强抗性,促其成活。

5. 叶面施肥 小苗移栽7d后可结合浇水用0.1%的尿素、0.15%～0.20%的磷酸二氢钾或 1/2MS 大量元素溶液进行叶面喷施，及时补充组培苗体内营养，促进小苗生根和培育壮苗。

 评价考核 >>>

表 3 - 11　组培苗的驯化移栽与苗期管理考核标准

考核内容		考核标准	分值 （满分 100）	自我 评价	教师 评价
工作准备		各种物品用具准备齐全，人员分工明确	5		
驯化 移栽	驯化	将瓶苗从培养室转移至驯化温室	5		
		瓶苗生根达到要求，驯化条件适宜			
		不开封口炼苗 7～10d，然后打开封口炼苗 1～2d			
	基质选择 与消毒	根据瓶苗种类选择驯化基质	5		
		挑选出基质中的杂质			
		按比例将基质混拌均匀			
		基质消毒符合要求			
	移栽容器 准备	在温室或塑料大棚、网室内准备好苗床或穴盘、塑料钵等	5		
		穴盘或塑料钵用 5% 高锰酸钾水溶液消毒后刷洗，然后用清水冲洗干净			
	基质装填	装填基质方法正确，基质用量适宜	5		
		基质装填后浇透水			
	瓶苗出瓶清洗	瓶苗出瓶动作轻，尽量不伤根	10		
		组培苗上的培养基清洗干净			
	移栽	竹签打孔均匀一致，株行距合理	10		
		小苗垂直插于孔中并将孔覆上，轻轻镇压			
		用细喷雾器喷水，以保证根系与基质充分接触			
	搭小拱棚	根据需要搭小拱棚保湿	5		
		根据需要在小拱棚上加盖遮阳网，做好遮阳工作			
苗期管理		光照、温度、水分、病虫害等管理科学，组培苗成活率高	15		
现场整理		工作台面清洁，物品按要求整理归位	5		
实训报告		参照表 3 - 1	10		
能力提升		参照表 3 - 1	10		
素质提升		参照表 3 - 1	10		

花卉组织培养快速繁殖技术

 项目背景 >>>

我国不仅是世界上最大的花卉生产基地，同时也正在成为新兴的花卉消费市场。随着人们生活水平的提高，花卉受到越来越多的人的青睐，赏花、养花、食花已成为许多人的爱好。我国已进入"工业反哺农业"的阶段，农业无税时代已经到来，这必将更大地调动各方面积极性，吸引更多的资金、人才、技术投入到花卉事业中来，更加有效地激发产业发展活力。

组织培养与传统繁殖方式相比，工作不受季节限制，而且经过组织培养进行无性繁殖，具有用材少、速度快等特点。拿玫瑰来说，如果用播种繁殖，它要经过3~4年才能开花；但用组织培养，当年就能开花，而且还保持了母株原有的优良品性。一些用无性繁殖方法来繁衍的花卉种类，如香石竹、菊花、郁金香、水仙、百合、鸢尾等，不能通过种子途径去除病毒。长期的营养繁殖易导致病毒积累，使危害加重，影响了花卉的观赏效果。而植物在茎尖生长点区几乎不含或含极少病毒，所以茎尖培养成为获得无病毒植株的重要途径。花卉组织培养快速繁殖技术已经成为现代花卉生产行业的一项实用科学技术，利用组织培养技术大规模生产优质种苗已成为必然趋势。

 知识目标 >>>

1. 掌握切花菊、切花非洲菊、蝴蝶兰、中国兰、花烛、观叶植物等常见花卉的组织培养快速繁殖技术。

2. 能根据所学的知识与技能，尝试对其他花卉进行组织培养。

 能力要求 >>>

能够从事花卉组织培养快速繁殖试验或生产。

 学习方法 >>>

1. 通过搜索网络资讯、查阅书籍、生产及市场调研等，对本项目相关内容从认知到熟悉再到知识的掌握与运用。

2. 理论联系实际，通过具体的技能训练加强对相关知识的理解和运用。

3. 通过课堂学习或课后讨论加深对知识与能力的深层理解。

任务一　切花菊组织培养快速繁殖技术

任务目标>>>

通过本任务的学习，掌握切花菊组织培养快速繁殖的基本知识和技术要领。能独立完成外植体选择、预处理、消毒、培养基制作及灭菌、接种、初代培养、继代培养、生根培养、驯化移栽等操作，获得大量切花菊种苗。

任务分析>>>

如今，世界花卉业以年均 25% 的速度增长，远远超过世界经济增长的平均速度，是世界上最具活力的产业之一。菊花已发展成为国际商品花卉总产值中最高的花种，其经济效益、社会效益和生态效益显著。切花菊是世界四大切花之一，产量居四大切花之首，具有花型多样、色彩丰富、用途广泛、耐运耐贮、瓶插寿命长、繁殖栽培容易、能周年供应、成本低、产出高等优点，其产业有着广阔的发展前景。优质的种苗是关系到切花生产成败的重要一环，因此种苗生产是切花生产的重中之重。切花菊种苗生产主要采用扦插法和组织培养法，或者两法并用效益更为突出。要利用组织培养快速繁殖切花菊种苗，必须首先学会切花菊组织培养快速繁殖技术。而要完成切花菊组织培养快速繁殖技术，必须从外植体选择开始，经过预处理、消毒、培养基制作及灭菌、接种、初代培养、继代培养、生根培养，直到驯化移栽等操作，步步熟练准确，才能获得组培种苗。

相关知识>>>

菊花是菊科菊花属宿根花卉，在我国已有 3 000 年的栽培历史，现广泛分布于世界各地，深受人们的喜爱。它花色繁多，品种丰富，具有很强的观赏价值，是目前世界上栽培最广的切花之一。在菊花的切花生产中，批量的种苗大多采用脚芽扦插繁殖法，不仅繁殖系数低、周期长、易受季节变化影响，而且病毒感染严重，品质退化。要获得切花菊的优质高产，并且按生产需求批量种植而达到周年生产，菊花种苗质量必须具备种性一致、生长整齐、长势旺盛等特点，组织培养快速繁殖技术可满足切花菊的优质高产并且周年生产的需求。

一、无菌培养物的建立

（一）外植体的选择与处理

通过组培快繁技术繁殖菊花种苗，可采集作为菊花外植体的部位很多，最适宜的是茎尖以及带有腋芽的茎段。茎尖越接近生长点，病毒含量越少，茎尖培养脱毒法已经成为植物无毒苗生产中应用最广泛的一种方法。茎尖培养脱毒能达到一定的脱毒率，但由于要求剥离的茎尖很小，实际操作中有一定的难度，因此该方法常常和其他脱毒方式相结合，如药剂处理结合茎尖培养、热处理结合茎尖培养等能适当放宽茎尖的大小而使脱毒率大大提高，操作更为简便，误差较小。

1. 茎尖培养　选择品种优良、生长健壮的植株切取顶芽或茎段 3～5cm，去掉叶片，保留带有腋芽的嫩叶柄。用洗涤液或洗衣粉水洗涤，尤其是腋芽的叶柄处要用软毛刷刷擦，再用清水反复冲洗干净。在超净工作台上将材料用 0.1％氯化汞溶液进行浸泡消毒 10min，注意在浸泡过程中要轻轻地摇动以充分消毒，再用无菌水冲洗 3 次，放到无菌的吸水纸上吸干水分。在解剖镜下将材料置于无菌的盘子内，剥去端部的嫩苞叶露出锥形体，切取 0.5mm 长的茎尖，带 2 个叶原基，迅速接种到培养基上。在操作过程中防止茎尖脱水，接种时应使茎尖向上，不能倒置。

2. 茎段培养　选择扦插苗培育的无病虫害、健壮的植株，取材前 2～3 周将其置于温室内培养，不要对叶面喷水，以便提高灭菌的成功率。接种前切取带腋芽的茎段，除去叶片，只留一小段叶柄。材料初步切割后用洗衣粉水漂洗 3 次，再用自来水冲净。之后在超净工作台上将其放入含有 3 滴吐温的 0.1％氯化汞溶液中消毒 12min，并不时摇动，然后用镊子将其放入含 3 滴吐温的 2％次氯酸钠溶液中浸泡 8min，并不时摇动，最后用无菌水冲洗 3 次后即可进行接种。

（二）初代培养

适用于菊花的培养基种类很多，如 White、B5、MS 等，一般采用 MS 为基本培养基，添加各种激素进行培养。目前诱导丛生芽的培养基为 MS＋6 - BA 2.0～3.0mg/L＋NAA 0.02～0.20mg/L，pH 5.8，温度 23～28℃，光照度 1 500～4 000lx。外植体经培养后，一般 4～6 周茎尖和腋芽即可萌发出大量的丛生芽，然后进行继代增殖培养。

二、继代增殖培养

将诱导分化出的丛生芽分切成数段转入增殖培养基中进行继代培养。继代培养可以进行多次。增殖的方式除丛生芽增殖外，还可用茎切段作微型扦插繁殖，它的增殖快、安全性高，是组培快繁工厂化生产的首选。用嫩茎为材料，培养长到 6～7cm 时，切成 1 节 1 芽 1 叶的小段，将基部插入 MS＋6 - BA 0.5mg/L＋NAA 0.1mg/L 的培养基中培养。28d 后腋芽即可长成新的小植株，增殖系数可达 10 倍以上，经过 3 个月左右的扩繁，一般能达到月生产 2 000～3 000 株组培苗的生产量基数，从而达到快繁目的。

三、生根培养

菊花组培苗的生根比较容易。当增殖培养中的瓶苗长约 3cm 时即可诱导生根，主要采用以下两种技术。

1. 试管生根　将菊花瓶苗茎段转移到 1/2MS＋NAA 0～0.5mg/L 的培养基上，经 2 周后 100％生根。

2. 芽扦插生根　直接从培养瓶内剪下长 2～3cm 的芽梢扦插于以珍珠岩或蛭石为主的基质中。扦插基质以疏松透气的珍珠岩为好，组培苗在这种基质中长根快，生根率 100％，根系发达。

四、瓶苗移栽

生根培养 7d 后茎段基部长出 3～6 条幼根，当根长 1～3cm、有 3～4 片叶时即可移栽。移栽时用镊子轻轻取出瓶苗，将瓶苗根部培养基冲洗干净，栽入备好的基质中。基质要求疏松、肥沃、透气。移栽后 6～10d 适当遮阳，避免阳光直射，并注意适量通风，温度保持在 25～28℃，空气相对湿度在 90％以上。移栽 10d 后逐渐揭去薄膜，增加光照和通风，可人工补充喷水，3～4周小苗即可成活。刚移栽的小苗由于根系吸收能力弱，应每3～5d叶面喷营养液1次，每7～10d基质浇营养液1次。小苗生长健壮，移栽成活率可达95％以上。待苗高6～10cm时就可以按苗大小进行切花母株定植，为切花生产用苗做好准备。

 工作流程>>>

切花菊组织培养快速繁殖技术操作流程如图4-1所示。

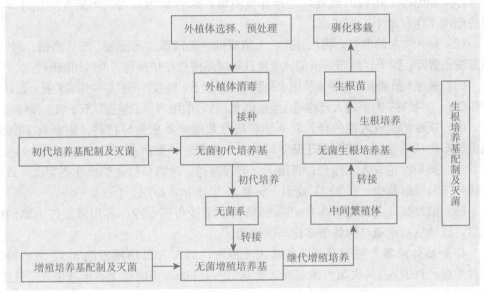

图4-1 切花菊组织培养快速繁殖技术操作流程

技能训练 切花菊茎段的初代培养

一、训练目的

通过切花菊茎段初代培养的训练，掌握茎段培养技术，为后续的微扦插快繁提供无菌繁殖系。

二、材料

切花菊嫩茎段，组织培养实验室常用器材、药品等。

三、操作步骤

1. 培养基的配制及灭菌

（1）初代培养基的配制。按初代培养基的配方 MS＋6-BA 1.0mg/L＋NAA 0.2mg/L＋蔗糖3％＋琼脂0.7％，pH 5.8，配制培养基500mL，分装到培养瓶中。每瓶装30～40mL，封口。

（2）灭菌。将分装好的培养基、装有水的瓶、用于材料消毒的空瓶、接种工具、纱布、滤纸等分别封口包扎。于高压蒸汽灭菌锅中在121℃温度下灭菌20min，冷却，备用。

2. 外植体选取及预处理 从无病虫害的健壮切花菊母株上切取幼嫩茎段，带回实验室。切取茎段3～5cm，去掉叶片，保留带有腋芽的嫩叶柄。用洗衣粉水漂洗，尤其是腋芽的叶柄处用软毛刷刷擦，再用自来水冲洗30min。

3. 接种室、接种物品、接种人员、培养瓶的消毒及灭菌

（1）接种室的清洁和消毒。接种前半小时用75％酒精或新洁尔灭在室内喷洒，地板用湿拖把拖刷。在接种前用75％酒精擦拭超净工作台台面和有关用具；打开无菌操作间和超净工作台的紫外灯进行环境消毒，照射20min后关闭紫外灯，打开风机使超净工作台处于工作状态。

（2）接种物品的准备。将培养基、无菌滤纸、无菌水、无菌瓶、75％酒精、2％次氯酸钠、剪刀、镊子、纱布、搁架、废液缸等物品摆放在接种台旁的医用推车上。

（3）接种人员消毒。接种人员用水和肥皂洗净双手，在缓冲间换好专用实验服，戴好口罩和帽子，并换穿拖鞋。进入接种间，坐在超净工作台前用75％酒精擦拭双手和工作台。

（4）接种物品放入接种台。取下装有培养基的培养瓶封口材料。用蘸有75％酒精的纱布擦拭培养瓶、装有切花菊茎段的瓶、无菌瓶、无菌水瓶，放进工作台；将无菌纱布、搁架拆包放入工作台；将镊子、剪刀拆包，过酒精灯火焰放在搁架上，或插入接种工具灭菌器中，在280℃高温下灭菌至少1min，备用。

（5）培养瓶灭菌。先用蘸有75％酒精的干净纱布擦干净，再用酒精灯火焰灼烧瓶口，转动瓶口使瓶口的各个部位均能烧到。

4. 外植体消毒 将切花菊茎段放入无菌瓶，倒入75％酒精浸泡30s。将酒精倒入废液缸。再倒入2％次氯酸钠溶液，浸泡10～15min，不时摇晃，废液倒入废液缸。最后用无菌水冲洗3次。放在无菌滤纸上吸干水分。

5. 接种 把茎段两端剪掉，剪成长1.0～1.5cm的带腋芽小段，迅速接种到培养基中。注意在接种过程中保持茎段的极性，手不能从打开的接种瓶上方经过，以免灰尘和微生物落入造成污染。按照这种方法依次剪取茎段，插植，每瓶只接种1个茎段。如此反复操作，直到全部外植体转接完成。注意工具用后须及时灭菌，避免交叉污染。

6. 封口与标识

（1）封口。用酒精灯的火焰灼烧瓶口，转动瓶使瓶口的各个部位均能烧到，然后盖上封口材料，扎口。

（2）标识。在培养瓶上标识接种材料名称、培养基名称、接种日期、接种人等信息。在记录本上记录更详细的信息。

7. 整理 接种完毕后，将接种材料及接种工具推出培养室。清理干净工作台及接种室。打开超净工作台紫外灯消毒15min后关闭紫外灯，关闭超净工作台。

8. 培养 接种结束后，把瓶苗放到培养室中培养。设定温度在23～28℃，光照度1 500～4 000lx，光照时间12h/d。

9. 观察 定期到培养室中观察瓶苗的生长状况，及时清理污染苗，并做好记录。

 评价考核>>>

切花菊外植体初代培养评价考核标准参照表4-1执行。

表 4-1　切花菊外植体初代培养考核标准

考核内容		考核标准	分值（满分100）	自我评价	教师评价
培养基配制	培养基用量计算	根据接种材料的量，准确估算培养基用量	5		
	母液用量计算	根据培养基配方和母液浓度计算各种母液用量，无遗漏			
		计算方法正确，结果准确			
	其他药品称量	正确计算母液以外其他药品用量			
		天平使用规范，称量准确			
	熬制	用量筒量取培养基终体积的蒸馏水倒入不锈钢锅中，用2B铅笔画出水位线，作为培养基定容的刻线。倒出1/3水留用	5		
		将称量好的琼脂和糖加入不锈钢锅中，放到电磁炉上接通电源加热熬制			
		边加热边搅拌，不糊底和溢锅，琼脂全部溶化			
	移取母液	量取母液规范、准确	5		
		一次性移取，移取迅速，不滴不漏			
		选用量器合理，专管专用			
	定容	在熬好的培养基中加入量取的母液混合液	2		
		加熬制前留用的水定容到熬制前画出的刻线			
	调 pH	用酸度计或精密 pH 试纸测量培养基的 pH，并用0.1mol/L 的盐酸或 0.1mol/L 氢氧化钠调节	3		
		酸度计或 pH 试纸使用正确，调节准确			
分装与包扎	分装	趁热将培养基分装到摆好的培养瓶中，分装厚度一般为1.0～1.5cm	5		
		培养基不能滴到瓶口和瓶壁上			
		分装均匀、体积准确			
		培养瓶表面和台面洁净			
	包扎	选用适当的封口材料包扎封口，包扎规范熟练			
高压蒸汽灭菌		高压蒸汽灭菌器使用正确、规范	5		
		出锅后培养基平放冷却，于10℃以下保存			
		无菌水、接种器材一同灭菌			
外植体选择与预处理	外植体的选择	选择部位正确，大小适宜	5		
		选择材料的生理状态符合要求			
	外植体预处理	去除不用的部位，修整程度适宜			
		材料表面清洗洁净			

（续）

考核内容	考核标准	分值（满分100）	自我评价	教师评价
灭菌剂配制	配制适宜体积的75%酒精	5		
	配制适宜体积的2%次氯酸钠			
	配制适宜体积的新洁尔灭			
接种前的准备	接种室及超净工作台消毒	5		
	接种工具灭菌充分			
	培养基等物品摆放有序合理			
	接种人员消毒彻底			
外植体消毒	外植体表面消毒操作规范	5		
	浸泡、旋摇、冲洗时间把握恰当			
接种	培养瓶开口前在火焰附近灭菌	5		
	用灭菌的工具切割已消毒的外植体			
	外植体剪切符合要求			
	按照外植体生长极性植入培养基中			
	把培养瓶盖好，包扎好瓶口			
标记	用记号笔在培养瓶合适位置标记上材料名称、接种日期、接种人等信息	5		
	标记内容齐全、字迹工整清晰			
初代培养	将已接种的外植体置于培养室，设置合适的培养条件进行培养	5		
	及时观察记录污染、生长情况			
现场整理	工作台面清洁，物品清洗，按要求整理归位	5		
实训报告	参照表3-1	10		
能力提升	参照表3-1	10		
素质提升	参照表3-1	10		

任务二 切花非洲菊组织培养快速繁殖技术

 任务目标 >>>

能对切花非洲菊的花托进行接种和培养，并分析其接种和培养的特点。

 任务分析 >>>

非洲菊为异花传粉植物，由于雌雄蕊成熟期不一致、生长高度不同等因素造成自花不孕，必须辅以人工授粉，种子寿命短，发芽率低，种子繁殖后代易变异。因此采用分株、扦插和组织培养等无性繁殖方法。长期的无性繁殖会造成病毒积累，病虫害交叉感染，导致种性退化，花的商品质量下降。分株繁殖受季节限制，繁殖系数低，难以满足工厂化生产。非洲菊的组织培养快繁技术能够在较短时间内繁殖大量性状一致的优质种苗，满足大规模发展的需要。由于非洲菊的茎尖数目少，剥取较困难，又容易被污染，所以常用花托作为外植体。切花非洲菊可通过花托的组织培养快速繁殖技术获得大量种苗。

 相关知识 >>>

非洲菊又称为扶郎花，为菊科大丁草属多年生宿根草本花卉，原产于南非。非洲菊的花朵硕大，花枝挺拔，花色艳丽多样，切花率高，栽培用工省，在温暖地区能周年不断地开花，因此在国际切花市场上发展很快，成为世界著名的四大切花之一。

一、无菌培养物建立

1. 外植体选择　首先要选择花大色艳、市场流行的品种。选择无病虫害、植株生长健壮、花色纯正的优良单株。选出优株后，挂牌标记，并一直在其上采取花蕾。作为外植体的花蕾要选未露心的小花蕾，太大的花蕾不容易成活。

2. 外植体消毒　外植体在自来水下冲洗干净，剥去外层萼片，剪成 0.7～1.0cm 大小的方块，然后置于无菌条件下，先在 75％酒精中浸泡 30s，然后放入 0.1％氯化汞溶液中浸泡 10min，之后用无菌水冲洗 6～7 次。取出后剥去所有萼片、管状花和舌状花，取花托在 2％次氯酸钠溶液中消毒 10min，放入无菌水中充分洗涤 3 次。在整个灭菌和清洗的过程中，要不断摇动瓶子，使漂洗均匀彻底。

3. 初代培养　接种前将花托切成 2～4 块，接种于初代培养基 MS＋6‐BA 10mg/L＋IAA 0.5mg/L 上进行诱导培养。20d 后在花托基部开始产生愈伤组织，将伸长的花丝拔去，并将带愈伤组织的花托分切成小块，每隔 20～30d 转接 1 次。花托诱导不定芽需要 2 个月的时间，多数品种要 3～5 个月出芽。当芽从花托上产生后，就要及时从花托上分割下来进行快速繁殖。培养的条件是光照时间在 12～14h/d，光照度在 1 400～1 500lx，培养温度在（25±2）℃。

二、继代增殖培养

增殖扩繁培养基 MS＋6‐BA 3～5mg/L＋NAA 0.2mg/L 的增殖系数可达 10 倍以上。经过 3 个月左右的扩繁，繁殖基数达到月生产 2 000～3 000 株组培苗。将芽的叶片带柄切下，接种于培养基 MS＋6‐BA 5mg/L＋NAA 0.2mg/L 中，1 个月后在叶柄基部会产生许多丛芽，这时可将培养基调整为 MS＋6‐BA 2.0mg/L＋NAA 0.2mg/L，提高培养基中的氮素浓度有利于芽的增殖。

三、生根培养

丛生芽经过扩繁培养，达到一定生产量时，可将苗高 2～3cm 的单株切下，接入培养基 1/2MS＋NAA 0.1mg/L 中进行生根培养。生根培养基中糖的浓度为 1.5％，添加 1mg/L 多效唑不仅使生根时间缩短，生根量和根长也较优。7~8d 小苗基部会长出 3~5 条不定根，12~15d 可以出瓶，生根率可达 95% 以上。

四、瓶苗移栽

生根的组培苗经炼苗后可移栽。移栽基质以珍珠岩为宜，组培苗成活率高、成苗快，幼苗健壮。移栽时用镊子将小苗从培养瓶内取出，并在水中洗去琼脂，栽入混合基质内。小苗移栽后马上喷水，第 2 天再喷水 1 遍。夏季若阳光强烈，须加遮阳网。从第 3 天开始，每周至少浇 1 次完全营养液，并喷杀菌剂。经 1 个月左右可长出 4 片新叶，株高 6~8cm 时可大田定植。

五、计划制订

非洲菊的组织培养要依各地大田栽植的时间和栽植量做出计划。如某地区大田栽植定在 4 月，可在 9—10 月植株开花上市，当年即可取得效益。如外植体分化出芽在当年 10 月中旬完成，那么第 1 次增殖应在当年 10 月中旬至 11 月中旬，第 2 次增殖在当年 11 月中旬至 12 月中旬，每次增殖比例约为 1：10，每次增殖时间约 1 个月，到翌年 2 月可增殖 4 次。瓶苗生根培养在翌年 2 月下旬进行，为期 2 周；瓶苗苗床移栽在翌年 3 月进行，养护 1 个月，即可保证在翌年 4 月初移栽大田。批量生产时，可增加接种材料数量或提早增殖培养时期，以增加继代培养的次数，获得更多的生产用种苗。

技能训练　非洲菊花托初代培养技术

一、训练目的

以非洲菊花托为外植体进行初代培养，为后续的丛生芽增殖提供无菌繁殖系。

二、材料

非洲菊花蕾，组织培养实验室常用器材、药品等。

三、操作步骤

1. 培养基的配制及灭菌

（1）初代培养基的配制。按初代培养基的配方 MS＋6－BA 10mg/L＋IAA 0.5mg/L＋蔗糖 3%＋琼脂 0.7%，pH 5.8，配制培养基 500mL，分装到培养瓶中。每瓶或每管装 30~40mL，封口。

（2）灭菌。将分装好的培养基、装有水的瓶、用于材料消毒的空瓶、接种工具、纱布、滤纸等分别封口包扎。于高压蒸汽灭菌锅中在 121℃温度下灭菌 20min，冷却，备用。

2. 外植体选取及预处理　从挂牌的优良单株上采取未露心的小花蕾，带回实验室。将外植体置于自来水下冲洗干净，剥去外层萼片，备用。

3. 接种室、接种物品、接种人员、培养瓶的消毒及灭菌　参照本项目任务一中的技能训练。

4. 外植体消毒　即花托消毒,在无菌条件下先将处理好的花蕾放在 75%酒精中浸泡 30s,然后放入 0.1%氯化汞溶液中浸泡 10min,取出后用无菌水冲洗 6～7 次。取出,剥去所有萼片、管状花和舌状花,再将花托放到 2%次氯酸钠溶液中消毒 10min,然后放入无菌水中充分洗涤 3 次。在整个灭菌和清洗的过程中,要不断摇动瓶子,使消毒均匀彻底。

5. 接种　将花托用解剖刀切成 2～4 块,近花梗端朝下接种于初代培养基上进行诱导培养。在接种过程中手不能从打开的接种瓶上方经过,以免灰尘和微生物落入造成污染。每瓶只接种 1 个花托。

6. 封口、标识与整理　参照本项目任务一中的技能训练。

7. 培养　接种结束后,把瓶苗放到培养室中培养。培养的条件是光照时间 12～14h/d,光照度 1 400～1 500lx,培养温度(25±2)℃。

8. 观察　定期到培养室中观察瓶苗的生长状况,及时清理污染苗,并做好记录。

 评价考核 >>>

非洲菊花托初代培养技术评价考核标准参照表 4-1 执行。

任务三　蝴蝶兰组织培养快速繁殖技术

 任务目标 >>>

能对蝴蝶兰的茎尖、叶片和根段进行接种和培养,并分析其接种和培养的特点;掌握植物组织培养的基本知识,并掌握蝴蝶兰的组培快繁技术。

 任务分析 >>>

掌握蝴蝶兰组织培养快速繁殖技术特点和方法,重点掌握兰科植物原球茎的概念、生长发育特点及原球茎组培生产途径和过程。

 相关知识 >>>

蝴蝶兰为兰科蝴蝶兰属多年生花卉,其花形奇异,花色品种多,花大色艳,花期达 2～3 个月,具有极高的观赏价值和经济价值,为热带兰中的珍品,有"兰中皇后"之美誉。蝴蝶兰属单茎性附生兰,极少发育侧枝,很难进行常规的无性分株繁殖。通过组织培养在短期内获得大量幼小植株是经济有效的快速繁殖方法,也是工厂化育苗的重要途径。

一、花梗诱导原球茎培养

取花梗切成带有节的小段,长 2～3cm,用自来水清洗干净,在饱和漂白粉上清液中浸泡 15min,浸泡时不断搅动。用流水冲洗干净,放在消毒的培养皿中。在超净工作台上用 75％酒精消毒 30s，无菌水清洗 1 次；再 0.1％氯化汞溶液浸泡 10min，无菌水冲洗 3～5 次；最后用无菌滤纸吸干外植体表面水分。将消毒好的花梗小段切去两端和消毒剂接触的部分，然后接种到初代培养基 MS＋6‑BA 3.0mg/L 上，每瓶培养基接种 1 个花梗。从腋芽萌发到芽长到 1cm 左右需要 2～3 周，1 个月后可长到 1.5cm 高。

二、茎尖、叶片诱导原球茎

茎尖的培养基为 KC＋6‑BA 0.5～2.0mg/L＋NAA 0～0.5mg/L。茎尖及其外围组织的诱导率与外植体放置密度呈正比，即密度愈大诱导率愈高，反之则低。叶片培养基为 KC＋6‑BA 3.0mg/L。原球茎产生与叶片的叶龄以及叶切块在叶片上的部位有关，幼嫩叶片有利于原球茎的产生；在同一叶片上，基部的切块较叶中部和叶尖的诱导率高。

三、根段诱导原球茎

取蝴蝶兰新生的根尖，消毒后切成 0.5～0.8cm 的根段，接种在 B5＋NAA 1.5mg/L＋KT 0.2mg/L＋椰汁 150mg/L 的培养基上，遮光放置 4～5d。2 周后根端切口处开始膨大，产生淡绿色瘤状愈伤组织，并不断扩大；1 个月后切下愈伤组织，接种于 B5＋GA 0.05mg/L＋CH 120mg/L 的培养基上进行增殖培养；大约再经过 1 个月，愈伤组织的表面出现较大绿色颗粒，并逐渐形成芽点，继而分化出芽。当芽长到 1cm 以上时，将其分离，接种到 1/2MS＋香蕉汁 20％＋蔗糖 2％中进行壮苗培养。

四、原球茎增殖培养

适宜的培养基是 MS＋6‑BA 1.0～5.0mg/L＋NAA 0～0.1mg/L，其中 MS＋6‑BA 5.0mg/L＋NAA 0.1mg/L 的增殖效果最好。约经 3 个月发育形成完整的小植株。随后移入壮苗培养基 MS 或 KC＋NAA 0.1mg/L＋香蕉汁 10％中。培养 1 个月后，平均每株有 4 条根、4 片叶。

五、生根培养及驯化移栽

当小苗高达 3～4cm 时，转接到 1/2MS＋6‑BA 0.5mg/L 的培养基上进行生根培养，约 3 个月转移 1 次新鲜的培养基，生根率可达 100％。当瓶苗具有 3～4 条粗壮的根时可以移栽。先将瓶苗移出实验室，放置于通风、明亮的常温房间炼苗。15d 后打开瓶盖，每天早、中、晚各喷水 1 次，保证足够的湿度。3d 后用镊子将小苗轻轻夹出，洗净根部培养基。先用 50％多菌灵可湿性粉剂 1 500 倍液浸泡 5～10min，然后种植于椰糠基质中，环境温度保持在 25～28℃，湿度保持在 85％左右，避免阳光直射。当新叶长出、新根伸长时，每周叶面喷施 1 次 0.3％～0.5％磷酸二氢钾，成苗率可达 95％以上。

技能训练　蝴蝶兰花梗诱导原球茎培养

一、训练目的

学习蝴蝶兰花梗诱导原球茎培养技术，为蝴蝶兰快速繁殖提供优良种苗。

二、材料

优质带花蝴蝶兰，组织培养实验室常用器材、药品等。

三、操作步骤

1. 培养基的配制及灭菌

（1）初代培养基的配制。按初代培养基的配方 MS＋6‐BA 3.0mg/L＋蔗糖 3％＋琼脂 0.7％，pH 5.8，配制培养基 500mL，分装到培养瓶中。每瓶或每管装 30～40mL，封口。

（2）灭菌。将分装好的培养基、装有水的瓶、用于材料消毒的空瓶、接种工具、纱布、滤纸等分别封口包扎。于高压蒸汽灭菌锅中在 121℃温度下灭菌 20min，冷却，备用。

2. 外植体的选取及预处理 从无病虫的健壮带花蝴蝶兰母株上切取花梗，带回实验室。切成带有节的小段，长 2～3cm，放入瓶中。先用自来水冲洗 30min，然后在饱和漂白粉上清液中浸泡 15min，浸泡时不断搅动。用流水冲洗干净。

3. 接种室、接种物品、接种人员、培养瓶的消毒及灭菌 参照本项目任务一中的技能训练。

4. 外植体消毒 即蝴蝶兰花梗消毒。将蝴蝶兰花梗段放入无菌瓶，倒入 75％酒精浸泡 30s。倒掉酒精，再倒入 2％次氯酸钠溶液浸泡 10～15min，或者倒入 0.1％氯化汞溶液浸泡 10min，不时摇晃，倒掉。再用无菌水冲洗 3～5 次，放在无菌滤纸上吸干水分。

5. 接种 将消毒好的花梗小段切去两端与消毒剂接触的部分，迅速接种到初代培养基中，每瓶培养基接种 1 个花梗。在接种过程中须保持花梗的极性，手不能从打开的接种瓶上方经过，以免灰尘和微生物落入，造成污染。

6. 封口、标识与整理 参照本项目任务一中的技能训练。

7. 培养 接种结束后，把瓶苗放到培养室中培养。培养的条件是光照时间 12h/d，光照度 1 500～4 000lx，培养温度 23～28℃。

8. 观察 定期到培养室中观察瓶苗的生长状况，及时清理污染苗，并做好记录。

评价考核 >>>

蝴蝶兰花梗诱导原球茎初代培养评价考核标准参照表 4‐1 执行。

任务四 中国兰组织培养快速繁殖技术及无菌播种技术

任务目标 >>>

能对中国兰的茎尖、侧芽进行接种和培养，掌握无菌播种技术，并分析其接种和培养的特点。

任务分析 >>>

兰科植物的种子极小，其质量为 $0.3\sim0.4\mu g$，长度为 $0.75\sim1.20mm$，宽为 $0.09\sim0.27mm$，但每个蒴果可产生 1 万～100 万粒种子。绝大多数种类的种子不具子叶和胚乳，在自然条件下萌发率极低，繁殖困难，故分株繁殖等传统繁殖方法周期长、繁殖率低。目前，将通过传统的遗传育种这种有性繁殖方式所获得的种子用组织培养技术进行繁殖、品种复壮、加快优良品种的培育，最终获得兰花的优良品种，在挽救珍稀濒危种类等方面起到十分重要的作用。

 相关知识 >>>

中国兰又称为东洋兰，原产于我国福建、广东等地，约有 500 个属，1 万余种。平常所说的兰花是兰科蕙兰属中的部分地生兰，如春兰、建兰、墨兰、寒兰等，是珍贵的观赏兰。

一、建兰的组培快繁技术

（一）无菌培养物的建立

用于建兰组织培养的外植体有果实、腋芽、茎尖等。这些外植体经过消毒后接入 B5＋NAA $1\sim5mg/L$＋6-BA $0.5\sim3.0mg/L$ 初代培养基中诱导原球茎的生成。用花茎节诱导出潜伏芽，然后利用潜伏芽诱导原球茎。在花茎节诱导中，茎节的长度和部位不同对诱导潜伏芽有影响，一般花枝长度以 4cm 左右为好，接种的部位以第 1 茎节为好。当 6-BA 的浓度为 $4mg/L$ 时诱导出花芽，而在 B5＋6-BA $1.0mg/L$＋NAA $3.0mg/L$＋GA $3.0mg/L$ 的培养基中则诱导产生簇生的原球茎。

（二）增殖培养

将诱导分化出来的原球茎转移至培养基 MS＋6-BA $2.0\sim3.0mg/L$＋NAA $1.5\sim2.0mg/L$ 中可增殖 40 倍。如果转接到培养基 MS＋NAA $0.2mg/L$＋6-BA $2.0mg/L$＋4PU-30（氯吡苯脲）$1.0mg/L$＋椰汁 $100g/L$ 中可在原球茎四周陆续分化成簇状芽。随着 6-BA 的浓度增加，增殖倍数也相应增加。

切取茎尖时要带有 2 个左右的叶原基。如果切块太小，只有带叶子的部分，增殖率会降低。接种密度对原球茎增殖也有影响，随接种密度增大，净增殖呈上升趋势。接种密度达到 $1.0\sim1.5g/$瓶时，净增殖最大且趋于平稳。从快繁的角度看，对于在 100mL 培养瓶中盛 30mL 培养液培养 20d 来说，$1.2\sim1.5g/$瓶为增殖的最佳密度。

液体振荡培养比固体静止培养增殖快。这是因为通过振荡可确保最大的气相表面，形成较好的通气条件，并能使原球茎与液体充分接触，更多地吸收营养，生长更快。但是在振荡培养时会有污染的问题，且随着时间延长，污染加重。液体培养条件下 pH 对根状茎生长影响不明显，以 pH 在 $4.6\sim4.8$ 为好。

继代周期对原球茎增殖也有影响。原球茎随继代周期延长而增加，在继代周期为 20d 时最大，因此最佳继代周期为 20d。

（三）芽分化诱导培养

将增殖得到的原球茎切割后，转入培养基 MS＋6-BA $2.0\sim4.0mg/L$＋NAA $0\sim$

0.2mg/L＋活性炭 0.3％中分化培养成苗。建兰的芽端含有较多的多酚氧化酶，易使培养的外植体褐化，甚至死亡，适量的活性炭有助于防止褐化并促进根系生长。

也可采用同一种培养基对原球茎和芽进行一次性培养，将外植体直接接种于培养基 MS＋NAA 3.0mg/L＋6 - BA 4.0mg/L 中培养，70d 后部分原球茎形成芽，80d 后开始长叶，同时有2～3 条幼根，90d 后可以形成完整植株。

（四）瓶苗驯化移栽

当小植株长出 4～5 片幼叶时即可移栽。移栽前须在自然散射光下炼苗 15～20d。移栽时注意洗干净瓶苗基部的培养基。移栽的基质对成活率的影响很大，采用蛭石、珍珠岩和木屑混合物再补充少量腐殖质含量高的土壤作为栽培基质，建兰瓶苗的成活率可达到 98％以上，植株生长苗壮。如果只用蛭石和珍珠岩作为兰花栽培基质，成活率虽高，但是植株长势一般。此外，移栽后 2 周内要采取一定的保温措施。

二、墨兰组培快繁技术

墨兰是中国兰花中的传统名花，其清丽、高雅、幽香，在华南地区又正逢春节前后开花，具有很高的观赏价值和经济价值，深受人们的喜爱。但墨兰种子的胚发育不完全，没有胚乳和子叶，自然状况下很难萌发。常规繁殖常采用分株法，繁殖速度慢，难以达到一定的数量并推广，限制了我国优质兰花资源的开发利用。

（一）无菌培养物的建立

墨兰的外植体有种子、花芽、茎尖等。种子比较容易诱导出原球茎，花芽、茎尖也能诱导出原球茎。种子诱导原球茎的培养基为 1/2MS＋NAA 0.5mg/L，适当地降低培养基中的氮素含量对种子萌发有利。而以花芽、茎尖为外植体时，培养基为 MS＋6 - BA 0.5mg/L＋NAA 0.5mg/L。在培养基中附加活性炭对茎尖和花芽原球茎的诱导有促进作用。

（二）增殖培养

1. 原球茎增殖　将诱导出的原球茎放入培养基 MS＋6 - BA 0.5～1.0mg/L＋NAA 0.5～1.0mg/L 中进行原球茎增殖培养，影响墨兰原球茎增殖的因素有基本培养基、激素、蔗糖、活性炭、切割方式等。由于墨兰喜欢在高盐的基质中生长，因而以 MS 作为基本培养基最好。增殖培养时 pH 以 4.9～5.1 为好。光培养增殖效果比暗培养好，每天光照 15h。在原球茎切割方式中，掰开（自然分离）比横切、纵切好。因为掰开的原球茎损伤小、成活率高，切开的原球茎容易褐化。

2. 根状茎的诱导和增殖　在诱导原球茎的培养基上培养也可以诱导出根状茎。不同来源的原球茎分化形成根状茎的能力不同。种子萌发获得的原球茎容易形成根状茎，而且数量也大。根状茎在培养基 MS＋6 - BA 0.1mg/L＋NAA 0.5mg/L＋活性炭 0.5％＋水果 10％上增殖效果较好。在长期的继代繁殖过程中，可以采用加有活性炭的分化培养基与未加活性炭的培养基交替培养，既能快速繁殖根状茎，又能保持旺盛生长和再生。

3. 不定芽分化　待根状茎长到 2～3cm 时，从基部掰开，转接在 1/2MS＋6 - BA 0.5～5.0mg/L＋NAA 0.5～2.0mg/L 上进行不定芽的诱导。6 - BA 对不定芽的诱导起主要作用，高浓度的 6 - BA 和低浓度的 NAA 可以促进芽体的诱导，培养基 MS＋

6 - BA 5.0mg/L＋NAA 0.5mg/L 或 B5＋6 - BA 2～3mg/L＋NAA 0.2mg/L＋活性炭 0.5％对芽的诱导较理想。

（三）生根培养

生根培养时以低浓度的 6 - BA 和高浓度的 NAA 配合使用，培养基以 1/2MS＋NAA 2.0mg/L＋苹果汁 10％＋香蕉汁 10％＋活性炭 1.0％为好。如果不定芽和生根诱导一起进行，则以 1/2MS＋6 - BA 0.1mg/L＋NAA 2.0mg/L＋香蕉汁 10％＋苹果 10％＋活性炭 0.5％＋蔗糖 20g/L 为好。

（四）瓶苗的驯化移栽

当瓶苗长到 8～10cm 时，先带瓶盖放在室温下锻炼 15～20d，然后打开瓶盖炼苗 2～3d。洗去根部培养基，移栽于经过暴晒或消过毒的带气孔火山岩或碎木炭、蕨根及珍珠岩等量混合的基质中，成活率一般可达 95％以上。1～2 个月可以上盆。盆底装一些塑料泡沫或砖石，栽培基质用腐叶土与沙土混合，每半个月施 1 次叶面肥，2～3 年即可开花。

三、蕙兰种子的无菌培养

蕙兰按其生态习性分为两种类型：附生兰（或半附生）和陆生兰。现以两种蕙兰类型为例说明其培养过程。

（一）附生兰的种子无菌培养

取蕙兰的未开裂果作外植体，采取时间可以从授粉到果实开裂所需时间的 3/4 开始。在无菌条件下，将果实用自来水冲洗干净后，放入 75％酒精中浸泡 5～10min 进行表面灭菌。切开果实，将种子均匀接种于培养基上。培养基采用 1/2SH，蔗糖含量为 2％～3％，琼脂为 0.8％，另外，培养基中添加 0.5mg/L NAA 和 1.0mg/L 6 - BA 可以促进原球茎的增殖及芽的形成。

接种后 2～4 周萌发率可达到 80％以上，随着种子萌发及原球茎的生长，及时将原球茎切割并转移到新鲜培养基中进行增殖培养。这样反复切割转移可得到大量原球茎。经一段时间培养，原球茎会逐渐分化出芽，这时将芽分开并转入育苗培养基 1/2SH＋NAA0.5mg/L 上，不久即可发育成完整植株。

附生兰（或半附生兰）在适合的培养基上极易萌发，但有的品种只有经过一定的预处理种子才会萌发。种子萌发后在培养基中加入适量的 NAA 或 6 - BA，以促进原球茎的发育和幼苗的生长，如果培养基中无外源激素，原球茎生长缓慢，并且会较长时期停滞在原球茎阶段，在外源激素的刺激下，会加快原球茎的生长并使其顺利分化成芽。

（二）陆生兰的种子无菌培养

取成熟或未成熟的种子作外植体。无菌条件下，将未开裂果的果实用自来水冲洗干净后放入 75％酒精中浸泡 5～10min。切开果实，进行接种或预处理。将开裂果先浸入 7％次氯酸钙溶液中灭菌 10～20min，然后用 0.1mol/L 氢氧化钾或氢氧化钠进行预处理 5～10min，用无菌水涮洗 3 次，用无菌滤纸吸干水分后再浸入 7％次氯酸钙溶液中灭菌 10～20min。

培养基可选用 KC 培养基或它的改良型，SH 和 ER 培养基的效果也比较好。陆生兰种子萌发后不形成原球茎，而是形成根状茎。陆生兰与附生兰一样，在培养基中加入适量的植物生长素与细胞分裂素能促进种子萌发和根状茎的增长，而且激素也影响根状茎的分化成苗。根状茎经常规的增殖培养后转入分化培养基，不久即分化出完整的小植株。育苗用培养基可选用改良 KC 培养基。培养温度在 22～26℃，光照时间 12～16h/d，光照度在 1 000～3 000lx。

四、知识拓展

卡特兰、蝴蝶兰、石斛兰、文心兰、万代兰等大部分属于热带附生兰，也有少数为陆生兰，这类兰花在适合的人工培养条件下比较容易萌发。下面介绍它们的种子萌发培养程序。

（一）外植体及表面灭菌

可以取用成熟或未成熟的种子，未成熟的种子比成熟种子更容易萌发，并且表面灭菌更容易。但未成熟种子成熟度要达到 1/3～1/2。未开裂果实内是无菌的，不需要对里面的种子进行消毒，未成熟的种子较幼嫩，消毒会对种子造成伤害。果实采摘以后用软刷蘸肥皂液轻轻刷洗，然后用流水冲洗干净，用 50％的家用漂白剂消毒 10～15min 或者浸入 0.1％氯化汞溶液中消毒 20min，取出后用无菌水冲洗 3 次。如果用已开裂的荚果，可将种子浸入 2％次氯酸钠溶液中灭菌 15～20min，为了更好地浸湿种子，可在 100mL 次氯酸钠溶液中加入 2～3 滴吐温-80 或家用洗涤剂，消毒过程中充分摇荡，消毒后的种子用无菌水冲洗干净。

（二）培养条件

种子萌发和幼苗发育的最好条件是 20～25℃，光照度适度，光照时间为 10～14h/d。

（三）培养基

这几个属中的种子萌发最常用的培养基为 KC 培养基及其改良配方和 VW 及其改良配方。多数兰花种子萌发不需要外源激素，然而许多研究表明在培养基中适当加入某些外源激素可以促进种子萌发，特别是促进原球茎及幼苗的发育。激素的使用要通过实验来确定激素的用量及种类。在培养基中加入香蕉匀浆、椰汁、蛋白胨及酵母提取物对幼苗的生长及发育都有一定的促进作用，根据需要适量使用；在培养基中加入一定量的活性炭对蝴蝶兰、兜兰、蕙兰等幼苗的生长有明显的促进作用。种子播种一段时间后在适宜的条件下逐渐萌发，当原球茎长大并形成幼苗后需转移到新鲜的幼苗培养基上继续进行培养。幼苗逐渐长大并且在其基部又可以长出新的小幼苗，将大苗挑出分开栽种，小幼苗可以留作种苗继续扩大繁殖。

 工作流程 >>>

中国兰组织培养快速繁殖及无菌播种工作流程如图 4-2 所示。

图 4-2 中国兰组织培养快速繁殖及无菌播种工作流程

技能训练 中国兰的无菌播种技术

一、训练目的

掌握中国兰种子无菌接种和培养技术。

二、材料与用具

中国兰果实，组织培养实验室常用器材、药品等。

三、方法步骤

1. 培养基的配制及灭菌

（1）初代培养基的配制。按初代培养基的配方 B11（表 4-2）＋BA 1mg/L＋NAA 1mg/L＋活性炭 0.03％＋蔗糖 3％＋琼脂 0.7％，pH 5.8，配制培养基 500mL，分装到兰花瓶中。每瓶装 100～110mL，封口。

表 4-2 B11 培养基

单位：mg/L

成 分	数 量	成 分	数 量
KCl	750	盐酸吡哆醇	0.25
KH_2PO_4	910	肌醇	50
$MgSO_4 \cdot 7H_2O$	750	泛酸钙	0.25
$CaCl_2 \cdot 2H_2O$	740	L-谷酰胺	400
H_3BO_3	0.5	L-丙氨酸	50
$MnSO_4 \cdot 4H_2O$	3.0	L-精氨酸	10
$ZnSO_4 \cdot 7H_2O$	0.5	L-半胱氨酸	20
$NaMoO_4 \cdot 2H_2O$	0.025	L-亮氨酸	10
$CuSO_4 \cdot 5H_2O$	0.025	L-苯丙氨酸	10
$CoCl_2 \cdot 6H_2O$	0.025	L-酪氨酸	10
柠檬酸铁	10.0	L-色氨酸	10
盐酸硫铵素	0.25	苹果酸	1 000

（2）灭菌。将分装好的培养基、装有水的瓶、用于材料消毒的空瓶、接种工具、纱布、滤纸等分别封口包扎。于高压蒸汽灭菌锅中在 121℃温度下灭菌 20min，冷却，备用。

2. 外植体选取及预处理 采摘八九成熟的中国兰蒴果（以尚未爆裂者为宜），先用酒精棉球擦去果面脏物，然后用洗洁精清洗干净。

3. 接种室、接种物品、接种人员、培养瓶的消毒及灭菌 参照本项目任务一中的技能训练。

4. 外植体消毒 即种子消毒，在无菌条件下先将清洗干净的蒴果放入饱和的漂白粉上清液中浸泡 15min，用无菌水涮洗 3 次，然后用无菌滤纸吸干水分。用消毒刀片将蒴果剖开取出种子，用细白布包裹好。置于无菌水中使其吸湿，用无菌滤纸吸干多余水分，置于已灭菌的 0.1mol/L 的氢氧化钾溶液中预处理 5～10min，然后用无菌水冲洗 3 次（操作中注意用玻璃棒挤压细白布包，使漂洗充分）；用无菌滤纸吸干水分后，再置于饱和漂白粉上清液中浸泡 10～20min，然后用无菌水冲洗数次。在整个灭菌和清洗的过程中，要不断摇动瓶子，使消毒均匀彻底。

5. 接种 将已消毒并冲洗干净的种子接种在初代的培养基上诱导种子萌发。在接种过程中手不能从打开的接种瓶和种子上方经过，以免灰尘和微生物落入，造成污染。

6. 封口、标识与整理 参照本项目任务一中的技能训练。

7. 培养 接种结束后，把瓶苗放到培养室中培养。培养温度在（25±2）℃，暗培养。

8. 观察 定期到培养室中观察种子的萌发生长状况，及时清理污染，并做好记录。

 评价考核>>>

中国兰的无菌播种技术评价考核标准参照表 4-1 执行。

任务五　花烛组织培养快速繁殖技术

 任务目标>>>

能对花烛的叶片、叶柄、茎尖或嫩茎段进行接种和培养，并分析其接种和培养的特点。

 任务分析>>>

花烛属多年生常绿植物，叶革质光亮，单花顶生，花期长达一个半月左右。利用常规播种分株法繁殖切花花烛，繁殖率极低，播种繁殖所需时间长，且易产生变异。利用组织培养可以进行花烛的快速繁殖，保存优良品种特性，为花烛的产业化生产提供大量优质种苗。这对于降低生产成本，普及花卉消费具有深远意义。

 相关知识>>>

花烛是天南星科花烛属多年生附生常绿草本花卉，又称为红掌、台灯花、火鹤花、安祖花等，原产于热带美洲。花葶自叶腋抽出，其花序为肉穗花序，具有红色、粉红色、白色及五彩色的蜡质佛焰苞，火红挺直，犹如灯台上点燃的蜡烛，观叶观花俱佳，被赋予"富贵、发达"之意义，象征"热情、热心与热血"，是近几年新兴的高档盆花或切花，是当前国际流行的名贵花卉。

一、无菌培养物的建立

1. 外植体选择 可用叶片、叶柄、茎尖或嫩茎段作为外植体。外植体应在品种纯正、花大色艳的单株上进行选择。一般采用刚展开的幼嫩叶片作为外植体效果最好。

2. 外植体消毒灭菌 将叶片放在盛有几滴洗洁精水的烧杯中振摇 10min 后，用自来水冲洗 15min，除去洗洁精残留和表面污物。接着在无菌条件下先用 75%酒精消毒 30s，再在 0.1%氯化汞溶液中浸泡 8～10min，然后用无菌水洗 5～6 次。

3. 初代培养 将叶片切成 1.5cm×1.5cm 的小块，接入诱导培养基 MS＋6－BA 0.5mg/L＋2，4-滴 0.8mg/L 中。培养 1 个月后切割处出现少量淡黄色愈伤组织，2 个月后叶片愈伤组织的诱导率可达到 83.3%。愈伤组织的诱导与外植体类型、叶片的切割方式、基本培养基种类、糖浓度、激素浓度和配比有关。叶片刻伤后可以诱导愈伤组织大量产生，同时显著提高不定芽的分化率，同叶片切块相比，不论愈伤组织诱导，还是分化不定芽，叶片刻伤的培养效果均优于叶片切块。

将愈伤组织块转移到分化培养基中继续培养，60d 以后平均每块愈伤组织可分化出 4.94 个不定芽。诱导花烛愈伤组织再生芽最有效的激素为 6－BA。培养基为 MS＋6－BA 1.0mg/L＋KT 0.1mg/L＋NAA 0.5mg/L。

4. 培养条件 光照时间 10～12h/d，培养温度在（27±2）℃，光照度 1 000～2 000 lx。

二、增殖培养

不定芽的产生及其增殖培养主要与激素的浓度和配比有关。6－BA 对不定芽的分化和增殖有较大的作用。激素浓度配比以 6－BA 1.0mg/L＋NAA 0.3mg/L 为好。在增殖培养过程中采用固体和液体培养相结合，可以保持花烛不定芽旺盛的增殖速度，并且可以缩短生长周期，降低生产成本。

三、生根培养

当不定芽长到长 2.5～3.0cm、具有 3～4 片叶时，可切成单株进行诱导生根。将瓶苗放在生根培养基 1/2MS＋NAA 0.5mg/L 上进行生根培养，30d 后即可长出 3～4 条根，生根率达 100%。生根培养也可采用浅层液体静置培养的方法，以利于降低成本。

四、瓶苗移栽

当瓶苗长出 3～4 条根时即可出瓶移栽。出瓶前先将瓶苗移出培养室，放于通风明亮的温室移植棚进行 15d 左右的闭瓶壮苗，然后打开瓶盖，每天早、中、晚各喷水 1 次，以保持足够的湿度。5d 后将瓶苗从瓶中移出，用清水洗净根系上的培养基，用 0.5g/L 的高锰酸钾溶液蘸根消毒后移栽到基质中。移栽基质可以是无菌珍珠岩基质，一般用珍珠岩、河沙、花泥，其比例为 1∶1∶1；或蘑菇泥、草炭、珍珠岩，其比例为 1∶1∶1。若是上盆，则用松针土、马粪土、河沙，其比例以 2∶1∶1 为好。淋水后罩上透明塑料薄膜以保持空气湿度，10d 后逐步打开保湿罩，逐渐降低湿度并增强光照，30d 后成活率可达到 90％以上。

工作流程 >>>

花烛的组织培养快速繁殖工作流程如图 4－3 所示。

图 4－3　花烛的组织培养快速繁殖工作流程

技能训练　花烛叶片的初代培养技术

一、训练目的

通过花烛叶片的初代培养训练，学习以叶片为外植体的组织培养技术，为后续的不定芽增殖提供无菌繁殖系。

二、材料

花烛叶片，组织培养实验室常用器材、药品等。

三、操作步骤

1. 培养基的配制及灭菌

（1）初代培养基的配制。按初代培养基的配方 MS＋6－BA 0.5mg/L＋2，4－滴 0.8mg/L＋3％蔗糖＋0.7％琼脂，pH 5.8，配制培养基 500mL，分装到培养瓶中。每瓶装 30～40mL，封口。

（2）灭菌。将分装好的培养基、装有水的瓶、用于材料消毒的空瓶、接种工具、纱布、滤纸等分别封口包扎。于高压蒸汽灭菌锅中在 121℃温度下灭菌 20min，冷却，备用。

2. 外植体选取及预处理　从品种纯正、花大色艳的单株上采取刚展开的幼嫩叶片，带回实验室。将叶片放在盛有几滴洗洁精水的烧杯中振摇 10min 后用自来水冲洗 15min，除去洗洁精残留和表面污物。

3. 接种室、接种物品、接种人员、培养瓶的消毒及灭菌　参照本项目任务一中的技能训练。

4. 外植体消毒　即叶片消毒，在无菌条件下先将处理好的叶片用 75％酒精消毒 30s，然后将其置于 0.1％氯化汞溶液中浸泡 8～10min，取出后用无菌水涮洗 5～6 次。在整个灭菌和清洗的过程中，要不断摇动瓶子，使消毒均匀彻底。

5. 接种　将叶片切成 1.5cm×1.5cm 的小块，接种于初代培养基上进行诱导培养。在接种过程中手不能从打开的接种瓶上方经过，以免灰尘和微生物落入，造成污染。每瓶或每管可接种2~4块。

6. 封口、标识与整理 参照本项目任务一中的技能训练。

7. 培养 接种结束后，把瓶苗放到培养室中培养。培养温度在（27±2）℃，光照度1 000~2 000lx，光照时间10~12h/d。

8. 观察 定期到培养室中观察种子的萌发生长状况，及时清理污染，并做好记录。

 评价考核 >>>

花烛的初代培养技术评价考核标准参照表4-1执行。

任务六 观叶植物组织培养快速繁殖技术

 任务目标 >>>

能对观叶植物的茎尖、茎段、叶片、花序进行接种和培养，并分析其接种和培养的特点。

 任务分析 >>>

有的观叶植物比较珍稀，利用常规方法繁殖较困难或短时间内难以获得大量种苗，或者在繁殖过程中容易发生性状变异、分离或退化。通过组织培养快速繁殖技术可在短期内获得遗传性状稳定、品质优良的大批量种苗。因此，对观叶植物来说，进行组织培养意义重大。

 相关知识 >>>

观叶植物是以观赏叶片为主的植物，是近年来花卉市场涌现出的一类新的观赏植物群体，它们以其优美的叶色、叶形及不需特殊光照等特点而深得广大消费者的青睐，是宾馆、酒楼及家庭绿化的最佳选择。在众多观叶植物中，天南星科植物所占比例较大，如绿萝、广东万年青等。观叶植物通常采用营养繁殖。采用植物组织培养技术繁殖可达到繁殖速度快、生长整齐、质量稳定等目的，保证大规模集约化生产的顺利进行。下面着重讲解天南星科植物的组织培养技术。

一、无菌培养物的建立

天南星科植物以茎尖、茎段、叶片、花序等为外植体，作为常绿花卉，在任何季节都可以采取外植体。采用地下茎时，用自来水冲洗干净，在超净工作台上用75%酒精浸泡30s，然后用0.1%氯化汞溶液浸泡5min，无菌水冲洗3次，再用0.1%氯化汞溶液浸泡5min，共进行2次消毒。如果采用茎尖、叶片、花序等作外植体只需1次消毒即可。

二、丛生芽增殖培养

天南星科植物多采用MS作为基本培养基。除用叶片、花序诱导愈伤组织采用

2，4-滴外，茎尖和茎段多采用 6-BA 和 NAA。激素浓度 6-BA 为 1.0～10.0mg/L，NAA 为 0.2～1.0mg/L。诱导芽生长时需要较低的激素浓度，而增殖时需要采用较高的激素浓度，但增殖到一定代数时要降低激素浓度。组织培养过程中的所有培养基均含蔗糖 30g/L，pH 5.5～5.8，琼脂 0.7％。培养温度（28±2）℃，光照度 1 500～2 000lx，光照时间 12h/d。

三、生根培养

生根培养多采用 MS 或 1/2MS 培养基，NAA 浓度以 0.5～2.0mg/L 为佳，丛生芽生长不良时可加入低浓度的 6-BA 促进生长。用于生根培养的继代芽应采用较低的激素浓度壮苗，6-BA 为 0.5～1.0mg/L、NAA 为 0.2～0.5mg/L 时效果较好。

四、瓶苗移栽

当生根培养 30d 左右，苗高在 2.0cm 以上时，在自然光照下再炼苗 15d 即可出瓶。移栽时用镊子把瓶苗从培养瓶中取出，洗掉根部培养基，栽入由沙和珍珠岩等量混成的基质中。注意浇水、遮阳、保温，成活率一般可达 95％。移栽约 40d 可上盆栽培。

五、组织培养技术在花卉植物上的应用

目前，我国科研和生产部门已在多种观叶植物上进行了组培研究，如白网纹草、石龙尾、不夜城芦荟、羽裂喜林芋、对叶草、合果芋、观音莲、红宝石喜林芋、瓦氏节节菜、虎皮掌、五彩芋、蟆叶秋海棠、鸟巢蕨、琴叶喜林芋、美叶光萼荷、松萝凤梨、铁十字秋海棠、铁线蕨、西瓜皮椒草、一串珠、黄脉爵床、千年健、花叶万年青、观叶花烛、虎眼万年青、红脉竹芋、竹芋、白鹤芋、肾蕨、绿萝、红帝王喜林芋、二叉鹿角蕨、银王亮丝草、金心香龙血树、巴西木、玛利安万年青、绿宝石喜林芋、白纹竹芋、斑叶竹芋、银苞芋、变叶木、花叶竹芋、光瓜栗、朱蕉、南洋杉、金边龙舌兰、皱叶肾蕨、金斑竹芋、美丽竹芋、八宝剑凤梨、蔓绿绒、花叶良姜、芦荟、鹿角蕨、龟背竹、波斯顿蕨、粗齿冷水花、白脉合果芋、豹斑竹芋等。其中，白鹤芋类、喜林芋类、花叶芋类、竹芋类、凤梨类、花烛类、芦荟类等多种观叶植物在生产上大面积应用组培快繁技术。

在观叶植物组培中，必须采用遗传性状稳定的外植体作为培养材料。有些嵌合体在接种后所培养出的瓶苗在性状上会发生分离。如金边虎皮掌，很难通过组培来获得色彩分布与母株相同的瓶苗。一般来讲，金边虎皮掌用叶片绿色部分作外植体，后代为全绿；用叶片的黄色部分作外植体，后代整株表现为黄色，而花叶虎耳草组培后会出现无彩斑的虎耳草。另外，在组培中还可以经常发现变异种类，许多品种都具有更好的观赏价值。因此，组织培养同时也是培育花卉新品种的方法之一，并且在观叶植物花叶芋中已有应用。

针对不同种类的植物，组培培养基的配方不尽相同。另外，在组培中注意控制出瓶时间，最好将夏季生长旺盛、冬季生长缓慢的观叶植物出瓶时间控制在春末夏初，简化冬季管理、保证质量和节约成本。

工作流程 >>>

外植体选择（顶芽、茎段）→初代培养→继代增殖培养→壮苗生根培养→驯化移栽。

技能训练　绿萝的组织培养快繁技术

一、训练目的

通过绿萝的组织培养训练，学习天南星科植物的组织培养技术，为规模生产获得种苗。

二、材料

绿萝，组织培养实验室常用器材、药品等。

三、操作步骤

1. 初代培养

（1）芽诱导培养基配制。按照配方 MS＋6－BA 2.0～4.0mg/L＋NAA 0.1mg/L＋琼脂 0.4%～0.6%＋蔗糖 3.0%，pH 5.6～6.0，配制培养基，分装入 100mL 培养瓶中，每瓶装 30～40mL，封口。

（2）灭菌。将分装好的培养基、装有水的瓶、用于材料消毒的空瓶、接种工具、纱布、滤纸等分别封口包扎。于高压蒸汽灭菌锅中在 121℃温度下灭菌 20min，冷却，备用。

（3）外植体选取及预处理。从无病虫的健壮绿萝植株母株上剪取茎尖或带节的茎段，带回实验室。去掉叶片，保留带有腋芽的嫩叶柄，剪成带 1～2 个腋芽的茎段。用洗衣粉水漂洗，尤其是腋芽的叶柄处用软毛刷刷擦，再用自来水冲洗 30min。

（4）接种室、接种物品、接种人员、培养瓶的消毒及灭菌。参照本项目任务一中的技能训练。

（5）绿萝茎段消毒。将绿萝茎段放入无菌瓶，倒入 75%酒精浸泡 30s。倒掉酒精，再倒入 0.1%氯化汞溶液消毒 10min，不时摇晃，倒掉。再用无菌水冲洗 3 次，放在无菌滤纸上吸干水分。

（6）接种。把茎段两端剪掉，剪成长 1.0～1.5cm 的带腋芽小段，迅速接种到培养基中。在接种过程中保持茎段的极性；手不能从打开的接种瓶上方经过，以免灰尘和微生物落入，造成污染。按照这种方法依次剪取茎段插植，每瓶接种 1 个茎段。

（7）封口、标识与整理。参照本项目任务一中的技能训练。

（8）培养。接种结束后，把瓶苗放到培养室中培养。设定温度在 23～27℃，光照度 1 000～2 000 lx，光照时间 10～12h/d。

（9）观察。定期到培养室中观察瓶苗的生长状况，及时清理污染苗，并做好

绿萝外植体的选择与预处理

绿萝茎段的消毒方法

绿萝茎段快繁育种技术

记录。

2. 继代增殖培养　经过 4～5 周的培养，将外植体长出的嫩茎切下，在继代增殖培养基中进行继代培养。

（1）继代培养基配制。同初代培养的芽诱导培养基配制。注意分装培养基时用 250mL 培养瓶，每瓶装 100mL，加塞。

（2）灭菌。同初代培养的灭菌。

（3）接种室、接种物品、接种人员、培养瓶的消毒及灭菌。参照本项目任务一中的技能训练。

（4）转接。左手拿接种瓶，右手拿弯头剪，将待转接的瓶苗从培养瓶中取出，放在无菌滤纸上（可不用），剪成带 2～3 个叶片的茎段，去掉下部叶片，迅速转移到新鲜增殖培养基中。注意在接种过程中保持茎段的极性；手不能从打开的接种瓶上方经过，以免灰尘和微生物落入，造成污染。按照这种方法依次剪取茎段、插植，使无菌短枝在增殖培养基中直立并均匀分布，每瓶接种 20 个茎段。

（5）封口、标识与整理。参照本项目任务一中的技能训练。

（6）培养。接种结束后，把瓶苗放到培养室中培养，培养条件同初代培养。清理和关闭超净工作台。

（7）观察。定期到培养室中观察瓶苗的生长状况，及时清理污染苗、玻璃苗、褐化苗，并做好记录。

3. 生根培养　当嫩茎长到 2～3cm 高时，即可将其切下在生根培养基中进行生根诱导。按照生根培养基的配方 1/2MS＋NAA0.5mg/L＋活性炭 2g/L＋琼脂 0.4%～0.6%＋蔗糖 3.0%，pH 5.6～6.0，配制培养基，分装于 250mL 培养瓶中，每瓶 100mL，封口。其他操作同继代培养的操作。

4. 炼苗移栽　将已生根瓶苗搬出培养室，置于室温并打开瓶盖进行炼苗 2～3d。然后将苗取出，洗净残留在根部的培养基。用 50% 多菌灵可湿性粉剂 1 000 倍液浸泡，移栽到透气性良好的基质中。浇透水，空气湿度保持在 80%～90%，遮光率为 40%，环境温度控制在 22～28℃。经 1～2 个月的管理，即可定植于富含腐殖质、排水良好的沙质壤土中。

 评价考核 >>>

绿萝的组织培养快繁技术评价考核标准参照表 4-3 执行。

表 4-3　绿萝的组织培养快繁技术考核标准

考核内容		考核标准	分值（满分100）	自我评价	教师评价
培养基配制、分装、包扎及灭菌		参照表 4-1	20		
初代培养	外植体选择与预处理	参照表 4-1	15		
	灭菌剂配制				

（续）

考核内容		考核标准	分值（满分100）	自我评价	教师评价
初代培养	接种前准备	参照表 4-1	15		
	外植体消毒				
	接种				
	标记				
	培养				
继代增殖培养	培养物分割	按要求分割转接培养物	10		
	接种	避免转接过程中的污染			
		按要求选择培养基			
		接种速度快			
		每瓶接种量按要求进行			
		接种完毕按要求封口			
		培养瓶上标记准确全面			
	培养	按要求设定培养条件			
		成活率高			
		培养过程中勤于观察并做好观察记录			
		及时淘汰弱苗和污染苗并按要求处理掉			
生根培养	培养物处理	按要求分割或进行药物处理	10		
		避免污染			
	接种与培养	按要求选择培养物接种			
		其他标准同继代增殖培养基			
驯化移栽	出瓶前锻炼	按要求挑选瓶苗	5		
		按要求对瓶苗进行适应性锻炼			
	出瓶	瓶苗出瓶过程损伤少			
		按要求将瓶苗根部培养基洗净留根			
移栽锻炼		按要求处理基质	5		
		栽于基质后按要求精心管理			
		培养过程中勤于观察并做好观察记录			
		及时移栽			
现场整理		工作台面清洁，物品清洗，按要求整理归位	5		
实训报告		参照表 3-1	10		
能力提升		参照表 3-1	10		
素质提升		参照表 3-1	10		

林木组织培养快速繁殖技术

项目背景>>>

培育整齐一致、优质高产的林木种苗是林业生产中一项重要的基础工作。种苗繁殖方法分为有性繁殖和无性繁殖。有性繁殖一般具有简单易行、成本低等特点，但有些林木通过种子繁殖要经过多年才能开花，尤其是观花林木，多年不能体现其观赏价值；当前林业生产中"母树林""种子园"和"采穗圃"是林木种苗繁育的主要物质基础，需要占用大量的土地资源、人力物力资源。常规无性繁殖是利用植物体的一部分繁殖，易导致病毒积累、危害加重，影响林木的经济价值和观赏效果。另外，一些无性繁殖的林木植物因没有种子供长期保存，其种质资源传统上只能在田间种植保存，耗费人力物力，且资源易受人为因素和环境因素影响而丢失。组织培养与传统无性繁殖方式相比，工作不受季节限制，而且具有用材少、速度快等特点，可大大节省人力物力，延长保存期。林木组织培养快速繁殖技术已经成为现代经济林木及观赏林木生产的一项实用科学技术，利用组织培养快速繁殖技术大规模生产优质种苗成为必然趋势。

知识目标>>>

1. 了解杨树、美国红栌、桉树各培养阶段适宜的培养基。
2. 明确杨树、美国红栌、桉树等彩叶树种的组织培养方法。
3. 掌握杨树、美国红栌、桉树的初代培养、继代增殖培养、生根培养的过程。
4. 熟悉杨树、美国红栌、桉树驯化移栽的方法。

能力要求>>>

1. 能正确选择并熟练配制杨树、美国红栌、桉树各培养阶段的培养基。
2. 能熟练、准确进行杨树、美国红栌、桉树的切割、分离与接种等无菌操作。
3. 能进行杨树、美国红栌、桉树的初代培养、继代增殖培养和生根培养。
4. 能熟练进行杨树、美国红栌和桉树的驯化移栽技术。

学习方法>>>

1. 通过前期咨询（查阅书籍、报刊、学术论文等资料）掌握各树种的生物学特性、生长习性，为正确制订培养基配方奠定理论基础。

2. 通过技能训练掌握林木的组织培养技术。

任务一　杨树组织培养快速繁殖技术

杨树是杨柳科杨属落叶乔木，有100多种，是世界上分布最广、适应性最强的树种，主要分布在北半球温带、寒温带。杨树早期生长快、产材量大、干形好、适应性强，是重要的造林绿化树种和经济树种之一。多数杨树可以采用扦插繁殖，但胡杨派和白杨派中的大多数树种扦插繁殖效果较差。通过组织培养快速繁殖可以在短期内获得大量植株。

 任务目标 >>>

1. 掌握杨树初代培养、继代增殖培养、生根培养3个阶段的培养基类型。
2. 能熟练准确配制各种培养基。
3. 能正确进行杨树的转段培养。
4. 掌握杨树瓶苗的驯化移栽技术。

 任务分析 >>>

胡杨播种繁殖易变异且时间长，扦插繁殖的成活率较低；组织培养技术能在短时间内获得大量整齐一致的植株。因此，生产中多采用组织培养方法大规模繁殖胡杨苗木，直接应用于造林生产实践。杨树的组织培养受培养基、操作技术、环境条件及管理措施等诸多因素的影响，是个复杂的过程。因此，实现杨树的组培快繁须具备以下能力：一是正确选择杨树各阶段适宜的培养基；二是熟练进行培养基配制和基本无菌操作技术；三是熟悉杨树瓶苗的驯化移栽技术；四是养成一丝不苟、认真刻苦、善于观察的良好学习习惯。

 相关知识 >>>

一、胡杨的组培快繁技术

胡杨为杨柳科杨属胡杨派内唯一种。胡杨生长快，适应性强，具有抗旱抗寒、抗沙埋、抗盐碱、耐涝等优良习性，是重要的固沙造林树种之一。有关胡杨的组织培养快速繁殖技术报道较多，多数以胡杨茎尖、叶、腋芽、休眠芽和花序轴为外植体诱导愈伤组织，再将愈伤组织诱导分化成苗。本任务分别以胡杨幼嫩茎段、休眠芽为外植体说明胡杨的组培快繁技术。

1. 无菌体系的建立　以当年生枝条茎段或休眠芽为外植体，经消毒处理后接种到适合的培养基上，经过脱分化获得无菌培养体系。

2. 初代培养　茎段外植体在接种后1周左右，在切面上即可见到形成层部位出现稍稍凸出的黄白色致密的愈伤组织。接种后2～3周，两端切面上的愈伤组织增生明显，茎的皮孔膨大，且从皮孔内分化出质地疏松的白色愈伤组织。接种后第4周，随着皮孔上愈伤组织的增生，白色愈伤组织中出现部分绿色，乃至整块愈伤组织变成绿色的小绒球状。随后分化出一丛丛叶子较为肥厚的微芽，并逐渐发育成丛生芽。切段切口端的愈伤组织在材料接种后约 6 周也可分化出小苗，其过程与从皮孔上增生的愈伤组织的分化情况类似。

以休眠芽作外植体时，由于取材小，外植体容易形成愈伤组织。由于茎尖愈伤组织分化能力比茎段愈伤组织更强，所以其分化出的小植株数目更多，也更健壮。

3. 继代增殖培养 将丛生芽转移到壮苗培养基上，培养 3～4 周。再把茎切割成长 0.5～1.0cm 的切段，转接到增殖培养基上进行再生。反复切割与培养，短时间内瓶苗可大量增殖。

4. 瓶苗的壮苗生根 当瓶苗生长至 2～3cm 时从基部切开，用 IBA 溶液浸泡促进生根；继续培养 10d 左右，茎基部切口附近即开始陆续长出不定根。再经 10～15d 培养即可成为根系饱满的完整小植株。

5. 瓶苗的驯化移栽 当瓶苗高约 4cm、生有 3～4 条根时移出培养室，出瓶移栽至基质中，栽后精心管理，成活率可达 90％以上。

二、毛白杨的组培快繁技术

毛白杨是杨柳科杨属植物，为中国特有树种。毛白杨为强阳性的树种，喜凉爽，对土壤要求不严，喜深厚肥沃的沙壤土，不耐过度干旱稍耐碱；根系发达，萌芽力强，生长较快，但是扦插繁殖生根困难，成活率低。目前，毛白杨的组培快繁技术已在造林育苗的生产实践中推广应用。

(一) 无菌体系的建立

从 1 年生枝条上剪取带 1 个腋芽的茎段，流水洗刷干净，用饱和漂白粉上清液浸泡灭菌 30min，在超净工作台上用 0.1％氯化汞溶液浸泡灭菌 15min，最后用无菌水冲洗 4～5 次。于解剖镜下剥取长度为 2mm 左右、带有 2～3 个叶原基的茎尖接种于培养基 MS＋6-BA 0.5mg/L＋水解乳蛋白 100mg/L 上进行预培养，每瓶只接种 1 个茎尖。

(二) 初代培养

培养 5～6d，选择未污染的茎尖转接到诱导芽分化的培养基 MS＋6-BA 0.5mg/L＋NAA 0.02mg/L＋赖氨酸 100mg/L＋果糖 2％上。培养室温度在 25～27℃，连续照光，光照度为 1 000lx 左右。经 2～3 个月培养，部分茎尖即可分化出芽。

(三) 继代增殖培养

1. 茎切段繁殖法 将茎尖诱导出的幼芽从基部切下，转接到培养基 MS＋IBA 0.25mg/L＋蔗糖 1.5％＋盐酸硫胺素 10mg/L 上。经 6 周左右的培养，即可长成带有 6～7 个叶片的完整小植株。选择健壮小苗进行切段繁殖，顶部切段带 2～3 片叶，以下各段只带 1 片叶，转接到上述培养基上。当腋芽萌发伸长有 6～7 片叶时，再次切段繁殖。此后，每次切段时将顶端留作扩大繁殖使用，下部各段生根后直接移栽。如此反复循环，即可获得大批的瓶苗。

2. 叶切块繁殖法 用茎切段法繁殖一定数量的带有 6～7 片叶的小植株，截取带有 2～3 个展开叶的顶端切段接种到培养基 MS＋IBA 0.25mg/L＋蔗糖 1.5％上，作为获取叶外植体的来源。其余每片叶从基部中脉处切取 1.0～1.5cm² 并带有长约 0.5cm 叶柄的叶切块转接到诱导培养基 MS＋ZT 0.25mg/L＋6-BA 0.25mg/L＋IAA 0.25mg/L＋蔗糖 3％＋琼脂 0.7％上。转接时，使叶切块背面与培养基接触。经 10d 左右培养，从叶柄的切口处有芽出现，之后逐渐增多成簇。每片叶切块可得 20 余个丛生芽。利用叶切块繁殖法繁殖速度比茎切段繁殖法高 10 倍多。

（四）瓶苗的壮苗生根

将继代增殖的健壮小苗下部切成带 1 片叶的茎段，或将丛生芽切下转接到培养基 MS＋IBA 0.25mg/L＋蔗糖 1.5％上，经 10d 培养，根的长度达到 1.0～1.5cm 即可移栽。或者当瓶苗长至 2～3cm 高时，将其从基部切下，浸入浓度为 40mg/L 的无菌 IBA 溶液中处理 1.5～2.0h，再转接到 MS 培养基上。经 10d 左右培养，茎基部切口附近即开始陆续长出不定根，继续培养 10～15d 即可发育为完整小植株。

（五）瓶苗的驯化移栽

将生根后的幼苗移至温室，先打开瓶口，加入少量自来水，置于自然光下进行炼苗，3d 后将瓶苗从瓶中取出，用自来水洗净根部培养基，然后将苗栽植在穴盘中。基质由蛭石和草炭组成，比例为 1：1，用 50％多菌灵可湿性粉剂 500 倍液消毒，搭小拱棚保湿，初始光照最好与培养室接近，温度保持在 16～20℃，相对湿度在 80％以上。5d 后去掉塑料薄膜。经 10～30d 精心管理便可移栽至大田。

三、河北杨的组织培养技术

河北杨为杨柳科杨属落叶乔木，广泛分布于我国西北、华北地区，其树干通直，生长快，根蘖成株极强，耐旱耐寒，耐瘠薄，抗风沙，是西北、华北黄土丘陵、沟坡、沙滩地的重要水土保持及造林绿化的优良树种。河北杨扦插生根较难，自然繁殖靠根蘖，但单位面积出苗率低，出苗不整齐，生长不一致，直接影响河北杨的苗木生产。

1. 无菌体系的建立 一般以河北杨春季萌发的新梢或由根部萌发的新枝条作为外植体。来自同一嫩枝上部的分化率比下部高，分化速度快，不定芽数量多，生长快。取材时以切取嫩枝上部 4～5cm 作为接种材料。将外植体用 75％酒精消毒数秒后，再用 0.1％～0.2％氯化汞溶液消毒 5～10min，然后用无菌水冲洗 3～4 次，用无菌纸吸去水分，接种至初代培养基 1/2MS 大量元素＋MS 微量元素＋ZT 0.3～1.0mg/L＋NAA 0.05～0.10mg/L＋蔗糖 2.5％＋琼脂 0.5％上诱导不定芽形成。

2. 初代培养 接种后将材料置于（25±2）℃培养室内进行培养，光照时间为 13h/d，光照度为 2 000～3 000lx。培养 20d 左右，外植体先长出质地致密、颜色鲜绿的愈伤组织，随后可分化出芽，诱导率达 82％～92％。

3. 继代增殖培养 将带芽愈伤组织进行分割，接种在继代增殖培养基 1/2MS 大量元素＋MS 微量元素＋MS 铁盐＋MS 有机成分＋6-BA 0.3mg/L＋蔗糖 2％＋琼脂 0.6％上，愈伤组织进一步增生并诱导出大量不定芽来。当繁殖到一定数量的芽时，可以从中选择较大的无根苗从基部切下来，转接到生根培养基，其余的材料仍可继续用于扩大繁殖。

4. 生根培养 当不定芽长至 2～3cm 高时，可在无菌条件下将其从基部切下来，然后转接到生根培养基1/2MS大量元素＋MS微量元素＋MS铁盐＋MS有机物＋NAA 0.02mg/L＋蔗糖1.5％＋琼脂0.6％上诱导生根。经2~3周培养，生根率可达100％。

5．驯化移栽　移栽基质可按河沙：壤土：草木灰＝1：1：1的比例配制，并消毒。瓶苗移栽后要特别注意加盖塑料膜保持湿度。10d后可以揭膜，成活率可达90％以上。

 工作流程>>>

杨树的组织培养快速繁殖工作流程如图5-1所示。

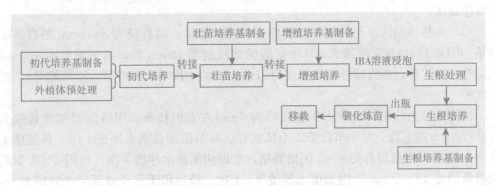

图5-1　杨树的组织培养快繁操作流程

技能训练　胡杨组织培养快繁技术

一、训练目的

通过学习胡杨的组培快繁技术，掌握杨树的组培快繁技术。

二、材料

1．材料　胡杨当年生枝条。

2．仪器、用具　电子天平、超净工作台、空调、电磁炉、不锈钢锅、培养皿、解剖刀、镊子、剪刀、酒精灯、量筒、烧杯、培养瓶、移液管、无菌水、滤纸、脱脂棉、pH试纸、封口膜、育苗盘、基质（河沙、壤土、草木灰）、温湿度计、塑料膜等。

3．药剂　MS培养基各成分、6-BA、NAA、IBA、氯化汞、次氯酸钠、75％酒精、工业酒精（酒精灯用）、氢氧化钠、盐酸、蔗糖、琼脂、多菌灵等。

4．培养基

初代培养基：MS＋6-BA 0.5mg/L＋NAA 0.5mg/L＋蔗糖3％＋琼脂0.8％，pH 5.8。

壮苗培养基：MS＋6-BA 0.2mg/L＋NAA 0.2mg/L＋蔗糖3％＋琼脂0.8％，pH 5.8。

继代增殖培养基：MS＋6－BA 0.5mg/L＋NAA 0.5mg/L＋蔗糖 3％＋琼脂 0.8％，pH 5.8。

生根培养基：MS＋蔗糖 2％＋琼脂 0.8％，pH 5.8。

三、操作步骤

1. 初代培养

（1）培养基的配制及灭菌。按照初代培养基配方配制培养基，分装入 100mL 培养瓶中，每瓶装 30～40mL，封口。常规灭菌。

（2）接种室、接种物品、接种人员、培养瓶的消毒及灭菌。参照项目四任务一中的技能训练。

（3）外植体的选取与处理。以幼嫩茎段为外植体。取直径为 3～4mm 的当年生枝条，用 0.1％氯化汞溶液或 2％次氯酸钠溶液消毒 10min 后，用无菌水冲洗 3～4 次。在超净工作台中将幼枝切成长度为 1cm 左右的小段（取其节间，不带侧芽），准备接种。

以休眠芽为外植体。取当年生直径为 5mm 左右的枝条，用解剖刀切成长度为 1.5～2.0cm 的节段，每个节段带 1 个休眠芽。将节段用自来水冲洗干净。在超净工作台上用 75％酒精消毒约 30s，倒出酒精，立即用无菌水冲洗 1 次，再用 2％次氯酸钠溶液消毒 15～20min，用无菌水冲洗 3～4 次。最后用无菌干滤纸吸去残留水分，剥去休眠芽的鳞片，留 2～3 片叶原基及茎尖，准备接种。

（4）接种。在超净工作台中，将茎段或休眠芽茎尖迅速接种到初代培养基上，注意在接种过程中保持茎段的极性；手不能从打开的接种瓶上方经过，以免灰尘和微生物落入，造成污染。按照这种方法依次剪取茎段、休眠芽插植，每瓶接种 1 个茎段或休眠芽。

（5）封口、标识与整理。参照项目四任务一中的技能训练。

（6）培养及观察。培养温度为（26±1）℃，光照度 2 000lx，光照时间 10h/d。随时观察生长状况，及时清理污染苗，并做好记录。

2. 继代增殖培养

（1）壮苗培养基、继代增殖培养基的配制与灭菌。每小组配制 1L 壮苗培养基和 1L 继代增殖培养基，分装入 250mL 培养瓶中，每瓶 100mL，封口。之后在高压灭菌锅内灭菌 20min，冷却备用。

（2）接种室、接种物品、接种人员、培养瓶的消毒及灭菌。参照项目四任务一中的技能训练。

（3）转接。将经过 4～5 周初代培养诱导的丛生芽转接到壮苗培养基上培养。在壮苗培养基上培养 3～4 周，再把茎切割成长 0.5～1.0cm 的切段，转接到增殖培养基上培养，促进茎段再生。反复切割与培养，使瓶苗数目呈几何级数增殖。转接方法参照项目四任务六中的技能训练。

（4）封口、标识与整理。参照项目四任务一中的技能训练。

（5）培养。接种结束后，把瓶苗放到培养室中培养，培养条件同初代培养。清理和关闭超净工作台。

（6）观察。定期到培养室中观察瓶苗的生长状况，及时清理污染苗、玻璃苗、褐化苗，并做好记录。

3. 生根培养

（1）生根培养基的配制与灭菌。每个小组配制生根培养基 1L，分装入 250mL 培养瓶中，每瓶 100mL，封口。之后在高压灭菌锅内灭菌 20min，冷却备用。

（2）接种室、接种物品、接种人员、培养瓶的消毒及灭菌。同继代增殖培养。

（3）转接。当无根的瓶苗生长至 2～3cm 时选择健壮株，在超净工作台上将其从基部切下，置于浓度为 40mg/L 的无菌 IBA 溶液中预处理 1.5～2.0h，再转接到生根培养基上。

（4）封口、标识、整理、培养、观察。同继代增殖培养。

4. 驯化移栽 当瓶苗高约 4cm，生有 3～4 条根时，移出培养室。2d 后打开瓶口；3～5d 将瓶苗取出，洗净根部培养基，留根 2～3 条，其余去掉。移栽至消毒的基质（河沙∶壤土∶草木灰＝1∶1∶1）中，栽后立即浇透水，强光时可适当遮阳。初期勤喷水，空气相对湿度保持在 80% 以上，温度保持在 20～25℃。以后逐渐减少遮阳和喷水次数，成活率可达 90% 以上。

 评价考核 >>>

杨树的组织培养快繁技术考核标准参照表 4－3 执行。

任务二　美国红栌组织培养快速繁殖技术

美国红栌属于漆树科黄栌属植物，落叶灌木或小乔木，原产于美国，是美国黄栌的一个变种，可保持一年三季常红，改变了普通黄栌经霜渐红、红叶时光短暂的缺陷。美国红栌树形美观，叶片大而鲜艳，开发前景广阔。美国红栌可以群植，与金叶女贞等金黄色树种产生强烈的色彩对比；也可以用作绿化色块、彩色墙或修剪成大小不同的色彩球种植于草坪路带，视觉效果明显。初夏花期有淡紫色羽毛状伸长花梗，宿存在树头较久，如烟雾笼罩，故又有"烟树"之称。美国红栌适应性极强，耐干旱、耐贫瘠，在酸碱土壤中均可生长，可在我国华北、华东、西南及西北大部分地区推广栽培，并对 SO_2 气体有较强的抗性，有利于净化环境。

 任务目标 >>>

1. 能正确选择、熟练准确配制各种培养基。
2. 能正确进行美国红栌初代培养、继代增殖培养和生根培养。
3. 掌握美国红栌瓶苗的驯化移栽技术。

 任务分析 >>>

美国红栌采用扦插、嫁接均可成活，但成活率较低，而通过离体培养不仅成活率较高，还可保持其优良特性。外植体材料、培养基、激素、移栽基质以及环境条件对美国红栌瓶苗生长都会产生一定影响，因此，实现美国红栌的组培快繁须具备以下几方面的基本技术：能正确选择适宜的培养基、激素和培养条件；能熟练配制各种培养基；能规范、熟练地从事无菌操作技术；能进行瓶苗的驯化移栽工作。此外，学生必须具备一丝不苟、善于观察思考、团结协作等职业素养。

 相关知识>>>

一、无菌体系的建立

美国红栌的茎尖、茎段、腋芽、叶片、休眠芽等均可作为外植体，以茎尖、腋芽效果较好。外植体在接种前必须用酒精和氯化汞溶液充分消毒。

二、初代培养

在超净工作台上将消毒的嫩枝或茎段截成小段，每段带 1～2 个腋芽。接种到初代培养基上，设定培养条件。培养 15d 后腋芽开始萌发，30d 后腋芽伸长 1～2cm。

三、继代增殖培养

以初代培养所得的瓶苗嫩茎为材料，切成带 1～2 个芽的小段，接种在继代增殖培养基上培养。10d 左右腋芽开始萌发。

四、生根培养

选择 3cm 左右带叶片的健壮苗转接到生根培养基上进行生根培养，10～15d 后开始长出褐色放射状根，生根率达 85%。

五、瓶苗的驯化移栽

当根长至 1cm 时即可准备炼苗。瓶内注入少量的自来水进行炼苗。经 5～7d 将瓶苗根部的培养基洗净，移栽至用高锰酸钾溶液消过毒的基质中。移栽基质选用草炭：珍珠岩＝3：2。30d 后成活率可达 80%。待小苗木质化后，移栽到装有营养土的营养钵中。

 工作流程>>>

美国红栌的组织培养快繁工作流程如图 5-2 所示。

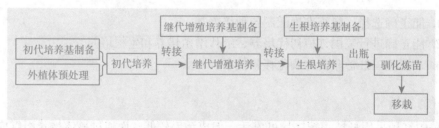

图 5-2 美国红栌的组织培养快繁操作流程

技能训练　美国红栌组培快繁技术

一、训练目的

通过学习美国红栌的组培快繁技术，掌握其组培快繁技术，为大规模生产提供种苗服务。

二、材料

1. 材料　美国红栌当年生枝条。

2. 仪器、用具　基质（草炭、珍珠岩），其他参照本项目任务一中的技能训练。

3. 药剂　MS 培养基各成分、6 - BA、NAA、KT、IAA、IBA、维生素 C、氯化汞溶液、75％酒精、工业酒精（酒精灯用）、氢氧化钠、盐酸、蔗糖、琼脂、高锰酸钾等。

4. 培养基

初代培养基：MS 或 MS＋6 - BA 0.6mg/L＋KT 0.1mg/L＋NAA 0.1mg/L＋蔗糖 3％＋琼脂 0.6％，pH 5.8。

继代增殖培养基：MS＋6 - BA 0.6mg/L＋KT 0.1mg/L＋NAA 0.1mg/L＋蔗糖 3％＋琼脂 0.6％，pH 5.8 或 MS＋6 - BA 0.5mg/L＋KT 0.5mg/L＋IAA 0.2mg/L＋蔗糖 3％＋琼脂 0.6％，pH 5.8。

生根培养基：1/2MS＋NAA 0.2mg/L＋IBA 0.5mg/L＋维生素 C 150mg/L＋蔗糖 2％＋琼脂 0.7％，或 1/3MS＋NAA 0.2mg/L＋IBA 0.5mg/L＋维生素 C 150mg/L＋蔗糖 2％＋琼脂 0.7％，或 1/3MS＋NAA 0.5mg/L＋IBA 0.5mg/L＋维生素 C 150mg/L＋蔗糖 2％＋琼脂 0.7％。

三、方法步骤

1. 初代培养

（1）培养基的配制及灭菌。按照初代培养基配方配制 500mL 培养基，分装入 100mL 培养瓶中，每瓶装 30～40mL，封口。常规灭菌。

（2）接种室、接种物品、接种人员、培养瓶的消毒及灭菌。参照项目四任务一中的技能训练。

（3）外植体的选取与处理。春季切取 1 年生健壮、饱满的新发嫩枝，长约 10cm。若用休眠芽，应在 3 月剪取。插入水中，放入人工气候箱内，在 25℃下催芽，待芽萌发伸长至 1～2cm 用萌芽的茎尖或幼嫩茎段作外植体。用软毛刷蘸洗液仔细刷洗外植体叶腋及表皮，流水冲洗 1～2h。在超净工作台上将冲洗干净的茎段放入 75％酒精中浸泡 30s，倒掉酒精；再用 0.1％的氯化汞溶液消毒 5～10min，用无菌水冲洗 4～5 次。

（4）接种。在超净工作台上将消毒的嫩枝剪成 2～3cm 的小段，每段带 1～2 个腋芽。接种到初代培养基上。

（5）封口、标识与整理。参照项目四任务一中的技能训练。

107

（6）培养及观察。置于培养室培养，设置温度在 23～25℃，光照度在 2 000lx，光照时间 12h/d。随时观察生长状况，及时清理污染苗，并做好记录。

2. 继代增殖培养

（1）继代增殖培养基的配制与灭菌。每小组配制 1L 继代增殖培养基，分装至 250mL 培养瓶内，每瓶 100mL，封口。在高压灭菌锅内灭菌 20min，冷却备用。

（2）接种室、接种物品、接种人员、培养瓶的消毒及灭菌。参照项目四任务一中的技能训练。

（3）转接。将解剖刀浸泡于 95％酒精中，操作时吸干酒精，不用酒精火焰灼烧，可减轻褐化。以初代培养所得瓶苗嫩茎为材料，在芽下方 2mm 左右用解剖刀将嫩茎切成带 1～2 个芽的小段，接种在继代增殖培养基上。注意将材料基部的愈伤组织去掉，也可减轻褐变。转接方法参照项目四任务六中的技能训练。

（4）封口、标识与整理。参照项目四任务一中的技能训练。

（5）培养。接种结束后把瓶苗放到培养室中培养，培养条件同初代培养。清理和关闭超净工作台。

（6）观察。定期到培养室中观察瓶苗的生长状况，及时清理污染苗、玻璃化苗、褐化苗，并做好记录。

3. 生根培养

（1）生根培养基的配制与灭菌。每小组配制生根培养基 1L，分装入 250mL 培养瓶中，每瓶 100mL，封口。之后在高压灭菌锅内灭菌 20min，冷却备用。

（2）接种室、接种物品、接种人员、培养瓶的消毒及灭菌。同继代增殖培养。

（3）转接。选择 3cm 左右带叶片的健壮苗，在超净工作台上将其从基部切下，转接到生根培养基中，培养条件同初代培养。

（4）封口、标识、整理、培养、观察。同继代增殖培养。

4. 驯化移栽　当根长至 1cm 时即可准备炼苗。将培养瓶撤离培养室。打开培养瓶封口，在瓶内注入少量的自来水进行炼苗。移栽基质选用草炭∶珍珠岩＝3∶2，用 0.3％高锰酸钾消毒，装入穴盘备用。经 5～7d 小心取出瓶苗，用 20℃的水将瓶苗根部的培养基洗净。栽入穴盘，浇透水。待小苗木质化后，移栽到装有营养土的营养钵中。

　评价考核>>>

红栌的组织培养快繁技术考核标准参照表 4-3 执行。

任务三　桉树组织培养快速繁殖技术

桉树是桃金娘科桉属植物的总称，是世界上种类最多、生长最快、用途最广泛、经济效益最显著的树种之一，与杨树、松树并称为世界三大速生树种。桉树在我国南方工业原料林建设中占有重要地位，其材质坚硬，嫩枝富含挥发性油，树叶富含桉叶油，1 年成林，3 年成材，5 年采伐利用；总生物量大、轮伐期短，可直接作为薪材使用，用于生物质发电及生产生物柴油等，是优良的用材林、经济林、防护林和能源树种。

桉树是异花授粉的多年生木本植物，种间天然杂交产生杂种的现象频繁，其实生苗后代分离严重。因此，用有性繁殖的方法很难保持优良树种的特性。同时，由于桉树的成年树插条生根困难，采用扦插、压条等传统的无性繁殖方法繁殖速度缓慢，远远不能满足实际生产中大面积种植对种苗的需求。因此，桉树的组织培养快繁技术在实际生产中具有重要意义。

 任务目标〉〉〉

1. 掌握桉树组织培养的基本知识。
2. 熟悉桉树组织培养的方法和流程。
3. 掌握桉树瓶苗的驯化移栽技术。

 任务分析〉〉〉

桉树组织培养研究始于 20 世纪 70 年代末，巴西、澳大利亚、中国、新西兰及许多欧洲国家都成功地利用组织培养技术对桉树进行了大规模工厂化育苗，桉树组织培养快繁育苗周期短、产量大，对优良品种的推广造林有着极其重要的作用。桉树组织培养要经历 5 个过程：无菌体系建立、初代培养、继代增殖培养、生根培养和瓶苗驯化移栽。这 5 个过程受培养基、操作技术、环境条件及管理措施等诸多因素的影响，要顺利完成桉树的组培快繁，须具备以下能力：一是正确选择桉树各阶段适宜的培养基；二是熟练进行培养基配制和基本无菌操作技术；三是熟练掌握桉树各培养阶段的培养条件；四是掌握桉树瓶苗的驯化移栽技术；五是养成一丝不苟、认真刻苦、善于观察的良好学习习惯。

相关知识〉〉〉

一、无菌体系的建立

桉树幼嫩茎段、叶柄、叶片、腋芽、顶芽及种子均可作为外植体，只是不同外植体的成苗途径有所不同。桉树的成苗途径有以下两种：一是丛生芽增殖型，即由腋芽或顶芽诱导出大量丛生芽，直接获得完整植株；二是器官发生型，即由愈伤组织经不定芽分化成完整植株。为了种性的安全，一般在组培快繁中应用腋芽或顶芽诱导丛生芽途径。

取当年萌发的幼嫩枝条上部进行消毒，用解剖刀切取顶芽、带腋芽茎段；或者将种子消毒，接种到初代培养基上。

二、初代培养

初代接种后设定合适的培养条件进行培养。经过 30d 左右每个顶芽或带腋芽茎段外植体均可形成一个或多个芽，最多可达 17～22 个芽。桉树种子在接种后 4～6d 开始萌发，培养到 20d 苗高可达 4cm 以上，此时可用于切割和继代增殖培养。

三、继代增殖培养

在无菌条件下，将初代培养获得的丛生芽切割成约 1cm 的苗段，较小的个体分割成单株或丛芽小束，转接到继代培养基上，经 30d 左右的培养可诱发出大量密集的丛生芽。如此反复分割和继代增殖，即可在较短时间内获得数量巨大的丛生芽（无根苗）。

四、生根培养

将继代培养获得的丛生芽分割成单株，转接到生根培养基上，经 2～3 周培养即可形成完整植株。

五、瓶苗的驯化移栽

具体内容将在技能训练中详细介绍。

 工作流程>>>

桉树的组织培养快速繁殖工作流程如图 5-2 所示。

技能训练　桉树组织培养快繁技术

一、训练目的

通过学习桉树组织培养快繁技术，掌握桉属植物的组培快繁技术。

二、材料

1. 材料　桉树当年生枝条。

2. 仪器用具　育苗盘、黄泥浆、基质、营养袋，其他参照本项目任务一中的技能训练。

3. 药剂　MS 培养基各成分、6-BA、KT、IBA、ABT、活性炭、洗衣粉、氯化汞、次氯酸钠、75％酒精、工业酒精（酒精灯用）、氢氧化钠、盐酸、蔗糖、琼脂、多菌灵、尿素等。

4. 培养基

初代培养基：MS＋6-BA 0.5～1.0mg/L＋IBA 0.1～0.5mg/L＋蔗糖 3％＋琼脂 0.8％。

继代增殖培养基：MS＋6-BA 1.0～1.5mg/L＋KT 0.5mg/L＋IBA 0.1～0.5mg/L＋蔗糖 3％＋琼脂 0.8％。

生根培养基：1/2MS＋ABT 1.5mg/L＋IBA 0.1mg/L＋活性炭 2.5g/L＋蔗糖 2％＋琼脂 0.8％。

三、方法步骤

1. 初代培养

（1）培养基的配制及灭菌。按照初代培养基配方配制 500mL 培养基，分装入

100mL 培养瓶中，每瓶装 30～40mL，封口。常规灭菌。

（2）接种室、接种物品、接种人员、培养瓶的消毒及灭菌。参照项目四任务一中的技能训练。

（3）外植体的选取与处理。取当年萌发的幼嫩枝条上部，去叶后用饱和洗衣粉溶液洗净，在超净工作台上用 75％酒精消毒数秒，用 0.1％～0.2％氯化汞溶液消毒 5～10min，用无菌水冲洗 3～4 次。以种子为外植体时，用纱布将种子包裹好，浸于冷开水中，10min 后用 75％酒精消毒 30s，再用 0.1％氯化汞消毒 10min，用无菌水冲洗 4～5 次。

（4）接种。在超净工作台上用解剖刀切下消毒枝条的顶芽或带腋芽茎段，或者用消毒种子，迅速接种到初代培养基上。每瓶只接种一个外植体，以避免外植体材料的交叉污染。

（5）封口、标识与整理。参照项目四任务一中的技能训练。

（6）培养及观察。置于培养室培养，设置温度（25±2）℃，光照度为 2 000～3 000lx，光照时间 13h/d。每天观察、记录外植体生长情况，及时清理污染苗，并做好记录。

2. 继代增殖培养

（1）继代增殖培养基的配制与灭菌。每小组配制 1L 继代增殖培养基，分装至 250mL 培养瓶内，每瓶 100mL，封口。在高压灭菌锅内灭菌 20min，冷却备用。

（2）接种室、接种物品、接种人员、培养瓶的消毒及灭菌。参照项目四任务一中的技能训练。

（3）转接。当外植体经过初代培养长出一个或多个芽时，选取较大丛生芽，在无菌条件下，切割成长约 1cm 的苗段，将较小的个体分割成单株或丛芽小束，转接到继代增殖培养基上进行培养，以诱发更多丛生芽。转接方法参照项目四任务六中的技能训练。

（4）封口、标识与整理。参照项目四任务一中的技能训练。

（5）培养。接种结束后，把瓶苗放到培养室中培养，培养条件同初代培养。清理和关闭超净工作台。

（6）观察。定期到培养室中观察瓶苗的生长状况，及时清理污染苗、玻璃化苗、褐化苗，并做好记录。

3. 生根培养

（1）生根培养基的配制与灭菌。每小组配制生根培养基 1L，分装入 250mL 培养瓶中，每瓶 100mL，封口。之后在高压灭菌锅内灭菌 20min，冷却备用。

（2）接种室、接种物品、接种人员、培养瓶的消毒及灭菌。同继代增殖培养的相关内容。

（3）转接。将继代培养获得的丛生芽分割成单株，在超净工作台上转接到生根培养基上进行培养，直到形成完整植株。

（4）封口、标识、整理、培养、观察。同继代增殖培养的相关内容。

4. 驯化移栽 当瓶苗高 3～4cm，根长至 0.5～1.0cm，有 3～5 条侧根时，移出培养室，打开瓶盖在室内进行炼苗。经 2～3d，向瓶内倒入少量清水并摇动，小心将幼苗取出，放在盛有清水的盆中，将根部培养基彻底洗净，以免真菌或细菌滋生繁殖而导致幼苗死亡。用黄泥浆蘸根后分成簇移栽于苗床或营养袋中。土壤以沙质壤土为好，或用山泥、火烧土和河沙按 1∶1∶1 混合，或用山泥与草木灰按 5∶1 混合。移栽后置于温室中，淋透水定根，搭塑料拱棚，用 70％ 的遮阳网搭棚以避免阳光直射，并防止膜罩内温度过高。保持相对湿度在 85％ 以上，温度保持在 25～30℃。移栽后 15～20d 即可揭去膜罩（如冬季或早春时移苗，可延长罩膜时间）。当幼苗长出 1～2 对新叶时，可以喷施 0.2％ 尿素溶液，或于行间浇施稀薄的腐熟猪粪水。施肥后用清水喷淋 1 次，以免产生肥害。成簇移栽的苗应在长出新根叶时用竹签挑出，分成单株移栽到营养袋中，移后淋定根水。待幼苗成活后，即可把棚拆掉，让幼苗在自然条件下生长。此阶段要加强水肥管理和病虫草害防治。经 1～2 个月精细管理，当苗高 15～20cm 时即可用于造林。

 评价考核>>>

桉树的组织培养快繁技术考核标准参照表 4-3 执行。

项目六

药用植物组织培养快速繁殖技术

项目背景>>>

据统计,中国野生药用植物在 5 000 种以上,其中较常用的有 500 多种,主要依靠人工栽培的有 250 多种。传统的中草药获取方法以采集和消耗大量的野生植物资源为代价,当采集和消耗量超过自然资源的再生能力时,必然会导致物种濒危甚至灭绝。生态环境的日益恶化进一步导致药用植物资源的匮乏。迄今,为解决供需矛盾多采用人工栽培的方法扩大药源。但在人工栽培的药用植物中,有不少名贵药材如人参、黄连等生产周期很长;贝母、番红花等,因繁殖系数小、耗种量大,导致发展速度慢且生产成本高;地黄、太子参等,则因病毒危害导致退化,严重影响了产量和品质。研究药用植物资源的再生技术,应用植物组织培养生产药用植物,具有不受地区、季节与气候限制,便于工厂化生产等优势,同时组织培养中的细胞生长速度要比植物正常生长速度快,接近于分生组织的生长速度,因此利用组织培养手段快速繁殖药用植物种苗,或者利用组织培养、细胞培养手段直接生产药物随之日益发展。

知识目标>>>

1. 了解半夏、铁皮石斛、枸杞、罗汉果等各培养阶段适宜的培养基配方。
2. 明确半夏、铁皮石斛、枸杞、罗汉果等药用植物的组织培养方法。
3. 掌握半夏、铁皮石斛、枸杞、罗汉果的初代培养、继代增殖培养和生根培养的过程。
4. 熟悉半夏、铁皮石斛、枸杞、罗汉果驯化移栽的方法。

能力要求>>>

1. 能熟练配制半夏、铁皮石斛、枸杞、罗汉果各阶段培养基。
2. 能熟练、准确进行半夏、铁皮石斛、枸杞、罗汉果的切割、分离与接种等无菌操作。
3. 能进行半夏、铁皮石斛、枸杞、罗汉果的初代培养、继代增殖培养和生根培养。
4. 能熟练进行半夏、铁皮石斛、枸杞、罗汉果的驯化移栽。
5. 能利用所学的方法和技术独立进行其他药用植物的组培快繁。

学习方法 >>>

1. 利用网络查询药用植物组培快繁的研究进展和应用现状。

2. 查阅图书馆的图书资料，学习药用植物组培快繁技术的基本操作过程。

3. 通过小组讨论设计每种材料的培养方案，并分工协作实施所制订的方案；对于实施过程中出现的问题通过集思广益加以分析和解决。

4. 通过具体操作，学习操作技术，加深知识理解。

任务一　半夏组织培养快速繁殖技术

任务目标 >>>

1. 掌握半夏初代培养、继代增殖培养和生根培养 3 个阶段的培养基配方。

2. 能熟练准确配制各阶段培养基。

3. 能正确进行半夏的转段培养。

4. 掌握半夏瓶苗的驯化移栽技术。

任务分析 >>>

半夏属天南星科多年生草本植物，以块茎入药，具有燥湿化痰、降逆止呕、消肿散结、抗早孕、抗肿瘤、护肝等功效，在 558 个传统中药处方中，半夏使用频率居第 22 位，用量很大。但由于农药和除草剂的广泛使用，加上人们的过度采集，野生半夏资源已十分匮乏，大规模人工栽培已是大势所趋。人工栽培半夏又由于其繁育系数低、品种质量不齐、病毒侵染等原因导致其产量下降、品质退化及经济效益低下，半夏种茎日趋短缺。因此，采用现代生物技术手段，建立半夏组织培养快速繁殖体系，可有效缓解种源危机，加快半夏优良品系的繁育速度，实现大规模工厂化生产，培育出优质、健壮、无病菌的种苗，从而进一步生产出优质、安全、无污染的商品半夏。

相关知识 >>>

一、无菌培养体系的建立

采集半夏块茎或珠芽，用清水洗净，剥去块茎外皮，在超净工作台上先用 75% 酒精浸泡 30～60s，用无菌水冲洗 1 次，倒掉无菌水，加入 0.1% 氯化汞溶液，浸泡杀菌 10min，用无菌水冲洗 3～5 次，以彻底除去氯化汞，防止毒害培养物。将经过消毒的珠芽和块茎从培养瓶中取出，在无菌滤纸上切成小块，每个块茎可纵切为 4～8 块，使每个小块上都有芽原基。将切块分别放到诱导培养基 MS＋6 - BA 0.5～2.0mg/L＋2，4 - 滴 0.1～0.5mg/L 上。

二、初代培养

设定培养条件。培养室温度白天在（25±2）℃，晚上（18±2）℃，这样有利于半夏的分化和愈伤组织形成；光照度为 1 000～2 000lx，光照时间为 8～10h/d。经过 2～3 周即可见愈伤组织形成。形成的愈伤组织如果是致密、坚硬的，呈绿色或浅绿色，易形成类似珠芽的组织块，则可分化产生芽；如果是疏松的，呈白色透明或半透明，则不易分化产生芽，应丢弃。

三、继代增殖培养

在初代培养基上接种的块茎经过一段时间培养便可产生较多的愈伤组织，再将愈伤组织转移至增殖培养基 MS＋6 - BA 1～1.5mg/L＋NAA 0.2～0.5mg/L 上，放在 25～30℃的温度下培养，经过 20d 左右从愈伤组织上分化形成不定芽，每块愈伤组织上可形成 10 个左右的不定芽。

四、生根培养

将从块茎切块上产生的不定芽和由愈伤组织产生的不定芽转移到生根培养基 MS＋IBA 1.00mg/L＋NAA 0.03mg/L 或 1/2MS＋NAA 0.3～0.5mg/L 上。培养 20d 左右即可见到不定根从小芽的基部产生，每小芽多则可产生 5～6 条根。

五、驯化移栽

当根长至 1.0cm 左右时，即可移至培养室外光线比较充足的温室内，进行驯化，约 15d 便可移栽到生长基质中。从培养瓶中取出带根小苗时应特别小心，注意尽量不要损伤根系。取出的小苗先放到自来水中，用柔软的小刷子轻轻刷掉根上的琼脂，越彻底越好，尽量不伤根。清洗完成，从自来水中取出小苗，放在比较干净的报纸或草纸上停留一段时间，待根、叶上没有多余的水分时再移栽入生长基质中。生长基质由腐殖土（草炭或树周围的细土）、蛭石、细沙、珍珠岩组成，比例为 5：3：1：1。移栽完成后转入温室或大棚中，注意温度不可太高，相对湿度应尽量保持在 90％以上，初期要适当遮阳，经 20～30d 新根形成，此时即可移栽到种植田中进行正常的田间管理。当年移栽的瓶苗可在当年收获块茎，千粒重约 2kg。

 工作流程 >>>

半夏的组织培养快速繁殖工作流程如图 6-1 所示。

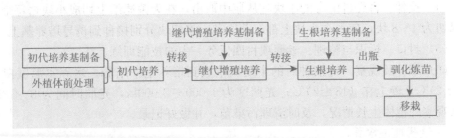

图 6-1 半夏的组织培养快繁技术

技能训练　半夏组织培养快速繁殖技术

一、训练目的

通过学习半夏组织培养快繁技术，掌握类似外植体药用植物的组培快繁技术。

二、材料

1. 材料　半夏小块茎。

2. 仪器、用具　接种盘、枪形镊，其他同项目五任务一中的技能训练。

3. 药剂　MS 培养基各成分、6 - BA、NAA、IBA、氯化汞、次氯酸钠、75%酒精、工业酒精（酒精灯用）、氢氧化钠、盐酸、蔗糖、琼脂等。

4. 培养基

初代培养基：MS＋6 - BA 1.5mg/L＋2，4 -滴 0.5mg/L＋蔗糖 3%＋琼脂 0.8%，pH 5.8。

继代增殖培养基：MS＋6 - BA 1mg/L＋NAA 0.2mg/L＋蔗糖 3%＋琼脂 0.8%，pH 5.8。

生根培养基：MS＋IBA 1.00mg/L＋NAA 0.03mg/L＋蔗糖 3%＋琼脂 0.8%；或 1/2MS＋NAA 0.3～0.5mg/L＋蔗糖 3%＋琼脂 0.8%。

三、方法步骤

1. 初代培养

（1）培养基的配制及灭菌。按照初代培养基配方配制 500mL 培养基，分装入 100mL 培养瓶中，每瓶装 30～40mL，封口。常规灭菌。

（2）接种室、接种物品、接种人员、培养瓶的消毒及灭菌。参照项目四任务一中的技能训练。

（3）外植体的选取与处理。取直径为 5～10mm 的小块茎，先用自来水洗净，然后用刀片轻轻刮去外皮，再用清水冲洗干净放到有盖的容器中。在超净工作台上先用 75%酒精浸泡 30～60s，倒出酒精，再加入 2%次氯酸钠溶液，搅拌消毒 15～20min，倒出次氯酸钠溶液，最后用无菌水冲洗 3～4 次。

（4）接种。将经过消毒的小块茎从瓶中取出，在无菌滤纸上切成小块，每个块茎可纵切为 4～8 块，使每个小块上都有芽原基。将切块分别接种到诱导培养基上。

（5）封口、标识与整理。参照项目四任务一中的技能训练。

（6）培养及观察。将接种后的半夏块茎放到培养室中培养。培养室温度白天在 (25 ± 2)℃，晚上在 (18 ± 2)℃；光照度为 1 000～2 000lx，光照时间为 8～10h/d。每天观察外植体生长情况，及时清理污染苗，并做好记录。

2. 继代增殖培养

（1）继代增殖培养基的配制与灭菌。每小组配制 1L 继代增殖培养基，分装至 250mL 培养瓶内，每瓶 100mL，封口。在高压灭菌锅内灭菌 20min，冷却备用。

（2）接种室、接种物品、接种人员、培养瓶的消毒及灭菌。参照项目四任务一中的技能训练。

（3）转接。用枪型镊把半夏瓶苗取出放在接种盘内。一手拿解剖刀，一手拿镊子，先将接种盘内的半夏丛生苗用解剖刀切下上部叶片，然后用镊子和刀片把半夏丛生苗分开，分别转接在继代增殖培养基中继续培养。如果培养中有愈伤组织或萌芽组织，将萌芽割取，不能伤及愈伤组织，再将大块愈伤组织用镊子掰开，分别接种在继代增殖培养基内继续培养。注意在接种过程中培养瓶和手绝不能从接种盘上方经过，以免灰尘和微生物落入接种盘内。

（4）封口、标识与整理。参照项目四任务一中的技能训练。

（5）培养。接种结束后，把瓶苗放到培养室中培养，培养条件同初代培养。清理和关闭超净工作台。

（6）观察。定期到培养室中观察瓶苗的生长状况，及时清理污染苗、玻璃化苗、褐化苗，并做好记录。

3. 生根培养

（1）生根培养基的配制与灭菌。每小组配制生根培养基 1L，分装入 250mL 培养瓶中，每瓶 100mL，封口。之后在高压灭菌锅内灭菌 20min，冷却备用。

（2）接种室、接种物品、接种人员、培养瓶的消毒及灭菌。同继代增殖培养。

（3）转接。将继代增殖培养获得的丛芽生分割成单株，在超净工作台上转接到生根培养基上进行培养，直到形成完整植株。

（4）封口、标识、整理、培养、观察。同继代增殖培养。

4. 驯化移栽　参照"相关知识"中的相关内容进行操作。

评价考核 >>>

半夏的组织培养快繁技术考核标准参照表 4-3 执行。

任务二　铁皮石斛组织培养快速繁殖技术

任务目标 >>>

1. 熟练掌握铁皮石斛无菌播种技术。
2. 能熟练准确配制各阶段培养基。
3. 能正确进行铁皮石斛的继代转接培养。
4. 掌握铁皮石斛的驯化移栽技术。

任务分析 >>>

铁皮石斛属兰科附生兰类，其药材俗称铁皮枫斗，又称黑节草，是一种传统名贵中药，具有滋阴清热、生津益胃、润肺止咳、润喉明目之功效。现代医学研究表明，铁皮石斛中含的多糖、生物碱、氨基酸等成分具有提高免疫、抑制血栓形成、抑制肿瘤和延缓衰老的作用。由于石斛属植物自然繁殖率低，加上过度采掘，自然资源日渐枯竭。铁皮石斛作为药用石斛中优质品种的代表，为石斛属濒危物种之一，目前已基本无野生资源可用，被列为国家重点保护药用植物、中国珍稀濒危二级保护植物和世界二类保护植物。组培快繁技术是解决铁皮石斛野生资源紧缺和保护铁皮石斛种质资源的有效途径。建立稳定有效的组培快繁体系和栽培技术体系不仅为铁皮石斛大规模的人工栽培提供了大量的种苗，从而满足市场对石斛药材资源的需求，还可以增加铁皮石斛的种群数量，改善其濒危现状，对铁皮石斛的种质资源保护和可持续利用提供了有力保障。

 相关知识>>>

一、无菌体系的建立

1. 无菌播种　取铁皮石斛未开裂的蒴果，流水冲洗 0.5～1.0h，在超净工作台上进行表面灭菌。把消毒好的铁皮石斛蒴果切开，将种子撒播于种子萌发培养基 MS＋NAA 0.5mg/L＋马铃薯汁 10％上。

2. 茎段培养　从 1 年生铁皮石斛植株上选择生长健壮的茎段，摘去叶片和膜质叶鞘，剪成长约 2cm 带节的小段，用洗洁剂清洗后置流水下冲洗 20～30min。在超净工作台上先用 75％酒精消毒 30s，再用 0.1％氯化汞溶液灭菌 5min，然后用无菌水冲洗 5～6 次，放入垫有无菌滤纸的培养皿中吸去多余水分，茎段两端各切去 0.2～0.3cm，插入备好的无菌诱导培养基 MS＋6‐BA 1.0mg/L＋NAA 0.5mg/L 中，每瓶培养基插 1 个外植体。

二、初代培养

设置培养条件，培养室培养温度为 23～25℃，光照度为 1 500～2 000lx，光照时间为 12h/d。

种子约培养 10d 后可发现原胚逐渐萌动膨大，20d 左右种皮一端破裂，突破种皮的胚呈小圆锥状，即为原球茎，以后原球茎顶端由原半凹状产生突起，出现鳞片状叶原基，3 个月左右发育成高 1.0～1.5cm 的小苗。

茎段外植体自植入培养基中 10d 后其茎节部芽体出现突起，并产生丛生芽族，不仅生长快，而且芽体粗壮，30d 后能生成健壮完整的芽体，不需要经历原球茎诱导阶段。

三、增殖与分化培养

将初代培养得到的原球茎按照每瓶约 2g 转接到增殖分化的培养基 MS＋6‐BA 0.5mg/L＋NAA 0.1mg/L＋马铃薯汁 10％上。在新的培养基上，原球茎数量不断增加，增殖周期一般在 40～50d，增殖率可达 8～10 倍，并有高约 0.5cm、具 1～2 片真叶的苗分化出来。

将茎段外植体诱导得到的丛生芽分切成单芽或小芽丛，按照 15 丛/瓶转接到增殖培养基 MS＋6‐BA 0.5mg/L＋NAA 0.2mg/L＋马铃薯汁 10％～20％上，大约 30d 为一个周期，增殖倍数为 4。以茎段为外植体的繁育途径平均增殖系数小，但增殖周期短，叶浓绿，苗木生长健壮，不需经过壮苗可以直接用于生根。

四、生根培养

通过继代增殖培养后，部分铁皮石斛瓶苗有 1～3 条根系，根系不发达；部分瓶苗没有长根。因此，选择将继代增殖培养长到 1～2cm 的铁皮石斛萌发苗接种于生根培养基 1/2MS＋NAA 0.2～0.5mg/L＋马铃薯汁 10％＋活性炭 2g/L＋蔗糖 15g/L 上。

用茎段外植体繁育的瓶苗在增殖期间就有根系出现，进入生根培养基培养后，基部的气生根更发达，根系数量多达 20～30 条，且在根系上有白色粉末状，瓶苗叶片光亮，茎粗，节多，有利于移栽。因而，由茎段建立的繁育体系比由种子胚建立的繁育体系的生根效果更好。

小苗接种到生根培养基后，先在室内培养 20～30d，待其新根萌动后即可移入自然光照条件下的大棚或温室，继续培养，直至达到出瓶标准（生长健壮、叶色浓绿、茎高 5cm 以上、叶面展开、根长 3cm 以上），再进行移栽。

五、驯化移栽

组培苗出瓶时，打开瓶塞将培养基与小苗一起轻轻取出，不要伤及根系。先用流水洗去根部附着的培养基，在阴凉通风处晾根直至根发白，再将其栽入以树皮为基质的穴盘中。移栽时要注意将幼苗的根舒展开。

移栽定植后 15d 内是管理的关键阶段，首先要对种苗和基质进行消毒处理，可以采用广谱性杀菌剂如多菌灵、百菌清等；其次要注意保湿，可采取增加空气湿度、叶面喷雾等方式避免种苗脱水；最后将光照度控制在 6 000lx 以下，避免强光照导致高温，使植株水分蒸腾速度加快而脱水。当然，在管理过程中还应注意保持适当通风并及时施肥。15d 以后新根萌动，即可进入常规管理。

 工作流程 >>>

铁皮石斛组织培养快速繁殖工作流程参照图 6-1 所示。

技能训练　铁皮石斛组织培养无菌体系的建立

一、训练目的

掌握铁皮石斛无菌播种技术。

二、材料

1. 材料　铁皮石斛果实。

2. 仪器、用具　接种盘，其他同项目五任务一中的技能训练。

3. 药剂　MS 培养基各成分、6-BA、NAA、马铃薯、次氯酸钠、75％酒精、工业酒精（酒精灯用）、氢氧化钠、盐酸、蔗糖、琼脂等。

三、操作步骤

1. 培养基的配制及灭菌 按初代培养基的配方 MS ＋ NAA 0.5mg/L＋马铃薯汁 10％＋蔗糖 3％＋琼脂 0.8％，pH 5.8，配制培养基 500mL，分装入 100mL 培养瓶中，每瓶装 30～40mL，封口。与其他接种器具一起常规灭菌。

2. 外植体选取及预处理 取成熟但未开裂的蒴果，刷洗掉表面的污物，放到流水下冲洗 30min。

3. 接种室、接种物品、接种人员、培养瓶的消毒及灭菌 参照项目四任务一中的技能训练。

4. 外植体消毒 在超净工作台上用 75％酒精消毒 1min，倒出酒精，然后用 2％次氯酸钠溶液浸泡 20～30min，倒去次氯酸钠溶液，用无菌水冲洗 3 次，每次不少于 1min，最后用无菌滤纸吸干果实表面水分。

5. 无菌播种 将消毒并吸干水分的果实放到接种盘里，用无菌解剖刀在果蒂端切开一个小口，用镊子夹住果实顶端的细长处放入盛有培养基的培养瓶内轻轻抖动，使种子均匀播撒到培养基中。每个果实大约可播种 30 瓶培养基。

6. 封口、标识与整理 参照项目四任务一中的技能训练。

7. 培养 将接种后的铁皮石斛放到培养室中培养。培养温度 23～25℃，光照度 1 500～2 000lx，光照时间 12h/d。

8. 观察 定期到培养室中观察种子的萌发生长状况，及时清理污染，并做好记录。

 评价考核>>>

铁皮石斛组织培养无菌体系建立的评价考核标准参照表 4-1 执行。

 知识拓展>>>

一、枸杞的组织培养快速繁殖技术

（一）无菌培养物的建立

1. 外植体选择与消毒灭菌 在每年的春、秋两季取生长健壮、较幼嫩的带叶枝条，先用自来水加 0.02％洗洁精浸泡 10min，然后用自来水冲洗 10min 以上，之后将材料转入干净的培养瓶中。注意在浸泡过程中应经常摇动培养瓶，以便使清洗液充分与枝条接触。向培养瓶中加入 75％酒精，用量至少为材料的 10 倍，以保证酒精的浓度和消毒效果，浸泡杀菌 30～60s，倒掉酒精，用无菌蒸馏水漂洗 1 次，将材料转入经高压灭菌的培养瓶中，加入 0.1％氯化汞溶液浸泡杀菌 10min，浸泡过程中要经常摇动培养瓶。倒掉氯化汞溶液，用无菌蒸馏水冲洗 4～6 次，以彻底除去氯化汞，防止残留毒害培养物。

2. 无菌接种 将已消毒好的枝条从培养瓶中取出，在无菌滤纸上用解剖刀切下叶片，剥掉顶芽外面的皱叶、叶原基等，再将嫩茎切成 0.5～1.0cm 的小段，每段均带有腋芽。将所有材料分类接入诱导芽分化培养基 MS＋6-BA 1.0～1.5mg/L 上，

用封口膜封好，放入培养室中培养。

（二）初代培养

1. 愈伤组织诱导培养 白天温度在 $25\sim28$℃，光照时间 $10\sim12$h/d，光照度 1 500lx；晚上温度在 $20\sim22$℃，这样有利于愈伤组织的生长。茎段接种 1 周左右开始膨胀，3 周左右愈伤组织明显长大，变得比较紧密；其上的腋芽细胞分裂形成愈伤和分生中心。叶片变大变皱，有些部分鼓起，预示其细胞正在进行活跃的生长和分裂，同时开始有分生性细胞团形成。一般茎段愈伤组织比叶愈伤组织生长快，但都呈淡黄色，质地疏松，外形上滋润饱满，很有生命力。

2. 丛生芽诱导培养 丛生芽诱导培养基为 MS＋6 - BA $0.5\sim1.0$mg/L＋NAA $0.1\sim0.2$mg/L。将在诱导愈伤组织培养基上形成的愈伤组织从培养容器中取出，在无菌滤纸上将愈伤组织切成 1cm×1cm 左右的小块，放到芽分化培养基上培养 10d 左右，愈伤组织中有分散的淡绿色小细胞团，这就是分化芽的中心。3 周左右愈伤组织产生许多芽点，大约再过 2 周就能长出一些丛生苗，芽簇生在一起，很难分开，应及时将小芽转移到新的培养基上。

（三）继代增殖培养

增殖培养基与诱导芽再生培养基相同。在超净工作台上将培养瓶打开，从中取出长有簇生芽的愈伤组织，在无菌滤纸上用镊子选取大芽，转接到增殖培养基上，每个培养瓶可转接 8 个左右。在培养室内，经过 $2\sim4$ 周小芽即可长成 $2\sim4$cm 高的无根苗。该培养基可以作继代增殖用，也可以作壮苗用。在继代增殖培养中，可将顶芽切下转换到新的继代增殖培养基上。如果是壮苗，待苗长到 $3\sim5$cm 时即可移入生根培养基。

（四）生根培养

生根培养基为 MS 基本培养基。将培养瓶中生长健壮的大苗取出，在无菌滤纸上从基部切去 $3\sim5$mm，用 0.05mg/L 的 IBA 溶液浸泡苗基部切口处半小时，再把苗转移到生根培养基上。大约 1 周就有白色突起产生，2 周后长成 1cm 左右的根，形成完整植株。

（五）组培苗驯化移栽技术

待根长至 1cm 左右时，将培养瓶转到低于培养室温度的地方，最好有散射的太阳光，约 1 周即可移栽。从培养瓶中取出带根小苗时，应特别小心，注意尽量不要损伤根系。取出的小苗先放到自来水中，用柔软的小刷子轻轻刷掉根上的琼脂，越彻底越好，尽量不伤根。当清洗完成后，从自来水中取出小苗，放在比较干净的报纸或草纸上停留一段时间，待根、叶上没有多余的水分时再移栽入生长基质中。生长基质由腐殖土、蛭石、细沙、珍珠岩组成，比例为 5∶3∶1∶1。有的也全部用蛭石，但一定是熟蛭石，颗粒大小适中，最好浇营养液。移栽完成后转入温室或大棚中，注意温度不可太高，相对湿度应尽量保持在 90% 以上，初期应适当遮阳，经 $20\sim30$d 新根形成，此时可移栽到种植田中，进行常规田间管理。

二、罗汉果组织培养快速繁殖技术

（一）无菌培养物的建立

由于罗汉果是雌雄异株植物，因此外植体应选择优良雌株的枝条。将罗汉果优良雌株的幼嫩枝条剪成长 3～5cm 的小段，先用 0.1％洗衣粉水浸泡 5min，浸泡时要充分摇匀，然后用自来水冲洗干净。在超净工作台上把材料放入干净培养瓶中，加入 75％酒精消毒 30s，不停地摇动，将酒精倒掉之后再加入 0.1％氯化汞溶液消毒 8min，不停地摇动，用无菌水冲洗 5 次，也可以用 2％次氯酸钠溶液消毒 15min，再用无菌水冲洗 3～5 次。

（二）初代培养

外植体消毒后，将茎段从培养瓶中取出，放在无菌滤纸上将水分吸干，切成长 1～2cm 的小段，带一个腋芽的茎段放置于培养基 MS＋6 - BA 0.3mg/L＋IAA 0.1mg/L 上培养，外植体萌发速度快，3 周左右可获得其 3～4 片叶的罗汉果无菌苗。

（三）继代增殖培养

将罗汉果瓶苗剪成长 1cm、带 1～2 个腋芽的小段放于继代增殖培养基 MS＋6 - BA 1.0mg/L＋IBA 0.2mg/L 中培养，经 20d 左右形成丛生芽，重复切割，罗汉果继代苗以 3～4 倍的速度增殖。罗汉果继代苗在增殖过程中要注意细胞分裂素的浓度不能过高，当 6 - BA 的浓度超过 2mg/L 时，苗的基部会形成大量愈伤组织。光照度 1 500lx，培养温度（25±1）℃，增殖倍数为 5，培养周期 25d。罗汉果的增殖培养代数不能过多，一般为 12 代，代数过多瓶苗移栽后容易出现严重的变异现象，造成不开花、小果或不结果。

（四）生根培养

罗汉果瓶苗诱导生根比较容易，从继代苗中选取 2～3cm 的壮苗，在无菌滤纸上用解剖刀从基部切去 3～5mm，将小苗转到生根培养基上，每瓶以 7～8 株为宜。生根培养基为 MS 基本培养基或 MS＋NAA 0.1mg/L，生根培养的光照要求培养前 7d 进行暗培养，而后给予 2 000lx 的光照度进行光培养，光照时间为 12h/d，此条件下生根速度快，25d 就可以炼苗。

（五）组培苗驯化移栽技术

待组培苗根长至 1cm 左右时，将培养瓶放置于明亮有散射太阳光的地方，约经 20d 即可移栽。根据罗汉果种植的特点，罗汉果组培苗最好在 1—2 月移栽，这样才能保证在清明前后种植，中秋前收果，在移栽管理过程中要注意保温。移栽前用清水洗干净瓶苗基部的培养基，移栽的基质选用通气性好、保水力强的腐殖土，最好经过消毒处理，再附加 10％的发酵鸡粪更有利于其生长。移栽后的小苗注意温度和湿度的调节，其周围的空气湿度比移栽基质的湿度更重要。一旦移栽，若其周围湿度降低就会使叶片皱褶，容易死苗，若湿度过高则容易烂根。移栽组培苗的温室温度在 20～25℃有利于于成活。光线不可太强，开始几天最好遮阳，为了保证组培苗的正常生长，温室内应经常喷洒杀虫剂、杀菌剂。

项目七

植物脱毒及脱毒苗的再繁育技术

项目背景 >>>

二十大报告强调：推进美丽中国建设，坚持山水林田湖草沙一体化保护和系统治理，统筹产业结构调整、污染治理、生态保护、应对气候变化，协同推进降碳、减污、扩绿、增长，推进生态优先、节约集约、绿色低碳发展。病毒病是作物生产中的主要病害，造成农作物产量、品质、生活力下降，甚至绝产。危害植物的病毒有700余种，至今没有特效药物能够防除病毒病，而通过组织培养脱除植物体内的病毒是作物生产发展的最佳途径。脱毒就是采用一定的方法除去植物体内的病毒。无病毒苗（又称脱毒苗）是指未被病毒侵染或经人工处理去除病毒的植物苗株。由于科学技术的限制，如今所谓的"无病毒苗"体内可能还带有很多没有被认识、发现或检测出的病毒，所以"无病毒苗"是指不含该种植物的主要危害病毒，即经过检测主要病毒在植物体内的存在表现为阴性反应的苗木。严格地讲，"无病毒苗"是"特定无病毒"，也称"检定苗"。植物经脱毒后恢复了原有特性，生长健壮，产量大幅度提高，品质得到改善。脱过脱毒苗培育，减少了农药使用，有利于推进城乡人居环境整治。

知识目标 >>>

1. 掌握脱毒苗的概念及意义。
2. 掌握脱毒的原理。
3. 了解脱毒苗的鉴定方法。
4. 了解脱毒苗的保存与繁殖方法。

能力要求 >>>

具备获取教材以外知识的能力。

学习方法 >>>

1. 调查植物受病毒危害的种类、症状。
2. 调查目前生产上使用脱毒苗的作物种类和经济效益。
3. 学习成熟的脱毒技术。
4. 根据本区域的植物病毒发生状况，研究相应的脱毒对策和方法。

任务一 植物脱毒技术

 任务目标 >>>

1. 了解植物病毒病的表现症状。
2. 掌握茎尖脱毒技术。
3. 了解热处理脱毒技术。
4. 熟悉植物脱毒苗的检测技术。
5. 了解脱毒苗的再繁育技术。

 任务分析 >>>

植物组织培养脱毒技术已有成熟的配套技术。首先要对植物外植体材料进行脱毒，然后对处理的材料进行无毒检测，最后对无毒苗进行大量繁殖。所以需要熟悉相关的技术才能完成本项任务。

 相关知识 >>>

一、植物病毒病的表现症状

病毒病是由植物病毒侵染引起的病害，受害植物常表现如下症状。

1. 变色 由于营养物质被病毒利用或病毒造成维管束坏死阻碍了营养物质的运输，叶片的叶绿素形成受阻或积聚，从而产生花叶、斑点、环斑、脉带或黄化等；花朵的花青素也可因此而改变，使花色变成绿色或杂色等，常见的症状为深绿与浅绿相间的花叶症。

2. 坏死 植物对病毒的过敏性反应可导致细胞或组织死亡，变成枯黄甚至褐色，有时出现凹陷。在叶片上常呈现坏死斑、坏死环或脉坏死，在茎、果实和根的表面常出现坏死条等。

3. 畸形 由于植物正常的新陈代谢受干扰，体内生长素和其他激素的生成和植株正常的生长发育出现异常，可导致器官变形，如茎间缩短，植株矮化，生长点异常分化形成丛枝或丛簇，叶片的局部细胞变形出现疱斑、卷曲、蕨叶及黄化等。

二、茎尖脱毒

（一）茎尖培养脱毒的原理

第一，植物细胞全能性学说。在无菌条件下，将茎尖分生组织切割下来进行培养，可再生完整的脱病毒植株。

第二，感染病毒植株的体内病毒分布的不均匀性。病毒侵入植物体后，一般是全身扩展，但病毒在植物体内的分布不均衡。病毒的数量随植株部位及年龄的不同而异，不同部位或组织中病毒的分布和浓度有很大差异，甚至有的部位或组织不含病毒。生长点（0.1~1.0mm 区域）含病毒很少或不含病毒。茎尖分生组织培养之所以能脱除病毒，是因为病毒在寄主体内随维管系统和细胞壁上的胞间连丝进行转移，茎尖和根尖分生组织由分生细胞构成，无维管系统，细胞的胞间连丝也不发达，病毒很难进入。病毒在寄主茎尖分生组织中的转移速度落后于茎尖的生长速度。再者，旺盛分裂的分生组织存在高水平内源生长素，细胞代谢活性很高，抑制病毒的复制，因此生长点往往不含病毒或含有极少量的病毒。

第三，植物体内可能存在"病毒钝化系统"，在茎尖分生组织内活性最高，钝化病毒。

植物感染病毒的种类不是单一感染而是复合感染。不同植物或同一植物要脱去不同病毒所需的茎尖大小也不同。通常茎尖培养的脱毒效果与茎尖大小呈负相关，而培养茎尖的成活率则与茎尖大小呈正相关。又因为茎尖分生组织不能合成自身需要的生长素，而分生组织以下的叶原基可合成并向分生组织提供生长素、细胞分裂素，因而带叶原基的茎尖生长快，成苗率高。但茎尖外植体过大，脱毒效果差。应用中既要考虑脱毒效果，又要提高其成活率，通常以带 1～3 个叶原基的茎尖（0.3～0.5mm）作外植体比较合适（表 7-1）。

表 7-1　用于脱毒的适宜茎尖大小

植物	病毒种类	茎尖大小/mm	品种数	植物	病毒种类	茎尖大小/mm	品种数
甘薯	斑纹花叶病毒	1.0～2.0	6	大丽花	各种花叶病毒	0.6	1
	缩叶花叶病毒	1.0～2.0	1	甘蔗	各种花叶病毒	0.7～3.0	1
	羽毛状花叶病毒	0.3～1.0	2	鸢尾	各种花叶病毒	0.2～0.5	1
马铃薯	马铃薯 Y 病毒	1.0～3.0	1	大蒜	各种花叶病毒	0.3～1.0	1
	马铃薯卷叶病毒	1.0～3.0	3	菊	各种病毒	0.2～1.0	3
	马铃薯 X 病毒	0.2～0.5	7	山葵萝卜	芜菁花叶病毒	0.5	1
	马铃薯 G 病毒	0.2～0.3	1	草莓	各种病毒	0.2～1.0	4
	马铃薯 S 病毒	0.2 以下	5	香石竹	各种病毒	0.2～0.8	5
百合	各种花叶病毒	0.2～1.0	3	矮牵牛	烟草花叶病毒	0.1～0.3	6

茎尖培养方法虽然主要用于消除病毒，但也可消除植物体中其他病原菌，包括类病毒、类菌质体、细菌和真菌。

（二）茎尖培养脱毒技术

1. 外植体的选取与灭菌　用于脱毒的茎尖外植体可以选择顶端分生组织，即生长锥，长约 0.1mm，也可以选择带 1～3 个叶原基的茎尖。外植体母株品种纯度是生产纯度高、优质种苗的基础。

选择外植体时，可直接从大田中健康的或患病相对较轻的植株上取其顶芽或侧芽进行消毒接种。如有可能，将供试植株栽植于无菌盆土中，移至温室中培养或进行热处理。浇水时水要直接浇在土壤中，切忌浇在植株的叶子上。最好给植株定期喷施内吸杀菌剂，可用 0.1% 多菌灵和抗生素（如 0.1% 链霉素）；也可以剪取植株的插条插入 Knop 溶液中，置于实验室中促其生长。由这些插条的腋芽长成的枝条要比由田间植株上直接取来的枝条污染少。

一般地说，茎尖分生组织由于有彼此重叠的叶原基严密保护，是高度无菌的，但在切取之前必须对芽进行表面消毒。消毒时，先剪取顶芽或侧芽 3～5cm，剥去大叶片，用自来水冲洗 20～30min。置于超净工作台中，在 75％酒精中浸泡 10～30s，倒掉酒精，再用 10％漂白粉上清液或 1％～3％次氯酸钠溶液消毒 10～20min，或用 0.1％氯化汞溶液消毒 8～10min（加 1～2 滴吐温-20 或吐温-80），最后用无菌蒸馏水冲洗 3～4 次，准备接种培养。

消毒方法根据外植体特点可灵活运用。消毒液也可选用漂白粉、次氯酸钠、过氧化氢等，使用药剂种类、浓度和处理时间因不同材料对药剂的敏感性不同而异。

2. 茎尖剥离与接种　在超净工作台上将已消毒的芽放在垫有滤纸的培养皿中。在双筒解剖镜（25～50 倍）下，一手用镊子将材料固定于视野中，也可先用针将茎尖固定在橡胶塞上置于视野中，另一只手用解剖针将叶片和外层的叶原基逐层剥掉。解剖针要经常蘸 95％酒精，并用火焰灼烧灭菌。为了使烧过之后重新使用之前有足够的时间冷却，至少要准备 3 根解剖针轮流使用，或把解剖针蘸入无菌水中进行冷却。操作中不要过早地弄断茎，以免增加剥离难度。当形似一个闪亮半圆球的顶端分生组织充分暴露出来之后，用一个锋利的长柄刀片将分生组织切下，可以带 1～2 个叶原基，也可以不带。然后用同一工具将切下的材料迅速接种于培养基上，而不能再接触其他任何部位。一般将茎尖的顶部朝上，但多数实验证明放置方向对茎尖的生长影响不大。不同植物茎尖的剥取难易程度有差异，甘薯和香石竹较易，草莓较难，大蒜和兰科等植物居于中间。

在解剖时必须注意防止由于超净工作台的气流和解剖镜上的光源散发的热而使茎尖变干，因此茎尖暴露的时间应越短越好。使用冷源灯或玻璃纤维灯更为理想。另外，滤纸要用无菌水湿润。

3. 培养　接种后的材料置于光照度 1 500～5 000lx、光照时间 10～16h/d、温度（25±2）℃的条件下培养。在茎尖培养中，光培养通常比暗培养效果好。在多花黑麦草培养中，光（6 000lx）培养中茎尖有 59％能再生植株，而暗培养中只有 34％。马铃薯茎尖培养的最适光照度是 1 000lx，但 4 周后应增加至 2 000lx，苗高 1cm 时增至 4 000lx。在天竺葵茎尖培养中需要有一个完全黑暗的时期，这有助于减少多酚类物质的抑制作用。

茎尖培养一般采用半固体培养基，也可使用液体培养基，为了操作方便和培养条件易控制，以固体培养应用较多。液体培养有利于通气，生根效果比固体培养好。在进行液体培养时，先制作一个滤纸桥，把桥的两臂浸入试管内的液体培养基中，桥面悬于培养基上，外植体放在桥面上。培养 2 个月左右，大的茎尖再生出绿芽，而小的（0.1～0.2mm）茎尖需 3 个月以上，有的甚至需要更长的时间才能再生出绿芽。

4. 生根培养　由茎尖长出的新芽常会在原来的培养基上生根，而另一些植物不产生不定根，必须进行生根诱导才能成为完整幼苗。诱导生根的方法是将 2～3cm 高的无根幼苗转入生根培养基中培养 1～2 个月（可形成不定根）。还有一些植物茎尖培养的小苗极难生根，即使转入生根培养基中也难奏效（如桃、苹果），这类植物的脱毒小苗可以通过微尖嫁接方法获得完整的植株。脱毒苗移栽的方法与其他瓶苗移栽方法相同，但应在具有防虫网设施的室内进行，且栽培基质应进行严格消毒。

三、热处理脱毒

热处理技术也称为温热疗法。病毒和植物细胞对高温忍耐性不同，利用这个差异，选择适当高于正常生长所需的温度处理染病植株，能使植株体内的病毒部分或全部失活，而植株本身仍然存活。

（一）温汤处理技术

将植株材料浸在 50～55℃ 热水中处理 10～50min，或在 35℃ 热水中处理 30～40h，使病毒失活。这种方法简便易行，适用于休眠器官和离体的材料，但易使植物组织材料窒息或呈水渍状。高温蒸汽处理对植物组织损害较少，故现在多用高温蒸汽处理。热处理时要严格控制温度和处理时间。

（二）热风处理技术

将旺盛生长的盆栽植株移入温热治疗室（箱）内，在 35～40℃ 的温度下处理一定时间即可。处理时间的长短依植物种类和病毒种类而异，短至几十分钟，长至几个月。处理时，相对湿度应保持在 85%～95%。麝香石竹植株在 38℃ 下处理 2 个月可以消除茎尖所有病毒。马铃薯块茎在 37℃ 下处理 20d 即可除去马铃薯卷叶病毒（PLRV），马铃薯植株经热处理再切取茎尖进行离体培养可除去马铃薯 S 病毒（PVS）和马铃薯 X 病毒（PVX）两种病毒。草莓茎尖培养物在 36℃ 下处理 6 周可有效消除轻型黄边病毒（SMYES）。

热处理温度的高低和持续时间的长短对脱毒效果有很大影响，并非温度越高、持续时间越长效果越好。每一种植物的热处理均有其临界温度，超出临界温度或在此范围之内但处理时间过长，都会对植物造成损伤。对菊花的热处理时间由 10d 增加到 30d 可使脱毒植株的百分率由 9% 增加到 90%，但能显著减少形成植株的茎尖的总数。

如果连续高温处理引起寄主植株组织受损，可以采用变温处理即昼夜或隔日高低温交替处理。如每天使用 40℃（4h）＋（16～20）℃（20h）交替处理马铃薯块茎能消除马铃薯芽眼中的马铃薯卷叶病毒，若用 40℃ 高温持续处理会杀死芽眼；每天 40℃（16h）＋22℃（8h）或 40℃（2d）＋35℃（2d）可以钝化黄花烟草中的黄瓜花叶病毒（CMV），而又不严重伤害寄主植株。

热处理消除病毒的主要限制在于并非所有的病毒都对热处理敏感。热处理对球状病毒和类似线状的病毒以及类菌质体有效，但对杆状病毒和线状病毒作用不大。果树病毒用热处理法脱毒在柑橘、苹果、李、樱桃、桃、梨、葡萄等上都有成功的经验。

四、热处理茎尖培养脱毒

尽管分生组织常常不带病毒，但也有一些植物茎尖带有病毒。在麝香石竹0.1mm 长的茎尖培养中，33% 的材料带有麝香石竹斑驳病毒。在菊花茎尖培养中，由 0.3～0.6mm 长的茎尖愈伤组织形成的植株全部带有病毒。能侵染茎尖分生组织区域的其他病毒还有马铃薯花叶病毒（TMV）、马铃薯 X 病毒（PVX）及黄瓜花叶病毒（CMV）。这种情况下，把茎尖培养和热处理结合起来，能明显提高脱毒率。热处理是利用病毒和寄主植物对高温忍耐性的差异，使植物的生长速度超过病毒的扩散速度，得到一小部分不含病毒的植物分生组织，进行无毒个体培育。

热处理结合茎尖培养法是在单独使用热处理或单独使用茎尖培养都不奏效时使用。现在常用的方法是将病毒感染的植物在35～38℃热空气中处理2～4周或者更长时间进行脱毒，然后立即把茎尖切下来进行培养。热处理法中最主要的影响因素是温度和时间。在热空气处理过程中，通常温度越高、时间越长，脱毒效果越好，但是随着温度的升高，植物的生存率呈下降趋势。所以温度选择应当考虑脱毒效果和植物耐性两个方面。热处理结合茎尖培养进行菊花脱毒的效果很好，目前应用较为广泛。

热处理可以在茎尖离体之前的母株上进行，也可以在茎尖培养期间进行。前一种方法可以使母枝快速生长，茎尖生长速度远远高于病毒复制和传播的速度。离体茎尖外植体可以比不经热处理的大一点，这样既可以保证高的脱毒率，又可以提高离体茎尖的存活率和再生植株数。热处理结合茎尖培养的脱毒方法已成功地用来对马铃薯、菊花、石竹、草莓进行脱毒。

五、其他脱毒技术

（一）愈伤组织培养脱毒技术

在植物的器官和组织诱导形成的愈伤组织中，并非所有的细胞都带有病毒，由不带病毒的细胞再分化的小植株是脱毒苗。在受病毒侵染的愈伤组织中，一些细胞不含病毒的可能原因：一是病毒的复制速度赶不上细胞的增殖速度；二是某些细胞通过突变获得了抗病毒的特性。抗病毒侵染的细胞甚至可能与敏感型细胞一起存在于母体组织中。由于通过愈伤组织培养的材料出现突变的概率较高，因而生产上很少使用该方法生产脱毒苗。

（二）珠心胚培养脱毒技术

普通作物受精产生的种子绝大多数只形成一个合子胚，而在柑橘类多胚品种中除一个合子胚外，还有多个由珠心细胞形成的无性胚即珠心胚。因为珠心细胞与维管束系统无联系，由其产生的植株均为脱毒植株。但珠心胚一般不能发育成熟，必须从胚珠中取出进行离体培养才能发育成正常的幼苗。用这一技术可以脱去柑橘的主要病毒与类病毒的病原体，包括用热处理不能去除的病毒，如银屑病、柑橘速衰病、柑橘裂皮病和叶脉突出病等。这种脱毒方法已成功地应用于柚子、柠檬、酸橙、华盛顿脐橙和柑橘脱毒苗的获得与快速繁殖。然而珠心胚培养获得的小植株表现出幼态特征，如生长过分旺盛、有刺、延迟结果。为了缩短珠心胚苗的童期，可将珠心胚芽嫁接到栽培3年的实生砧木上，以促其提早结果。

（三）蒜薹圆盘培养脱毒技术

这种技术是将表面消毒的感病大蒜的鳞片（蒜瓣）切成薄片，接种在含激素的培养基上，5d后从圆盘表面长出半球体，看起来很像是生长点，在培养到第10天之前半球体是无毒的。在培养的5～7d将半球体从外植体上剥离，转移到无激素的LS培养基上，经过2周长成高约1cm的苗，8周后形成带根的高约8cm的瓶苗。移栽到土壤中后，它们生长健康，不呈现带病毒症状。用这种方法脱除了大蒜中携带的大蒜病毒 GarVs、LYSV、OYDV 和 GLV 等。

（四）花药或花粉培养脱毒技术

花药和花粉培养的一般程序是先经脱分化诱导愈伤组织的形成，再经再分化产生根、芽器官或胚状体，最终形成小植株。由于通过愈伤组织生长阶段，加之形成雄性配子体的小孢子母细胞在植物体内属于高度活跃、不断分化生长的细胞，因此，理论上花药很少或几乎不含有病毒质粒。1974 年大泽胜次等利用草莓花药培养法获得大量草莓脱毒植株。1990 年王国平利用花药培养获得脱毒草莓苗，且取得增产 7.8%～45.1%的效果，并指出采用花药培养较茎尖培养和热处理脱毒获得草莓脱毒苗的概率高得多。这些特点使草莓花药培养脱毒技术成为当前国内外草莓脱毒苗培育的主要技术之一。

（五）离体微尖嫁接法脱毒技术

离体微尖嫁接技术脱毒是茎尖培养与嫁接技术相结合，用以获得脱毒苗的一种技术。它是将长为 0.1～0.2mm 的接穗茎尖嫁接到试管中的无菌实生砧上继续进行试管培养，愈合成完整植株。离体微型嫁接技术主要应用于果树脱毒方面，在苹果和柑橘脱毒上已经发展了一套完整技术，并在生产上广泛应用。利用试管培养 10～14d 长出的梨树新梢，切取长为 0.5～1.0mm、带 3～4 个叶原基的小段进行离体微型嫁接，成活率达到 40%～70%，最后获得洋李环斑病毒（PRV）、洋李矮缩病毒（PDV）和褪绿叶斑病毒（CISV）的脱毒苗。

任务二　植物脱毒苗的检测

任务目标 >>>

1. 了解病毒检测的指示植物鉴定法。
2. 了解病毒检测的抗血清鉴定法。
3. 了解病毒检测的酶联免疫吸附检测法。

任务分析 >>>

植物脱毒苗的检测方法已有配套的检验技术。目前生产上广泛使用的是指示植物鉴定法，研究部门往往采用抗血清鉴定法、酶联免疫吸附检测法及其他鉴定方法。要进行检测，必须对这些检测方法有深入的了解。

相关知识 >>>

一、指示植物鉴定法

指示植物对某种病毒反应敏感，症状明显，用以鉴定病毒种类的植物，又称为鉴别寄主。指示植物一般有两种类型：一种是接种后产生系统性症状，其出现的病症扩展到植株非接种部位，通常没有局部病斑明显；另一种是只产生局部病斑，常有坏死斑、脱绿斑或环斑。常用的指示植物有千日红、野生马铃薯、曼陀罗、辣椒、酸浆、心叶烟、黄花烟、豇豆、苋菪等。指示植物法是利用病毒在感病的指示植物上出现的枯斑和某些病理症状，作为鉴别病毒的依据。指示植物鉴定法对依靠汁液传播的病毒可采用汁液涂抹鉴定法，对不能依靠汁液传播的病毒则采用指示植物嫁接法。

（一）草本指示植物鉴定技术

1. 汁液涂抹鉴定　病毒接种必须在无虫温室中进行，温度在 15～25℃，接种时取待检植株幼叶 1～3g，加少量水及等量 0.1mol/L 磷酸缓冲液（pH 7.0）研磨成匀浆后用双层纱布过滤。在指示植物叶上涂上一薄层 500～600 目的金刚砂，用脱脂棉球或手指蘸滤液在叶片上轻轻摩擦，以汁液进入细胞又不损伤叶片为度。5min 后用清水冲洗掉叶面多余的汁液及金刚砂。接种后温室应注意保温，2～6d 即有症状出现。若无症状出现，则初步判断检测的植株为脱毒植株，但必须进行多次重复鉴定，经重复鉴定未发现病毒的植株才能进一步扩大繁殖，供生产上使用。

2. 小叶嫁接技术　多用于草莓等无性繁殖且采用汁液涂抹法鉴定比较困难的草本植物。其操作程序如下：先从待检植株上剪取成熟叶片，去掉两边小叶，留中间小叶柄1.0～1.5cm，用锐利的刀片把叶柄削成楔形作为接穗。然后选取生长健壮的指示植物剪去中间小叶，再把待检穗切接于指示植物上，用薄膜包扎，整株套上塑料袋保温保湿。成活后去掉塑料袋，逐步剪除未接种的老叶，观察新叶上的症状反应。

（二）木本指示植物鉴定技术

木本指示植物均采用指示植物嫁接法进行病毒鉴定，嫁接的技术有多种，常用的有下面 3 种。

1. 双重芽接　8 月中下旬从待检样本树上剪取 1 年生枝条作为待检接穗，先将其上的芽片削成盾形，嫁接在砧木基部距地面 5cm 左右处，每株待检树在同一砧木上嫁接 1～2 个待检芽。然后剥取指示植物的芽片嫁接在待检芽的上方，两芽相距 2～3cm，嫁接后15～20d 检查接芽成活情况，若指示植物的芽未成活再进行补接。成活后剪去指示植物芽以上的砧木。翌年发芽后摘除待检芽的生长点，促进指示植物的生长，观察是否有症状出现。

2. 双重切接　多在春季进行。在休眠期剪取指示植物及待检树的接穗，萌芽前将待检树接穗劈切接在实生砧木上，而将带有 2 个芽的指示植物接穗劈切接在待检树接穗上。为促进伤口愈合提高成活率，可在嫁接后套上塑料袋保温保湿。此种方法的缺点是嫁接技术要求高，成活率低，嫁接速度慢。

3. 指示植物直接嫁接　直接在指示植物上嫁接待检植物的芽片。此法费时长，需几年才能观察到结果。

二、抗血清鉴定

（一）原理

凡能刺激动物机体产生免疫反应的物质均称为抗原。抗体则是由抗原刺激动物机体的免疫活性细胞而生成的一种具有免疫特性的球蛋白，能与该抗原发生专化性免疫反应，它存在于血清中，故又称为抗血清。由于植物病毒为一种核蛋白复合体，因此它也具有抗原的作用，能刺激动物机体的免疫活性细胞产生抗体。同时由于植物病毒抗血清具有高度的专化性，感病植株无论是显性还是隐性，都可以通过血清学的方法准确地判断植物病毒的存在与否、存在的部位和数量。由于其特异性高，测定速度快，所以抗血清法也成为植物病毒检测中最常用的方法之一。植物病毒抗血清的制备方法是先提取、纯化植物病毒，将高纯度病毒注射到动物（如家兔、山羊、老鼠）体内，再从动物血液中提取和纯化抗血清。

（二）操作技术

1. 试管沉淀　将盛有一系列稀释度的抗血清和提取的被检测植物的提纯滤液（即抗原）等量混合物放入管中，然后将试管部分浸入 37℃ 水浴中，形成温差，促进管内液柱对流，从而有效混合使得抗原抗体充分反应。线状病毒产生絮状沉淀，球状病毒形成致密的颗粒状沉淀。抗原—抗体必须在适当的比例时才能形成这种沉淀。

2. 凝胶扩散反应　把抗原和抗体分别放在平底皿凝胶中挖出的孔穴内，反应物以与它们的相对分子质量成反比的速度通过凝胶扩散，当抗原与抗体以最适宜的比例相遇时就会在凝胶中形成清晰肉眼可见的沉淀带。如果几种抗原和它们相应的抗体同时存在，由于不同抗原物质的扩散系统不同，从而达到分离鉴定的目的。

三、酶联免疫吸附检测法

酶联免疫吸附检测法是血清学检测方法中的一种。酶联免疫吸附技术是把抗原、抗体的免疫反应和酶的高催化反应有机结合而发展起来的一项综合技术，其基本原理是以酶标记的抗体来指示抗原抗体的结合。即通过化学的方法将酶与抗体或抗原结合起来，形成酶标记物。这些酶标记物仍保持其免疫活性，然后使它与相应的抗原或抗体起反应，形成酶标记的免疫复合物。结合在免疫复合物上的酶在遇到相应酶的底物时催化无色的底物发生水解，生成可溶性的或不溶性的有色产物。如为可溶性的，则从溶液色泽变化，用肉眼或比色计测定来判断结果。其溶液色泽变化的强度与被检测植物体内病毒抗原浓度呈正比。如果为不溶性有色产物，同时又是致密物质，则可用光学显微镜或电子显微镜识别和测定其病毒浓度。

常用的酶联免疫吸附检测法有 6 种：直接细胞法、间接细胞法、双抗体夹心法、直接竞争法、酶抗酶法、抗体夹心法等。

四、其他鉴定方法

（一）直接观察

观察植株茎叶有无某种特定病毒引起的可见症状，以判断病毒是否存在。如矮缩病毒可引起寄主植物叶片褪绿、坏死、扭曲、植株矮缩，花叶病毒引起寄主植物叶片脉间贫绿等。直接观察具有简便、直观、准确的优点。不过，由于某些寄主植物感染病毒后需要较长的时间才出现症状，有的并不能使寄主植物出现可见的症状，因而无法快速检验，并且也不能剔除潜隐性病毒。

（二）电子显微镜鉴定技术

电子显微镜可以直接观察、检查有病毒微粒的存在以及微粒大小、形态和结构，借以鉴定病毒的种类，是病毒鉴定的重要方法。通常所用检测纯化的病毒悬浮液中病毒颗粒的技术包括投影法、背景染色法、表面复形的制备与扫描电镜。超薄切片法可显示细胞与组织中病毒的精确定位与各种形态的改变。

20 世纪 70 年代把电镜检测与血清学方法结合建立了免疫吸附电镜检测法

（ISEM）。ISEM 的优点是灵敏度高并能在植物粗提液中定量测定病毒。

（三）分子生物学检测技术

分子生物学检测法是通过检测病毒核酸来证实病毒的存在。此技术比血清学技术的灵敏度高、特异性强，有着更快的检测速度，可用于大量样品的检测。另外，该技术适应范围广，其应用对象既可以是 DNA 病毒和 RNA 病毒，也可以是类病毒。

1. 核酸分子杂交 互补的核苷酸序列通过碱基配对形成稳定的杂合双链分子的过程称为杂交。根据碱基互补原理，人工合成与病毒碱基互补的 DNA（cDNA），即 cDNA 探针，用 cDNA 探针与从待测植物中提取的 RNA 进行 RNA - DNA 分子杂交，检测有病毒 RNA 存在，从而确定植物体内有病毒。所用探针必须标记，以便示踪和检测。最初的杂交实验是用同位素（^{32}P）标记探针，但这对常规检测工作不利，而且探针寿命短。近几年来，人们发展了非放射性同位素标记系统，如生物素或地高辛标记的探针分子更安全，应用限制更少，寿命更长。

2. 双链 RNA（dsRNA）电泳检测技术 病毒粒子由病毒核酸（DNA 或 RNA）和结构蛋白亚单位的复合物所构成。绝大多数植物病毒和类病毒是核糖核酸（RNA）。病毒复制是以单链 RNA（ssRNA）为模板，合成双链 RNA（dsDNA）的过程。dsDNA 对 RNA 氧化酶具有抗性，抗性的大小是 ssRNA 的 2 倍。因此，只要植物感染了 RNA 病毒或类病毒，植株体内就会有 dsDNA 存在。未受病毒或类病毒侵染的植物体内没有这种高分子量的 dsDNA 同源片段。因此，通过凝胶电泳分析检测 dsDNA 的数目和大小，可以确定待测病毒的种类。dsDNA 检测法具有快速、灵敏、简便等优点，既可有效地检测病毒，又不受寄主和组织的影响。

3. 聚合酶链式反应（PCR）技术 PCR 技术是一种选择性体外扩增 DNA 或 RNA 的方法，是美国科学家 Mullis 等人 1985 年发明的，该技术近几年被广泛地应用于生物学各个领域。PCR 技术诞生后，在病毒病理科研人员的积极探索下，又衍生出一些以 PCR 技术为基础的病毒检测方法，如 RT - PCR 法、IC - PCR 法、IC - RT - PCR 法、PCR 微量板杂交法、套式 PCR 等。RT - PCR（反转录聚合酶链反应）的基本原理是以所需检测的病毒 RNA 为模板，反转录合成 cDNA，从而使极微量的病毒核酸扩增上万倍，以便于分析检测。RT - PCR 的基本步骤是先提取病毒 RNA，根据病毒基因序列设计合成引物，反转录合成 cDNA，然后进行 cDNA 扩增；取出扩增产物，利用琼脂糖凝胶电泳进行检测。

任务三　脱毒苗的再繁育

任务目标 >>>

1. 了解脱毒苗原原种、原种、良种的繁育流程。
2. 了解脱毒苗的保存方法。

任务分析 >>>

植物种苗经过脱毒后，需要对无毒苗进行扩大繁殖和保存，以满足生产对无毒种苗的需求。因此，需要对种苗繁育技术和种苗的保存方法有深入的了解，才能完成本项工作。

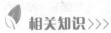 **相关知识** >>>

一、脱毒苗的繁殖

为使脱毒苗尽快在生产上应用，建立良种生产体系是非常必要的。下面以马铃薯为例，讲述良种生产体系的构建。

建立良种生产体系需要从原原种生产开始，进一步大量生产原种和良种。

（一）生产原原种

利用脱毒苗生产无任何病害的原原种是良种生产体系的核心。生产原原种可利用脱毒苗移栽法，但目前最经济有效的方法是用脱毒苗在温室（网室）中切段扦插。其优点有以下几个方面。

1. 节省投资　脱毒苗切段扦插是把脱毒苗从瓶苗繁殖改为在防虫温室中进行。这种方法不需要大量的培养瓶生产瓶苗，也不需要大面积的培养室，并可节省大量的培养基。因此，可节省投资，降低成本，提高脱毒种薯的生产效益。

2. 繁殖速度快　脱毒苗移栽成活后切段繁殖速度很快。例如，小规模生产原原种，利用20瓶（100苗）脱毒苗作母株，栽到温室或网室中作切段扦插。每25～30d切段扦插繁殖一次。幼苗7～8节时按每节为一段剪下扦插，苗基留一节和一片叶，使母株在剪切后能继续生长。母株剪切2次后60d左右即可收获种薯。

3. 方法简单　脱毒苗移栽成活后，切段扦插时把顶部节段和其他节段分开，并分别放入生根剂溶液中浸泡15min，而后扦插。生根剂可用市场出售的生根粉配制成溶液，也可用100mg/L的NAA溶液。扦插时把顶部节段和其他节段分别扦插于不同箱中。因顶部节段生长快，而其他节段生长慢，混在一起生长不整齐影响剪苗期。扦插用1:1的草灰和蛭石作基质，与瓶苗移栽相同，并加入营养元素。扦插前将基质浸湿，切段一端插入基质中，一端在上。每平方米扦插700～800株。扦插后轻压苗基，小水滴浇后覆盖塑料薄膜，保持湿度。扦插时温度不宜超过25℃。剪苗后对母株施营养液，促其生长。扦插苗成活后的管理与脱毒苗移栽后相同。

（二）生产原种

原原种生产成本高，生产的种薯数量有限，远不能满足生产，所以需要把原原种扩大繁殖，生产一级和二级原种。原种的生产规模比原原种大得多，不可能全用温室或网室。虽然如此，但仍需要生产高质量的种薯，特别是一级原种应接近完全健康。因而生产原种需要选择适当的地点。原种生产田应具备的条件：①地势高寒，蚜虫少；②雾大、风大，有翅蚜虫不易飞迁、降落的地方；③天然隔离条件好，如森林中间的空地、四周环山的高地、海边土质好的岛屿等；④无传播病毒和细菌性病害的土地。总之，为了保证原种质量，防止在种薯生长期间被病虫害侵袭，特别是蚜虫传播，必要时加强喷药灭蚜，力求达到原种生产标准。

（三）生产良种

良种来自一级原种或二级原种。第一次用原种生产的种薯为一级良种，一级良种再种一次即为二级良种。一级原种的种薯量大时可直接用来生产一级良种，一级良种的种薯量大时可直接向种植户提供种薯。种植户生产的马铃薯只能供市场销售食用，不作种薯。但如果一级原种或一级良种的种薯量少，均可再繁殖一次到二级原种时才生产一级良种，把一级良种再繁殖一次的种薯供给种植户用于生产。

二、脱毒苗的保存

通过不同脱毒方法处理所获得的植株，经过鉴定确系无特定病毒者，即是脱毒原原种。脱毒原原种只是脱除了原母株上的特定病毒，抗病性并未增加，因而在自然条件下易受到病毒再侵染而丧失其利用价值。同时，受到自然条件影响，脱毒原原种易丢失。因此，须将脱毒原原种按照正确的方法进行保存。

（一）隔离保存

植物病毒的传播媒介主要是昆虫，如蚜虫、叶蝉或土壤线虫等。因此，应将脱毒原原种苗种植于防虫网室，栽在盆钵中保存。栽培基质应事先进行消毒处理。除去网室周围的杂草和易滋生蚜虫等传播媒介的植物，保证环境清洁，并定期喷药剂防虫杀菌。凡接触脱毒苗的工具应消毒并单独保管并专物专用，操作人员应穿消毒的工作服。若有条件，最好将脱毒苗母本园建在相对隔离的山上。对隔离保存的脱毒种苗要定期检测有无病毒感染，及时将再感染的植株淘汰或重新脱毒。若管理得当，材料可保存5～10年。

（二）离体保存

1. 低温保存 茎尖或小植株接种到培养基上，置于低温（1～9℃）、低光照条件下保存。低温保存下材料生长极缓慢，只需半年或一年更换1次培养基，此技术又称为最小生长技术。

2. 超低温保存 超低温通常指温度低于−80℃，主要是指液氮（−196℃）及液氮蒸汽相条件。降温冷冻和化冻过程最易对植物材料造成伤害。原因主要有两个方面：一是细胞内部结冰，如果有机体细胞内的水分发生结冰就会造成细胞结构的破坏，导致细胞死亡；二是细胞内溶质的浓缩，由于细胞质最初是高渗透压的，故而一般先致细胞外结冰，这便增加了细胞外溶液的浓度，从而导致细胞膜内外的渗透压梯度发生反转，即发生细胞失水，并逐渐变为脱水状态。植物材料在超低温下之所以可以长期保存，并能在离开保存环境后正常地进行细胞分裂和分化，就是在冰冻过程中避免了细胞内水分结冰，并且在解冻过程中防止细胞内水分的次生结冰而达到植物材料保存目的。

"冷冻保护剂"或"防冻剂"有二甲基亚砜（DMSO）、聚乙二醇（PEG）、甘油及多种糖类等。超低温保存程序如下。

（1）材料的选取。保存材料的植物种类、基因型、抗寒性、年龄、形态结构和生理状态等都会对冷冻效果产生很大的影响。一般来说，小而细胞质浓厚的分生细胞和组织比大而高度液泡化的细胞容易存活。

（2）预处理。在冷冻前需要对外植体进行预培养和低温处理，以提高组织细胞的抗寒能力。预培养一般需7～12d。预处理时须在培养基中加入能提高抗寒能力的物质如山梨糖醇、脱落酸（ABA）或增加糖浓度等。低温处理的做法一般是将外植体放在2～3℃低温下锻炼数天，处理后可明显提高材料的抗冻能力。

（3）添加防护剂。先将保护剂预冷至0℃，等体积与培养基混合，静置30～60min。这是因为DMSO等保护剂有毒，所以必须在0℃下处理，而且处理时间不宜过长，一般不超过1h。

（4）材料冷冻的方法。材料经冷冻保护剂处理30～60min，应立即降温冷冻，最后置于液氮中低温保存。

从0℃至−196℃的降温过程，通常有以下4种方法。

①快速冷冻法。将保存材料从0℃（或其他预处理温度）直接投入液氮中。利用快速冷冻，可使细胞内的水分迅速通过冰晶生成的危险温度区（−140～−10℃），使细胞内水分还未来得及形成冰晶中心，就降到−196℃的安全区，此时细胞内的水分为玻璃化状态（一种透明的"固态"），该状态对细胞结构没有破坏作用。此法可以减轻或避免细胞内结冰的危害。

②慢速冷冻法。在冷冻保护剂存在下，以每分钟下降0.1～10.0℃的速率进行冷冻。在这种降温速率下，可通过细胞外结冰，使细胞内的水分减少到最低限度，从而达到良好的脱水效果。此法需要程序降温仪，技术系统昂贵。但对许多不抗寒的植物而言，该法易保存成功。

③两步冷冻法。第1步用慢速降温法降到−50～−30℃，使细胞达到保护性脱水状态；第2步投入液氮中迅速冷冻。

④逐级冷冻法。此法是制备不同等级温度的冰浴，如−10℃、−15℃、−23℃、−35℃或−40℃等。保存材料经冷冻保护剂预处理后，逐步通过这些温度，样品在每级温度上停留一定时间（4～6min），然后浸入液氮。

（5）冷冻贮存。适宜的温度对贮存冷冻材料很重要。在贮存期间要不断地补充液态氮，维持冷冻温度，可以长期保存冷冻材料。但研究发现，冷冻贮存的茎尖随着保存时间的延长，其生活力可能下降。

（6）保存材料的解冻。化冻（或解融）是再培养能否成功的关键。升温给细胞造成的伤害并不亚于降温。升温损伤主要是迁移性再结晶。可将样品直接放在37℃水浴中化冻，优点是可使样品快速地通过次生结冰温度危险区（−50～−10℃）。或者采用慢速化冻法，在0℃、2～3℃或室温下进行化冻。如木本植物的冬芽在0℃下化冻可获得最高的存活率。这是因为冬芽在秋、冬两季低温锻炼以及慢速化冻的过程中细胞内的水分已最大限度地流到细胞外结冰。如果快速化冻，吸水时会受猛烈的渗透冲击，从而引起细胞膜破坏。

（7）复苏培养。将已解冻的材料洗涤掉冷冻剂后进行再培养可恢复生长。

（三）生长抑制保存

生长抑制剂保存法是在培养基中加入生长抑制剂以减缓培养材料生长，达到长期保存种质材料的目的。常用的生长抑制剂有ABA、青鲜素、矮壮素（CCC）、多效唑、烯效唑、丁酰肼等，它们可以有效控制和延缓培养材料的生长速度，延长继代培养周期。生长抑制剂不仅可以使瓶苗生长缓慢，而且可以使其生长健壮、叶色浓绿、移栽成活率极大提高。

项目八

果蔬植物组织培养
脱毒快速繁殖技术

 项目背景 >>>

病毒病是植物的重要病害种类之一，其危害造成的损失仅次于真菌病害，目前已发现的植物病毒病已超过 1 000 种。当植物病毒感染营养繁殖植株时，病原体从一个营养世代传播到下一个营养世代，当某种植物无性系的全部种群受到病毒感染时，特别是受到几乎不可觉察的、症状潜伏的病毒感染时，这种植物的品质和产量就会逐年降低，甚至造成毁灭性危害，当前所有栽培植物的无性系都包含着一种甚至几种病毒病，但截至目前尚无特效药物可以治愈受病毒侵染的植物。通过植物组织培养脱毒技术生产脱毒苗可实现防治病毒病的目的，随着植物脱毒技术的成熟，它已成为解决植物病毒病最有效、最重要的方法。

 知识目标 >>>

1. 掌握外植体的洗涤与消毒的方法。
2. 了解不同植物组织培养脱毒的方法及特点。
3. 熟练掌握不同植物组织培养脱毒的技术。
4. 了解不同植物组织培养无病毒苗的鉴定技术。
5. 掌握不同植物无病毒苗的快速繁殖技术。

能力要求 >>>

1. 能根据不同植物脱毒要求选取不同的外植体并进行预处理。
2. 能针对不同植物选择相应的脱毒方法。
3. 熟练对不同植物进行茎尖剥离脱毒培养。
4. 能对脱毒培养得到的中间繁殖体进行无病毒苗的鉴定。
5. 能对无病毒苗进行继代增殖培养。
6. 能按照生产需要对无病毒苗进行快速繁殖。
7. 能熟练进行不同植物的快速繁殖生产。

 学习方法 >>>

1. 通过对任务的分析、讨论，明确任务所涉及的知识、技能，在教师的指导下确定完成任务的方法及步骤。

2. 通过任务实施实现对所学知识、技能的掌握与深层理解。

3. 对任务完成过程中遇到的"意外"进行再讨论，通过在线或向专业教师求助，明确"意外"产生的原因或"收获"，师生共同进步。

任务一　马铃薯脱毒与快速繁殖技术

 任务目标 >>>

1. 能科学合理地对马铃薯进行茎尖培养脱毒处理。

2. 能用马铃薯病毒指示植物法进行病毒检测。

3. 掌握马铃薯种薯的快速繁殖技术。

 任务分析 >>>

我国是世界上最大的马铃薯生产国，种植总面积逾 $4.6 \times 10^6 hm^2$。近年来，随着我国农业产业结构的调整和加工市场的发展，优质马铃薯的需求不断增加，但在马铃薯连年栽培过程中，由于病毒或类病毒的侵染和积累，造成马铃薯质量退化和产量下降，因而栽培无病毒植株具有重要的生产价值。要解决马铃薯退化，获得无病毒植株的途径有自然选择、物理方法、化学药剂处理、生物学方法等，其中最行之有效的方法便是生物学方法中的茎尖脱毒。

 相关知识 >>>

一、马铃薯茎尖脱毒技术

危害马铃薯的病毒有 17 种，如 X 病毒、S 病毒、Y 病毒、M 病毒、A 病毒、花叶病毒、纺锤形块茎病毒等。由于马铃薯是无性繁殖作物，病毒逐代积累、日益严重，引起严重退化。马铃薯病毒可使块茎产量减少 $50\% \sim 80\%$。

脱毒就是采用一定的方法除去植物体内的病毒，茎尖培养脱毒是利用病毒在植物体内分布的不均匀性，即根尖和芽尖的分生组织含病毒量少或不含病毒的特性进行培养，使植物脱毒。

马铃薯茎尖分生组织培养属植物组织培养中的体细胞培养，茎尖脱毒的主要步骤如下：首先将带毒薯在室内催芽、进行消毒处理；然后在超净工作台无菌条件下切取长 $0.1 \sim 0.3mm$、带 $1 \sim 2$ 个叶原基的茎尖分生组织，接种于适宜的培养基中培养。1个月可见明显伸长的小茎，2 个月长成带 $3 \sim 4$ 片叶的小植株。此时可将茎切段转入增殖培养基培养，每 $20 \sim 25d$ 增殖 1 代。大约 4 个月，当瓶苗扩繁到一定数量后，一部分苗用于病毒检测，另一部分先保存起来。茎尖培养的关键是将脱毒后的茎尖诱导生成带有完整根、茎、叶的植株，因此选择适合的培养基十分重要。对于马铃薯的茎尖培养来说，需要较多的 NO_3^- 和 NH_4^+ 营养，MS 和 Miller 基本培养基都是较好的培养基，若附加少量（$0.1 \sim 0.5mg/L$）的生长素或细胞分裂素或二者都加，培养效果更好。

从大量植株中鉴定出确实不带病毒的脱毒苗，经过切段快繁、脱毒微型薯（原原种）的诱导，原种、良种繁育，移至大田中生产商品薯。将茎尖脱毒技术和高效留种技术相结合，建立科学合理的良种繁育体系，是大幅度提高马铃薯产量和质量的可靠保证。马铃薯在脱毒过程中去除了主要病毒，恢复了原品种的特征特性，达到了复壮的目的。同时也将其所感染的真菌和细菌病原物一并脱除，使脱毒薯在一定时期内没有病毒、细菌和真菌病害，生活力特别旺盛。

二、马铃薯无病毒苗的鉴定及培养

接种的茎尖置于温度 25℃、光照度 1 500～3 000lx 的培养室内培养，经 3 个月长成带 3～4 片叶的小植株。在无菌条件下，进行切段扩繁一次，取部分苗进行病毒检测。

病毒检测是茎尖脱毒不可缺少的步骤，马铃薯无病毒苗的鉴定方法主要有以下几种。

（一）指示植物鉴定技术

1. 汁液涂抹法 选择鉴别寄主千日红、藜属的苋色藜等植物。发病的寄主用充分展开的叶片。鉴别寄主应培养在温度为 15～25℃ 的温室内，每个病毒样品接种 3 株，并做好标记。从被检植株上取下叶片，置于等容积的缓冲液（0.1mol/L 磷酸钠）中研成匀浆，在指示植物的叶片上撒 600 目金刚砂少许，将被检植物的叶汁涂于其上，稍加摩擦，使指示植物叶表面细胞受到侵染，但又不损伤叶片。5min 后用水轻轻洗去接种在叶片上的残汁。1 周后寄主若表现病毒病的症状，说明被检植株没有脱毒。产生局部坏死斑（表 8-1）的植物和系统发病的寄主（表 8-2）对鉴别马铃薯病毒病有实际意义。

表 8-1 马铃薯病毒的局部坏死斑寄主

寄主	X病毒	S病毒	M病毒	A病毒	Y病毒	奥古巴花叶病毒	纺锤形块茎类病毒
千日红	+	+	+				
酸浆					+		
地霉松	+			+	+	+	
毛曼陀罗			+				
灰条藜		+	+				
指尖椒	+					+	
中国茛蓉							+
中国枸杞					+		
豇豆		+	+				

表 8-2 马铃薯病毒的系统发病寄主

病毒	寄主	病 状 特 征
X	烟	7d 轻重不同花叶和环斑，因株而异
X	曼陀罗	7d 轻重不同花叶和枯死斑，因株而异，可用于与重花叶病毒分开

（续）

病毒	寄主	病状特征
S	第布内烟	20d 产生明脉和斑驳
纺锤形块茎类病毒	番茄	2～3 周植株矮化，分枝直立
A	心叶烟	10d 明脉，皱缩
X（Y）	烟	7～10d 明脉，脉间花叶
M	番茄	带病无病状，可用于与隐潜花叶病毒分开
卷叶病毒	酸浆	7～14d 矮化，褪绿，卷叶
奥古巴花叶病毒	心叶烟	12d 黄斑花叶

2. 嫁接鉴定法　准备待检块茎和健康的块茎若干，用直径为 13.5mm 的打孔器在待检块茎上打出不带芽眼的柱状组织，再用直径为 13mm 的打孔器在健康的块茎上打下带芽眼的柱状组织。将待检块茎上打下的组织放入健康块茎的孔洞中，待检组织的直径稍大，以便组织间能紧密接触，维管束应与健康块茎对齐，利于愈合传病，之后浸入熔化的低熔点的石蜡中，然后分别播种在花盆内，观察植株的发病情况。

（二）直接检测技术

脱毒苗生长快、叶色浓、叶平展、植株健壮。带毒苗长势弱、叶色淡，叶片上出现花叶、明脉和褪绿斑。

（三）抗血清鉴定技术

除纺锤形块茎类病毒外，感染马铃薯的病毒都可制成抗血清。不同病毒产生的抗血清都有各自的特异性。

（四）电镜检测技术

在电子显微镜下观察到的病毒形状和大小有相当稳定的特征（表 8-3），这对病毒鉴定来说非常重要。棒状或线状病毒可直接用病株粗汁液观察；球状病毒不能用粗汁液直接观察，因为植物汁液中含有许多球状的正常组分，其大小与病毒相近，所以必须经过提取或提纯后才能鉴定病毒的形态和大小。制片后在电镜下观察，测量病毒颗粒的长度和宽度的分布情况。

表 8-3　马铃薯病毒的形态

病毒	形态	大小/nm	
		长	宽
X	线状	515	13
S	线状	650	12～13
A	线状	730	11
Y	线状	730	11
M	线状	650	12～13
奥古巴花叶病毒	线状	580	11～12

（续）

病毒	形态	大小/nm	
		长	宽
卷叶病毒	球状	23	23
黄矮病毒	弹状	380	75
茎杂色病毒	杆状	180	25

三、马铃薯脱毒种薯快速繁殖技术

按照脱毒苗质量检测标准和病毒检测技术规程进行检测证实已脱毒的苗称为脱毒苗。脱毒苗经切段转入快繁培养基进行快速繁殖。

1. 茎切段快速繁殖 在无菌条件下将脱毒苗切段，每个茎段带有 1～2 个叶片和腋芽，平放在培养基上。培养基一般为 MS＋蔗糖 3％＋琼脂 0.6％。培养条件为温度 22℃，光照度 1 000lx，光照时间 16h/d。培养 25d 左右即可长成具有 7～8 节的植株。同时可在瓶内直接诱导微型马铃薯的产生。当植株长到 4～5cm 时转入 MS＋香豆素 50～100mg/L ＋蔗糖 3％＋琼脂 0.6％的培养基上。温度在 22℃，黑暗条件下即可诱导出微型薯。

2. 剪芽扦插繁殖 将土壤消毒，装入盆或钵内。脱毒苗移栽到盆钵中，置于防蚜虫温室内。缓苗后剪去顶芽，促使腋芽生长。短时间内即可获得十几个扦插枝。将带有 3 个叶片的扦插枝除去最下部的 1 片叶子，扦插于经过消毒的土壤中，1 周后扦插枝生根，可在其上继续剪取扦插枝繁殖，也可使其直接产生微型薯。

3. 瓶苗的炼苗技术 为了提高移栽成活率，在培养基中加 10mg/L 的丁酰肼或 CCC，温度降至 15～18℃，加强光照到光照度为 3 000～4 000lx，光照时间为 16h/d；或将瓶苗放到散射光强的地方，幼苗大约经过 5d 即可移栽。也可将瓶塞取下，注入少量自来水，几天后移栽。

 工作流程>>>

马铃薯脱毒与快速繁殖的操作流程如图 8-1 所示。

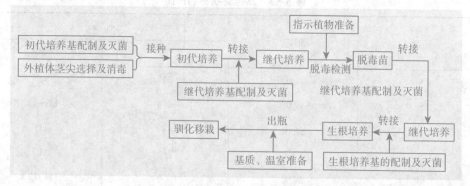

图 8-1 马铃薯脱毒与快速繁殖操作流程

技能训练一　马铃薯的茎尖脱毒技术

一、训练目的

学习马铃薯的茎尖脱毒技术，获得马铃薯疑似脱毒苗。

二、材料

1. **材料**　马铃薯块茎或幼嫩枝条。
2. **仪器、用具**　组织培养实验室常用器具。
3. **药剂**　组织培养实验室常用药品、KT、IAA。
4. **培养基**

初代培养基：MS＋KT 0.05mg/L＋IAA 0.5mg/L＋蔗糖3％＋琼脂0.6％。

继代增殖培养基：MS＋NAA 0.1mg/L＋蔗糖3％＋琼脂0.6％。

三、方法步骤

1. **培养基的配制及灭菌**　按照配方配制初代培养基，分装于100mL培养瓶中，每瓶30～40mL，封口，包扎。与其他接种器具一起常规灭菌。

2. **外植体选取及预处理**　将马铃薯块茎栽植在经高压灭菌的湿沙中催芽，当芽长到4～5cm时即可用于剥取茎尖。除去枝条上较大的叶片，用自来水冲洗20～30min，剪成单芽茎段。或者直接从田间采下顶芽或腋芽，一般当芽长到约15cm时，将顶端切下6～8cm置于实验室的无菌营养液中生长，2～3周除去顶芽，以促使腋芽生长。

3. **接种室、接种物品、接种人员、培养瓶的消毒及灭菌**　参照项目四任务一中的技能训练。

4. **外植体消毒**　将催芽的顶芽或侧芽连同部分叶柄和茎段用75％酒精浸泡5～10s，无菌水冲洗1次，再经2％次氯酸钠溶液处理8～10min，无菌水冲洗3～5次；或者当来自大田的顶芽在实验室去势后长出腋芽1～2cm时切取腋生枝，同法消毒。

5. **茎尖剥离**　在超净工作台上于解剖镜下剥取茎尖，剥离时一手用镊子将茎芽按住，另一只手用解剖针将叶片和叶原基仔细剥掉。当圆亮半球形的茎尖生长点充分暴露出来时，用锋利的刀片切下茎尖，大小在0.10～0.25mm，带1～2个叶原基。并迅速接种到诱导培养基上，封口。同种方法将其他茎尖剥离接种。标识并记录。

6. **封口、标识与整理**　参照项目四任务一中的技能训练。

7. **培养**　设置培养温度在20～26℃，光照时间为16h/d，前4周光照为1 000lx，4周后为2 000lx。当茎尖长到1cm高时，光照度增加至4 000lx。

8. **继代增殖培养基的配制**　按照配方配制继代增殖培养基，分装于250mL培养瓶中，每瓶100mL，封口，包扎。与其他接种器具一起常规灭菌。

9. 增殖继代培养 挑选经初代培养无污染的健壮瓶苗，带 3～4 片叶；在超净工作台上将茎切段，每段带 1～2 个芽，转入继代增殖培养基增殖培养，每瓶接同一茎的切段 15 根。标识并记录。每 20～25d 增殖 1 代。同一茎尖的继代瓶苗做好标记，以备检验病毒时使用。

10. 观察 定期到培养室中观察茎尖的生长状况，及时清理污染，并做好记录。

技能训练二　鉴定马铃薯茎尖组培苗有无病毒

一、训练目的

鉴定马铃薯茎尖组培苗是否有病毒，确定为无毒苗的备用。

二、材料

1. 材料 感染病毒马铃薯植株，脱病毒马铃薯植株，指示植物千日红、烟草，过 600 目筛的金刚砂等。

2. 试剂 0.1mol/L 磷酸缓冲液、酶标抗体、NaCl、KH_2PO_4、$Na_2HPO_4 \cdot 12H_2O$、KCl、吐温 - 20、Na_2CO_3、$NaHCO_3$、NaN_3、脱脂奶粉、PVP（相对分子质量 24 000～40 000）、二乙醇胺、4 - 硝基苯酚磷酸盐等。

3. 器具 光照培养箱、研钵、防虫网室、微量移液器、恒温培养箱、酶标板、酶标仪等。

三、方法步骤

以下两种方法可任选其一。

（一）指示植物法

1. 取样 从继代增殖的同一马铃薯茎尖瓶苗上取 8～10 片叶片，置于等体积的 0.1mol/L 磷酸缓冲液中，用研钵将叶片研碎，备检。

2. 接种 在无病健壮的指示植物千日红、烟草叶片上撒少许过 600 目筛的金刚砂，同时将待检植物的叶汁涂于其上，然后适当用力摩擦，以使指示植物的叶片表面细胞受到感染，但又不损伤叶片。大约 5min 后用水轻轻冲去接种叶片上的残余液汁。

3. 培养 把接种后的千日红、烟草放在温室或者防虫网室内，株间以及与其他植物间都保持一定距离，避免交叉感染。

4. 观察 每天仔细观察指示植物的变化情况，症状的表现取决于病毒性质和病毒数量，一般需要 6～8d 或几周时间，指示植物方可表现出症状。凡是出现枯斑、花叶等病毒症状的，认为是受病毒苗汁液感染，被检瓶苗的相同茎尖瓶苗应予以淘汰。指示植物没有表现异常，认为被检瓶苗的汁液中没有病毒感染指示植物，即瓶苗无病毒，可用于生产脱毒苗。

（二）双夹心酶联免疫吸附法（DAS - ELISA）

1. 试剂及溶液的配制 所用试剂为分析纯，水为蒸馏水。

（1）洗涤缓冲液（表 8 - 4）。

表 8 - 4　洗涤缓冲液（PBST）

成分	质量或体积	成分	质量或体积
NaCl	8.00g	KCl	0.20g
KH_2PO_4	0.20g	吐温-20	0.50mL
$Na_2HPO_4 \cdot 12H_2O$	2.93g	水	1 000mL

注：调整 pH 为 7.4，4℃保存。

（2）抽提缓冲液（pH 7.4）。称取 20.0g 聚乙烯吡咯烷酮（PVP）溶于 1 000mL PBST 中，4℃保存。

（3）包被缓冲液（表 8 - 5）。

表 8 - 5　包被缓冲液

成分	质量或体积	成分	质量或体积
Na_2CO_3	1.59g	NaN_3	0.20g
$NaHCO_3$	2.93g	水	1 000mL

注：调整 pH 为 9.6，4℃保存。

（4）封板液。称取脱脂奶粉 2.0g，聚乙烯吡咯烷酮（PVP）2.0g，溶于 100mL PBST 中，4℃保存。

（5）酶标抗体稀释缓冲液（表 8 - 6）。

表 8 - 6　酶标抗体稀释缓冲液

成分	质量或体积	成分	质量或体积
牛血清白蛋白（或脱脂奶粉）	0.1g	NaN_3	0.01g
聚乙烯吡咯烷酮	1.0g	PBST	100mL

注：4℃保存。

（6）底物缓冲液。称取二乙醇胺 97mL、NaN_3 0.2g，溶于 800mL 蒸馏水中，用 2mol/L 盐酸调 pH 至 9.8，定容至 1 000mL，4℃保存。

（7）底物溶液。称取 4 -硝基苯酚磷酸盐 0.05g 溶于 50mL 底物缓冲液中，现配现用。

2. 检样制备　从继代增殖的同一马铃薯茎尖瓶苗上取叶片 0.5～1.0g，加入 5mL 抽提缓冲液，研磨，4 000r/min 离心 5min，取上清液备用。

3. 操作步骤

（1）包被抗体。取酶标板，每个酶标孔加 100μL 用包被缓冲液按工作浓度稀释的抗体，37℃保湿孵育 2～4h 或 4℃保湿过夜。

（2）洗板。用洗涤缓冲液冲洗板 4 次，每次 3～5min。

（3）封板。每孔加 200μL 封板液，34℃保湿孵育 1～2h。

（4）洗板。用洗涤缓冲液冲洗板 4 次，每次 3～5min。

（5）包被样品。每孔加检样 100μL，34℃保湿孵育 2～4h 或 4℃保湿过夜。同时设阴性、目标病毒的阳性和空白对照，并根据需要设置重复。

（6）洗板。用洗涤缓冲液冲洗板 4～8 次，每次 3～5min。

（7）包被酶标抗体。每孔加 100μL 用抗体缓冲液稀释到工作浓度的碱性磷酸酯酶标抗体，37℃保湿孵育 2～4h。

（8）洗板。用洗涤缓冲液冲洗板 4 次，每次 3～5min。

（9）加底物溶液。每孔加样 100μL，37℃保湿反应 1h。

（10）酶联检测。将酶标板置于酶标仪中，用酶联检测仪测定 405nm 的光吸收值（OD_{405}）。当检测样品 OD_{405}/阴性对照 $OD_{405} \geqslant 2$ 时，可判定被检样带有病毒。

技能训练三　脱毒马铃薯种苗的快速繁殖技术

一、训练目的

快速繁殖被鉴定脱毒的马铃薯种苗，获得批量脱毒种苗。

二、材料

1. 材料　马铃薯脱毒继代瓶苗。

2. 基质及试剂　蛭石、珍珠岩、腐殖土、草炭、沙子、50％百菌清可湿性粉剂等。

3. 器具　盘苗床或育苗塑料钵、遮阳网、喷壶、喷雾器、镊子等。

4. 培养基

增殖继代培养基：MS＋NAA 0.1mg/L＋蔗糖 3％＋琼脂 0.6％。

生根培养基：1/2MS＋NAA 0.1mg/L＋蔗糖 3％＋琼脂 0.6％。

三、方法步骤

1. 继代增殖培养

（1）继代增殖培养基的配制及灭菌。参照本项目的技能训练一中的相关内容进行操作。

（2）脱毒苗增殖培养。瓶苗经病毒检测确定脱毒后，待长至 6～7 个节间时，在无菌条件下进行单节切段。继续转接于增殖培养基中培养，25～30d 为 1 个周期，又可切段繁殖，以获得足够多的脱毒瓶苗。

2. 生根培养

（1）生根培养基的配制及灭菌。按照配方配制生根培养基，分装于 250mL 培养瓶中，每瓶 100mL，封口，包扎。与其他接种器具一起常规灭菌。

（2）生根培养。当继代瓶苗长至 6～7 个节间，单节切段。每个培养瓶接种 5 棵苗，经 5d 左右生根，幼芽长出 10d 后能长成带 2～3 片叶的小苗。

3. 驯化移栽

（1）壮苗。将瓶苗移出培养室，放在散射光处。打开瓶塞，注入少量的自来水使其逐渐适应自然环境，经过 1 周左右的锻炼即可移栽。

（2）基质。基质要求质地疏松，通气性能好。一般用消过毒的蛭石、草炭、珍珠岩、腐殖土及沙子作基质。为了补充养分，可加入磷酸二铵、硫酸钾或氮磷钾复合肥

马铃薯脱毒苗继代技术

及铁、镁、硼等元素。将基质平铺至厚 10～12cm，浇湿或浸湿。

（3）移栽。洗净瓶苗根部的培养基，按株距 3cm、行距 4～5cm 进行移栽。用渗透法浇苗的基部，避免出现积水。移栽完毕用塑料薄膜覆盖，保持湿度。

（4）管理。移栽 1 周后苗成活，去掉薄膜，进行常规管理。根据苗情每隔 1～2d 喷浇 1 次小水，苗弱可喷营养液，苗徒长可喷多效唑或矮壮素。60d 即可收获 1 次小薯，称为原原种。

 评价考核 >>>

脱毒马铃薯种苗的快速繁殖技术评价考核标准参照表 8-7 执行。

表 8-7 脱毒马铃薯种苗的快速繁殖技术考核标准

考核内容	考核标准	分值 （满分 100）	自我 评价	教师 评价
培养基配制、分装、包扎及灭菌	参照表 4-1	20		
继代增殖培养	参照表 4-3	15		
生根培养	参照表 4-3	15		
驯化移栽	参照表 4-3	15		
现场整理	工作台面清洁，物品清洗，按要求整理归位	5		
实训报告	参照表 3-1	10		
能力提升	参照表 3-1	10		
素质提升	参照表 3-1	10		

任务二　甘薯脱毒与快速繁殖技术

 任务目标 >>>

1. 能正确对甘薯进行茎尖剥离脱毒处理。
2. 能对甘薯脱毒苗进行快速繁殖培养。
3. 掌握甘薯脱毒种薯的快速繁殖技术。

 任务分析 >>>

甘薯是重要的粮食、饲料和工业原料作物。中国是世界上最大的甘薯生产国，种植面积和总产量分别约占世界的 70% 和 85%，年种植面积约 $6×10^6 hm^2$，总产量达 $1.1×10^{12} kg$。由于甘薯是无性繁殖作物，在栽培过程中易受病毒危害，一旦感染很难去除，病毒病是影响甘薯产量和品质的主要因素之一。中国每年因甘薯病毒病造成的损失高达 40 亿元。国内外迄今尚未育出高抗病毒病的甘薯品种，也无防治病毒病的高效农药，因此利用茎尖分生组织培育脱毒甘薯苗是目前国际上防治甘薯病毒病、提高甘薯产量和品质的有效方法。

相关知识 >>>

一、甘薯茎尖剥离脱毒技术

侵染甘薯的病毒有十多种，如甘薯羽状斑驳病毒（SPFMV）、甘薯潜隐病毒（SPLV）、甘薯花椰菜花叶病毒（SPCLV）、甘薯脉花叶病毒（SPVMV）等。甘薯病毒往往呈复合侵染，造成种性退化、品质和产量降低。目前世界上甘薯病毒尚无有效的药剂可供防治，只有通过茎尖分生组织培养这项生物技术才能将病毒彻底去除。

由于甘薯茎尖分生组织细胞新陈代谢旺盛，病毒无法控制寄主的蛋白合成，且分生组织中生长激素浓度较高，也阻碍病毒的复制，从而使病毒无法繁殖，离茎尖愈近病毒浓度愈低，所以病毒极少或没有侵染茎尖分生组织。从薯块上切取 0.2～0.4mm 茎尖，其培养出的瓶苗极少有病毒感染。经过指示植物嫁接法或酶联免疫吸附法进行病毒检测可获得甘薯无毒苗。20 世纪 70 年代末，我国开始利用甘薯茎尖培养获得脱毒植株，大幅度提高了甘薯的产量和品质，现已在生产上广泛应用。

1. 材料选择与处理　选择适宜当地的高产、优质或有特殊用途的生长健壮甘薯品种作为母株，取枝条，剪去叶片，切成带一个腋芽或顶芽的若干个小茎段，用流水冲洗数分钟后用 75% 酒精处理 30s。再用 0.1% 的氯化汞溶液消毒 10min，最后用无菌水冲洗 5 次；或用 2%～10% 的次氯酸钠溶液消毒 5～15min，用无菌水冲洗 3 次。

2. 茎尖剥离与培养　把消毒好的芽放在解剖镜下，用解剖刀剥去顶芽或腋芽上较大的幼叶，切取长 0.3～0.5mm、有 1～2 个叶原基的茎尖分生组织，接种在培养基上。

3. 培养基　较理想的培养基为：MS＋IAA 0.1～0.2mg/L＋6-BA 0.1～0.2mg/L＋蔗糖 3%。加入 GA 0.05mg/L 会对茎尖生长和成苗有促进作用，pH 5.8～6.0。

4. 培养条件　温度在 25～28℃，光照度为 1 500～2 000lx，光照时间为 14h/d。一般培养 10d 左右茎尖膨大并转绿，20d 左右茎尖形成长 2～3mm 的小芽点，且在茎部逐渐形成绿色的愈伤组织。这时应将培养物转入无激素的 MS 培养基上，阻止愈伤组织继续生长，使小芽生长和生根。

二、脱毒鉴定技术

1. 甘薯病毒症状学诊断法（目测法）　甘薯病毒病为系统感染，薯苗薯块均可带病毒。薯叶上的主要症状有翠绿斑点、花叶、皱缩、明脉、脉带、紫色斑、枯斑、卷叶等；薯块上的主要症状为薯块表面褐色裂纹，排列成横带状或薯块完好而内部薯肉木栓化，剖视薯块可见肉质部有黄褐色斑块。此法只能做初步诊断，因为甘薯病毒症状受病毒种类、甘薯品种、生长阶段、环境条件等影响而复杂多变，且有的为隐性症状。

2. 指示植物检测法　将症状可疑的茎尖苗剪成上、下两部分，上部分继续扦插，下部作接穗嫁接在指示植物巴西牵牛上，15d后出现病毒症状的说明可疑茎尖苗未脱毒。也可用茎尖苗叶片汁液摩接苋色藜或昆诺藜，出现枯斑的为带毒苗。

3. 电子显微镜检测法 免疫电镜：将覆Formvar膜的铜网放于抗血清液滴上孵育30min（37℃），用磷酸缓冲液（PBS）冲洗，吸干，负染3min，置于电镜下观察。普通电镜：将覆膜的铜网扣于检测样品液滴上，孵育5min，用PBS冲洗；在双氧铀液滴上孵育5min，用PBS冲洗，置于电镜下观察。

4. 血清学检测法 用待检测的茎尖苗叶片制样，用几种病毒的抗血清做琼脂双扩散（SDS）、酶联免疫（ELISA）或斑点酶联免疫（Dot-ELISA）检测，呈阳性反应的为带毒苗。

三、甘薯无病毒苗的快速培养技术

对来自不同品种和茎尖的瓶苗严格按株系序号进行初级快繁，便于病毒的检测。当瓶苗长到3～6cm时，将小株切段进行短枝扦插，除顶芽带1～2片展开叶外，其余全部切成1节1叶的短枝。转接于培养瓶内，繁殖条件同茎尖培养。经2～3d切段茎部即产生不定根，30d左右具有6～8片展开叶。

繁殖脱毒苗一般以30～40d为1个繁殖周期（1代），1个腋芽可长出5片以上的叶，培养基可用1/2MS（大量元素）甚至1/4MS的大量元素，用砂糖代替蔗糖，温度在28～30℃，pH 4.6～7.0，自然光照，用自来水代替蒸馏水或无离子水。

四、甘薯脱毒种薯快速繁殖技术

（一）脱毒甘薯的种代划分

在网室或防虫温室内炼苗，然后移至蛭石、河沙等基质中，成活后连根拔出，栽入已消毒的土壤中，缓苗后薯苗迅速生长，之后定植（10d左右）剪秧扦插，以苗繁苗，短期内可获得大量脱毒苗。

1. 原原种薯 用脱毒瓶苗栽植在40目的防虫网室内，当年收获的种薯为原原种薯。

2. 原种薯 用原原种薯块育苗，建立采种圃，从采种圃采苗后夏插，秋季收获的为原种薯。

3. 生产用种薯 春季用原种薯苗建立采种圃，从采种圃采苗夏插后，秋季收获的薯块为生产用种薯。一般可使用12年。

（二）脱毒种薯的栽培条件

1. 原原种田 选择3年内没有种过甘薯的地块，用40目的防虫网室进行隔离。

2. 原种田 选择3年内没有种过甘薯的地块，方圆500m以内不能种植未脱毒甘薯和与甘薯易同期发生蚜虫病害的作物。

3. 生产用种田 选择前茬没有种过甘薯的地块，并设置200m以上的隔离带。

原原种田、原种田、生产用种田宜选择土壤疏松、排水良好、肥力中等的沙壤土地块。生产用种、原种、原原种面积的比例一般为4 000：100：1。

（三）生产技术

一级种薯在500m以内的隔离地带栽种，注意防病虫；二、三级种薯可适当降低标准。小垄单行：株距 70～75cm，行距 20cm。大垄双行：垄距 1.2m，交错栽种 2 行。栽培方法有直栽或斜栽法、水平浅栽法、船底式栽法、钓钩式栽法。

（四）脱毒甘薯大田检测及延迟退化的措施

茎尖脱毒瓶苗种植到田间后还会发生病毒再感染问题。据报道：茎尖培养苗的更新以栽植 3 次为好；脱毒苗栽插周围环境应无传染源，与另一园地隔离 100～400m；为防止病毒再感染，茎尖苗可在网室内进行栽培或利用山间地为采苗地，周围种上巴西牵牛指示植物。

 工作流程 >>>

甘薯脱毒与快速繁殖的工作流程如图 8-1 所示。

技能训练一　甘薯的茎尖脱毒技术

一、训练目的

学习甘薯的茎尖脱毒技术，获得甘薯疑似脱毒苗。

二、材料

1. **材料**　甘薯幼苗。
2. **试剂**　无菌水、0.1％氯化汞溶液等。
3. **器材**　超净工作台、解剖镜、烧杯、剪刀、镊子、解剖针、解剖刀、光照培养架等。
4. **培养基**

初代培养基：MS＋6-BA 1.0mg/L ＋NAA 0.05mg/L＋GA 0.05mg/L ＋蔗糖 3％ ＋琼脂 0.7％，pH 5.8。

继代增殖培养基：MS＋IAA 0.1mg/L＋6-BA 0.1mg/L＋GA 0.05mg/L＋蔗糖 3％＋琼脂 0.7％，pH 5.8。

三、方法步骤

1. **培养基的配制及灭菌**　按照配方配制初代培养基，分装于 100mL 培养瓶中，每瓶30～40mL，封口，包扎。与其他接种器具一起常规灭菌。
2. **外植体选取及预处理**　取生长良好的甘薯植株，剪取茎尖顶端 2～3cm。用流水冲洗 10min。
3. **接种室、接种物品、接种人员、培养瓶的消毒及灭菌**　参照项目四任务一中的技能训练。
4. **外植体消毒**　在超净工作台上用 75％酒精浸泡 30s，再用 0.1％氯化汞溶液消毒 10min，最后用无菌水冲洗 5 次。
5. **茎尖剥离**　在超净工作台的解剖镜下切取带 2 个叶原基、茎尖长度为 0.2～0.4mm 的分生组织，迅速接种到初代培养基上。

6. 封口、标识与整理　参照项目四任务一中的技能训练。

7. 培养　设定培养温度在 25～27℃，光照时间 14h/d，光照度 2 000～3 000lx，置于培养室进行培养。

8. 继代增殖培养基的配制　按照配方配制继代增殖培养基，分装于 250mL 培养瓶中，每瓶 100mL。封口，包扎。与其他接种器具一起常规灭菌。

9. 继代增殖培养　参照本项目任务一中的技能训练一。

10. 观察　定期到培养室中观察茎尖的生长状况，及时清理污染，并做好记录。

技能训练二　脱毒甘薯种薯快速培养技术

一、训练目的

学习快速繁殖被鉴定脱毒的甘薯种苗，获得批量脱毒甘薯种苗。

二、材料

1. 材料　脱毒甘薯生根瓶苗。

2. 基质及试剂　蛭石、河沙等。

3. 器具　盘苗床或育苗塑料钵、遮阳网、喷壶、喷雾器、镊子等。

三、方法步骤

1. 继代增殖培养基的配制　参照本项目技能训练一中的相关内容进行操作。

2. 脱毒苗增殖培养　经病毒检测确定脱毒的瓶苗长到 3～6cm，除顶芽一般带 1～2 片展开叶外，其余全部切成 1 节 1 叶的短枝，切段继续转接于增殖培养基中培养，培养条件同初代培养。经 2～3d 切段茎部产生不定根，30d 左右具有 6～8 片展开叶。一般 30～40d 为 1 个繁殖周期（1 代），1 个腋芽可长出 5 片以上的叶。

3. 壮苗　将瓶苗移出培养室，放在散射光处。打开瓶塞，注入少量的自来水使其逐渐接近自然环境，经过 1 周左右的锻炼即可移栽。

4. 基质（土壤）的准备　基质（土壤）要求质地疏松、通气性能好。一般用消过毒的蛭石、河沙作基质。将基质平铺至厚 10～12cm，浇湿或浸湿。

5. 移栽　洗净瓶苗根部的培养基，栽入基质中。渗透法浇苗的基部，不要有积水出现。移栽完毕用塑料薄膜覆盖，保持湿度。成活后连根拔出，栽入已消毒的土壤中，缓苗后薯苗迅速生长，之后定植（10d 左右）剪秧扦插，以苗繁苗，短期内可获得大量脱毒苗。

6. 管理　移栽 1 周后苗成活，去掉薄膜进行常规管理。根据苗情，每隔 1～2d 喷浇 1 次小水，苗弱可喷营养液。

 评价考核 >>>

脱毒甘薯种薯快速培养技术的评价考核参照表 8-8 执行。

表8-8 脱毒甘薯种薯的快速培养技术考核标准

考核内容	考核标准	分值 （满分100）	自我 评价	教师 评价
培养基配制、分装、 包扎及灭菌	参照表4-1	25		
继代增殖培养	参照表4-3	20		
驯化移栽	参照表4-3	20		
现场整理	工作台面清洁，物品清洗，按要求整理归位	5		
实训报告	参照表3-1	10		
能力提升	参照表3-1	10		
素质提升	参照表3-1	10		

任务三 大蒜脱毒与快速繁殖技术

 任务目标 >>>

1. 掌握大蒜脱毒培养的基本方法。
2. 能正确对大蒜茎尖脱毒进行培养。
3. 能对大蒜用形态鉴定和指示植物法进行快速病毒检测。
4. 能初步学会大蒜快速繁殖的基本技术。

 任务分析 >>>

大蒜属百合科葱属，原产于亚洲西部高原，在我国已有2 000余年的栽培历史，分布很广。大蒜品种资源多，具有杀菌、防癌功效，蒜薹又是高档蔬菜，是我国重要的出口蔬菜之一。目前在大蒜生产上存在的主要问题是病毒造成的品质退化，导致产量下降，大大降低了商品价值。大蒜用鳞茎无性繁殖，易感染病毒病。大蒜病毒的种类较多，主要有大蒜花叶病毒（GMV）、大蒜潜隐病毒（GLV）、洋葱黄矮病毒（OYDV）、韭葱黄条病毒（LYSV）等，受病毒侵染的植株经无性繁殖器官传至下一代。病毒随繁殖代数增加而绵延不绝，日益增殖，结果导致大蒜种性退化，品质和产量下降，甚至使一些珍稀品种濒临绝灭。应用组织培养技术脱毒可清除植株营养体的病毒，并由已祛除病毒的组织再生出无毒植株，进一步扩大繁殖，应用于生产，是目前最有效的防治大蒜病毒病的方法。现今大蒜的病毒已经遍及全球，严重威胁着大蒜的生产，因此用脱毒与快繁技术提高产量、改善品质已成为大蒜生产中亟需解决的问题。

 相关知识 >>>

一、大蒜脱毒培养技术

（一）茎尖培养脱毒技术

病毒在大蒜鳞茎中分布不均匀，在感染植株体内，顶端分生组织一般无病毒或数量极少，在较老的组织中，病毒数量随分生组织到顶端距离的增加而增加。因此，切取种蒜长 0.2～0.5mm 的茎尖分生组织，经过愈伤组织诱导，胚状体分化后再进行培养，则可获得无病毒苗。

选优良品种的鳞茎在 4℃下贮藏 30d 左右打破休眠，蒜瓣表面消毒后剥取长 0.2～0.9mm、带 1 个或不带叶原基的茎尖，接种在附加不同激素（6 - BA、NAA、KT、IAA）的培养基上。

1. 培养基　培养基可以是 MS、B5 或 LS 等。培养基含蔗糖 30g/L、琼脂 8g/L、pH 5.8～6.0。B5 培养基比 MS、LS 效果好。

2. 培养条件　培养温度（25±1）℃，光照度 1 200～2 000lx，光照时间 12h/d，相对湿度 60％以上。培养 40d 后开始分化，形成侧芽，100d 后形成丛生芽。增殖芽数因基因型和培养基的激素水平而异。

3. 激素种类和浓度　单独使用 6 - BA、KT 对茎尖成苗和不定芽增殖有明显作用，且随着浓度的增加不定芽数增多。

4. 无机盐　适当调整无机盐成分如 Co^{2+}、Cu^{2+}、K^+、Ca^{2+} 的浓度，可以促进茎尖分生组织的生长、分化。

（二）花序轴培养脱毒技术

花序轴顶端分生组织具有很强的腋芽萌发潜力。当大蒜进入生殖生长期后，晴天到田间采摘蒜薹总苞段，用 75％酒精表面消毒 1min，再用 0.1％的氯化汞溶液消毒 10～12min，最后用无菌水冲洗 4～5 次。剥去外层苞叶，横切花序轴顶部，去除花茎部分，将花序轴接种在固体培养基上，花序轴初代培养基为 B5＋NAA 0.1mg/L＋6 - BA 2.0mg/L，pH 6.5；继代增殖培养基为 MS＋6 - BA 2.0mg/L＋NAA 0.1mg/L＋GA 30.05mg/L＋蔗糖 20g/L，pH 6.2。花序轴培养需要较高的 pH 和较高浓度的细胞分裂素。

（三）茎盘培养脱毒技术

将带有茎盘的鳞茎基部切成立方体小块，放入 75％酒精中浸泡消毒 50s。去掉贮藏叶和营养叶，剩下约厚 1cm 的茎盘，将每个茎盘分成 4 份，接种到 LS 固体培养基上，置于温度 25℃、光照度 3 000lx、光照时间 16h/d 条件下培养。1 周后茎盘外植体表面出现多个圆顶结构，并长出愈伤组织，2 周后分化出绿苗，3 周后茎长至 1cm 左右。茎盘培养有以下特点。

（1）分化效率高。其他方法 1 个外植体一般只能分化出 5～6 个芽，而 1 个茎盘可分化出 15 个芽。

（2）周期短。3 周后以茎盘为外植体在其表面可直接分化出多个小鳞茎。

（3）鳞茎的分化不需添加任何生长调节物质。

茎盘圆顶培养脱毒是在茎盘培养脱毒的基础上进行的。在茎盘培养早期，茎盘表面长出多个圆顶状结构，在相同环境条件下将圆顶结构分离并接种到 LS 固体培养基上，具有较高的繁殖效率，每个小鳞茎可产生 15～20 个无毒苗，且无毒有效期在 3 年以上。

（四）体细胞胚胎发生脱毒

利用体细胞胚发生途径来繁殖大蒜，具有数量多、速度快、结构完整、遗传性状稳定等优点。目前，从大蒜的茎尖、茎尖周围组织、叶原基、幼嫩叶、成熟叶、花梗、花药、根尖、茎盘等几乎所有组织器官的离体培养都可以获得愈伤组织。在适宜的培养基上可获得体细胞胚和再生植株。

二、大蒜无病毒苗鉴定技术

应用茎尖组织培养技术获得的再生瓶苗经检测确认不带洋葱黄矮病毒（OYDV）、大蒜普通潜隐病毒（GCLV）才确认是脱毒苗。可先用形态观察法和指示植物鉴定法进行初步检测，再根据《脱毒大蒜种蒜（苗）病毒检测技术规程》（NY/T 405—2000）和《脱毒马铃薯种薯（苗）病毒检测技术规程》（NY/T 401—2000）中的附录 A 的检则方法进行更精确的检测。

1. 形态观察法 大蒜病毒病主要表现出花叶、扭曲、矮化、褪绿条斑和叶片开裂等症状。根据这些症状在田间的表现直接剔除病株。

2. 指示植物鉴定法 鉴定大蒜病毒用的寄主主要是茄科、藜科、十字花科和百合科等植物。这些植物分别对某种病毒有专一性的化学反应。将移栽成活的瓶苗先目测确定带病植株，拔掉病株，对无病毒植株多点随机取样，分株采集叶片，研磨提取液，分别涂抹于指示植物的叶片上，再用过 600 目筛的金刚砂轻轻摩擦。2 周后观察结果。

三、大蒜无病毒苗快速繁殖技术

1. 鳞茎盘培养繁殖 将大蒜脱毒苗在鳞茎盘上部 1cm 处切去假茎及叶片，在贴近鳞茎盘底部切去木栓化组织（0.2~0.3mm），将切好带鳞茎盘的苗基部接种到 MS＋6-BA 0.1~3mg/L＋NAA 0.1~0.3mg/L 的培养基上进行培养；温度（23±2）℃、光照度 1 000~3 000lx、光照时间 14~16h/d、空气湿度 50%~60%，自然通风。培养4~6 周，1 个苗段即可得 3~6 株的芽簇块。将芽簇块分割成含 1~2 个芽的小块，然后进行继代增殖培养。

2. 大蒜茎尖培养繁殖 无菌条件下剥离脱毒大蒜植株的花端未分化分生组织或组织块，将带有 1~2 个叶原基的芽接种到 MS＋6-BA 0.1~3mg/L＋NAA 0.1~0.3mg/L 培养基上进行培养。培养条件同上。培养 4~6 周可得脱毒苗或芽簇块。

3. 微型鳞茎培养繁殖 将鳞茎盘培养繁殖的脱毒苗接种到 B5＋6-BA0.1~0.5mg/L＋NAA0.1~1.0mg/L＋蔗糖 5%~12% 的培养基上，培养条件同上，培养3~4 周即可获得脱毒苗。培养 3~4 周，脱毒苗基部开始膨大，形成微型鳞茎，再按鳞茎盘培养或大蒜茎尖培养的方法进行扩繁。

4. 后续培养 将长出的幼芽转入增殖培养基，增殖 2~3 代再转入生根培养基，生根后可移栽到温室或大棚。移栽前打开瓶口，加入一定量的自来水，使其由无菌状态变为有菌状态，炼苗时间为 1d，直接栽到温室的土壤中，浇足水即可成活。

5. 生产用种的繁殖 富含有机质、疏松的沙壤土适于大蒜的栽培。耕层在 20~30cm，每 667m² 含施腐熟的有机肥 5 000~8 000kg。可畦作也可垄作。畦作一般畦宽 1.0~1.5m、长 6~10m，每畦栽 5~7 行；垄作又分大垄双行（行距 50cm，垄上开沟，种 2 行）和小垄单行（行距 25cm，垄上开沟，种 1 行）。沟深 10cm，每 667m² 种植 3.0 万~3.5 万株，播深 6~7cm，出苗后进行田间管理，蒜头收刨前 5~

6d 停止浇水，及时防治病虫害，收获后 20～30 株捆成一捆，晾晒。

 工作流程 >>>

大蒜脱毒与快速繁殖的操作流程可参照图 8-1 所示。

技能训练一　大蒜鳞茎盘培养脱毒技术

一、训练目的

学习大蒜鳞茎盘培养脱毒技术，获得大蒜疑似脱毒苗。

二、材料

1. 材料　大蒜。

2. 试剂　无菌水、75%酒精等。

3. 器具　超净工作台、解剖镜、烧杯、剪刀、镊子、解剖针、解剖刀、光照培养架等。

三、方法步骤

1. 配制诱导培养基　LS 培养基（LS 培养基与 MS 培养基类似，去掉了甘氨酸、盐酸吡哆醇和烟酸）含蔗糖 30g/L、琼脂 6g/L、6-BA0.1mg/L，pH 5.8，按照配方提前配制所需培养基，并及时灭菌。

2. 选材处理与接种　选饱满无病变的大蒜，置于 4℃冰箱进行催芽处理 45d。去掉蒜皮。将蒜瓣清洗干净，除去多余的鳞茎，留有茎盘和厚 5mm 的鳞茎。在超净工作台上用 75%酒精消毒 30～60s，用无菌水冲洗 1 遍，然后用 0.1%氯化汞溶液消毒 10min，无菌水冲洗 4～5 次。接种前先用无菌滤纸轻轻地吸干表面的水分，然后用解剖刀去除基部褐色蒜踵，去除鳞茎，将茎盘切割成厚 1mm 的 4 个小块，迅速接种到诱导培养基上。

3. 培养　设置培养条件：温度 23～27℃，光照时间 16h/d，光照度 3 000lx。培养 4～6 周即可得脱毒苗或芽簇块。观察生长状况并做好记录。

技能训练二　大蒜无病毒苗培养繁殖技术

一、训练目的

学习大蒜无病毒苗培养繁殖技术，获得无病毒苗群体。

二、材料

1. 材料　大蒜脱毒苗。

2. 基质　蛭石。

3. 器具 盘苗床或育苗塑料钵、遮阳网、喷壶、喷雾器、镊子等。

三、方法步骤

1. 继代增殖培养 将芽簇块分成带 1～2 个芽、高 1cm 的小块，基部要带一部分茎盘，接种到无菌继代增殖培养基 LS＋6－BA2.0mg/L＋NAA 0.2mg/L 上进行培养。培养条件不变。

2. 生根和微鳞茎诱导培养 将继代培养 3cm 以上的不定芽转接到生根和诱导微鳞茎无菌培养基 1/2MS＋NAA 0.1mg/L ＋IAA 0.5mg/L 上诱导培养。培养温度为 15℃。

3. 壮苗 将瓶苗放在有散射光处，打开瓶塞，注入少量的自来水使其逐渐接近自然环境，经过 1 周左右的锻炼即可移栽。

4. 移栽 洗掉根部培养基，将诱导长出 3～4 条根、带有微鳞茎的瓶苗移栽到装有灭菌蛭石的营养钵内。为防治蚜虫传染病毒，营养钵应放置在防虫网室。

5. 管理 成活后根据苗情每隔 1～2d 喷浇 1 次小水，苗弱可喷营养液。

 评价考核 >>>

大蒜无病毒苗培养繁殖技术评价考核标准参照表 8－7 执行。

任务四 生姜脱毒与快速繁殖技术

 任务目标 >>>

1. 掌握生姜脱毒培养的基本方法。
2. 能科学合理地对生姜茎尖进行脱毒培养。
3. 初步学会生姜快速繁殖的基本技术。

 任务分析 >>>

生姜为姜科多年生草本植物，是药食两用经济作物。由于长期进行无性繁殖，栽培姜已普遍受病毒侵染，导致生姜种性退化、产量和品质下降，减产幅度可达 30％～50％。生姜病毒病目前还没有药剂可以防治，因此，病毒病成为生姜创高产、获得高效益的主要障碍。侵染生姜的主要病毒是烟草花叶病毒（TMV）和黄瓜花叶病毒（CMV）。通过组织培养技术，可以对生姜脱毒，提高品种的增产潜力和自身抗逆性，减少损失。

 相关知识 >>>

一、生姜脱毒培养技术

（一）茎尖培养脱毒

将姜块置于花盆内，用经 50％多菌灵可湿性粉剂 800 倍液浸泡处理的细沙进行衬底和覆盖，然后置于室温在 20～25℃的培养室中培养。当芽长到 1～2cm 时，用刀片切取 1cm 茎尖，在超净工作台上用 0.1％氯化汞溶液消毒 7min，再用无菌水冲洗 3～5 次。在解剖镜下剥离茎尖，切取带 1～2 个叶原基、长 0.1～0.3mm 的茎尖，接种到 MS 培养基上，加蔗糖 3％、琼脂 0.5％，激素 KT 1.0mg/L、NAA 1.0mg/L，pH 5.8。培养温度在（26±2）℃，光照时间 12h/d，光照度 4 000lx。当茎尖萌芽长到高 3～5cm、具有 4～5 片叶时，基部留 0.5～1.0cm，其余剪下。留下的部分转接到相同培养基上，剪下的茎、叶用来检测瓶苗的脱毒情况，做好标记，以备后用。

（二）热处理与茎尖培养相结合脱毒

将生姜芽洗净，浸入 50℃无菌水中热处理 5min，杀死部分病毒。在无菌条件解剖镜下切取分生组织上 0.2～0.3mm 的生长点，迅速接种到诱导培养基 MS＋6－BA 2.0mg/L＋IAA 0.2mg/L 上，在 25℃下暗培养。待长出愈伤组织后转为光培养，接种到分化培养基 MS＋6－BA 1.0mg/L＋IAA 0.1mg/L 上，不久即产生丛生芽及绿苗，再将绿苗接种到生根培养基 1/2 B5＋IAA 0.2mg/L 上进行生根培养。20d 后待根长至 2～5cm 时即可炼苗移栽，成活率可达 95％以上。

二、生姜无病毒苗鉴定技术

应用茎尖组织培养技术获得的再生瓶苗经检测后确认不带烟草花叶病毒（TMV）、黄瓜花叶病毒（CMV），才确认是脱毒苗。

1. 目测法 利用脱毒苗和带毒苗在形态、生长势等植物学特征上的差异来鉴别。脱毒苗生长快，健壮，叶片平展，叶色浓绿，不带皱纹。带毒苗生长势弱，叶片卷曲，叶色淡且出现花叶斑纹、局部枯斑、褪绿斑点等。

2. 指示植物检测法 取脱毒瓶苗，剪下茎、叶，置于消毒的研钵中，加入适量缓冲液（PBS 0.05mol，pH 7.0，巯基乙醇 0.1％）研磨。接种到无毒指示植物上，置于防虫网室或温室内培养，经 3～4d 观察记录。发现有系统花叶（SM）、局部枯斑（LM）、褪绿斑（CHL）等症状，表明未脱毒。指示植物有心叶烟、曼陀罗、苋色藜、昆诺藜等。

3. 斑点酶联免疫吸附（Dot－ELISA）检测法 按《脱毒生姜种姜（苗）病毒检测技术规程》（NY/T 404—2000）和《脱毒苗的检测应按脱毒甘薯种薯（苗）病毒检测技术规程》（NY/T 402—2000）中附录 A 执行。

三、生姜无病毒苗快速繁殖技术

1. 分割丛生苗 将检测无毒的瓶苗茎、叶所对应的留用瓶苗丛生苗分割成单株，重新接种到新的培养基 MS＋KT 2.0mg/L＋NAA 0.5mg/L＋蔗糖 5％＋琼脂 0.5％（pH 6.5）上进行繁殖。

2. 培养条件 光照度 4 000lx，光照时间 12h/d，温度 26℃。姜瓶苗很容易生根，但不同培养基上产生根的数量、质量不同。当培养基中含有 KT 和 NAA 时，外植体体积膨大快，愈伤组织分化多，由白转绿时间短，成芽数多。

3. 移栽 瓶苗在生根培养基上培养 30～40d，当根长到 2～3cm 时，移入温室炼苗移栽。炼苗移栽分为瓶内炼苗和基质炼苗两个阶段：瓶内炼苗阶段最适宜的光照度是

15 000~25 000lx，炼苗时间在 5~20d；育苗盘基质炼苗基质以蛭石：珍珠岩＝1：1 为好，成活率在 67％左右。

4. 组培脱毒生姜种代级的划分 脱毒生姜种划分为 3 代，1 代脱毒种为原原种，即在网室条件下用瓶苗生产的姜种；2 代脱毒种为原种，即用脱毒姜原原种在隔离条件下生产的姜种；3 代脱毒种为生产种，即用脱毒姜原种在隔离条件下生产的姜种。第 3 代脱毒种可在生产中推广，有效期为 3 年，3 年后需要换 1 次 3 代种。

5. 原种圃和生产种繁育基地 原种圃和生产种繁育基地是两级繁种田，必须保证无病、无毒生产。一般采取以下措施：①选择凉爽地区繁种。地处海拔 850m 的山地夏季凉爽、土壤不积水、通透性好，病毒不易发生和传播。②严格管理措施。基肥使用发酵的羊圈粪和豆饼，追肥用豆饼和化肥配比使用，浇水使用无污染水源，及时喷农药预防害虫。③原种种植密度每 667m² 种植大姜 7 400 株，种植小姜 8 200 株。

 工作流程>>>

生姜脱毒与快速繁殖的工作流程如图 8-1 所示。

技能训练一　生姜茎尖培养脱毒技术

一、训练目的

学习生姜茎尖培养脱毒技术，获得疑似脱毒苗。

二、材料

1. 材料 生姜。

2. 试剂 无菌水、50％多菌灵可湿性粉剂、0.1％氯化汞等。

3. 器具 超净工作台、解剖镜、烧杯、剪刀、镊子、解剖针、解剖刀、光照培养架等。

三、方法步骤

1. 配制培养基 MS＋KT 1.0mg/L＋NAA 1.0mg/L＋蔗糖 3％＋琼脂 0.5％，按照配方配制所需培养基，分装于 100mL 培养瓶，每瓶 30~40mL，封口，包扎。与其他接种器具一起常规灭菌。

2. 选材与处理 将自来水流水冲洗干净并晾干的姜块置于花盆内，用经 50％多菌灵可湿性粉剂 800 倍液浸泡处理的细沙进行衬底和覆盖，置于室温 20~25℃下培养。当芽长到 1~2cm 时，在超净工作台上用刀片切取 1cm 茎尖。用 0.1％氯化汞溶液浸泡 7min，之后用无菌水冲洗 3~5 次。

3. 茎尖剥离与接种 在超净工作台上的解剖镜下剥离茎尖，切取带 1~2 个叶原基、长 0.1~0.3mm 的茎尖，接种到培养基上。

4. 培养 设定培养温度（26±2）℃，光照时间 12h/d，光照度 4 000lx。

当茎尖萌芽长到 3～5cm、具有 4～5 片叶时，从基部留 0.5～1.0cm，其余剪下，留下部分转接到相同培养基上，剪下的茎叶用作检测瓶苗的脱毒情况。

技能训练二　生姜无病毒苗培养繁殖技术

一、训练目的

学习生姜无病毒苗培养繁殖技术，获得无病毒苗群体。

二、材料

1. 材料　生姜脱毒苗。

2. 基质及试剂　蛭石、珍珠岩、腐殖土、草炭、沙子、50％百菌清可湿性粉剂等。

3. 器具　盘苗床或育苗塑料钵、遮阳网、喷壶、喷雾器、镊子等。

三、方法步骤

1. 继代增殖培养基的配制　按照配方 MS＋KT 2.0mg/L＋NAA 0.5mg/L＋蔗糖 5％＋琼脂 0.5％，pH 6.5，配制继代增殖培养基，分装于培养瓶中，封口，包扎。与其他接种器具一起常规灭菌。

2. 脱毒苗增殖培养　经病毒检测确定脱毒的瓶苗株系丛生苗分割成单株后，再将其茎从基部 0.5～1.0cm 处剪掉并去根，剩余的微型姜块转接于快繁培养基上进行繁殖。设置光照度 4 000lx，光照时间 12h/d，在 26℃温度条件下进行培养。

3. 壮苗　当根长到 2～3cm 时，将瓶苗移出培养室，光照度为 20 000～28 000lx，打开瓶塞注入少量的自来水使其逐渐接近自然环境，经过 1 周左右的锻炼即可移栽。

4. 基质（土壤）的准备　基质（土壤）要质地疏松，通气性能好。一般用消过毒的蛭石、河沙作基质。将基质平铺至厚 10～12cm，浇湿或浸湿。

5. 移栽　洗净瓶苗根部的培养基，栽入基质中。渗透法浇苗的基部不要有积水出现。移栽完毕用塑料薄膜覆盖，保持湿度。成活后连根拔出，栽入已消毒的土壤中，短期内可获得大量脱毒苗。

6. 管理　苗成活后去掉薄膜进行常规管理。根据苗情每隔 1～2d 喷浇 1 次小水，苗弱可喷营养液。

评价考核 >>>

生姜无病毒苗培养繁殖技术评价考核标准参照表 8-7 执行。

任务五　草莓脱毒与快速繁殖技术

任务目标 >>>

1. 掌握草莓茎尖脱毒培养的一般操作步骤。

2. 能正确进行草莓微茎尖剥离操作技术。

3. 能对草莓微茎尖进行培养。

4. 能初步学会草莓花药培养的步骤。

 任务分析 >>>

草莓是蔷薇科草莓属多年生草本植物，为重要的浆果植物，分布很广，总产量仅次于葡萄，在浆果类中居世界第二位。由于草莓主要进行无性繁殖（匍匐茎繁殖和分株繁殖），效率低，不利于优良品种的推广，且长期无性繁殖易积累多种病毒，致使产量下降、品质变劣。利用组织培养生产种苗可在短时间内提供大量整齐一致的良种苗和脱毒苗，同时还能培育出抗病高产良种。

 相关知识 >>>

一、草莓的脱毒技术

草莓的主要病毒病有草莓斑驳病毒（SMoV）、草莓皱缩病毒（SCrV）、草莓镶脉病毒（SVBV）、草莓轻型黄边病毒（SMYEV）等。此外，草莓也受树莓环斑病毒、烟草坏死病毒、番茄环斑病毒等的侵染。草莓病毒病表现症状大致可分为黄化型和缩叶型两种。

（一）热处理脱毒

采用恒温或变温的热空气处理脱毒，效果较好。栽种在特定容器内生长 1～2 个月，其根系健壮生长，带有成熟叶片的草莓苗或由茎尖脱毒的瓶苗放入人工气候室中。每天在 40℃ 下处理 16h，在 35℃ 下处理 8h，一般变温处理 4～5 周，恒温（38℃，湿度在 60%～70%）下处理 12～50d。处理的时间因病毒种类而异，如将草莓苗在 35℃ 下热处理 7d 后逐步升温至 38℃，湿度在 40%～68%、光照度在 4 000～5 000lx 条件下处理 35d 后将新长出的茎尖再进行接种培养，可获得 100% 的脱毒苗。由于草莓植株耐热性较差，苗易死亡，应用比较困难，而用茎尖瓶苗进行热处理脱毒效果较好。

（二）微茎尖培养脱毒

1. 材料选取与处理　在 6—8 月草莓匍匐茎发生最多的时期，选生长健壮、无病虫害的草莓剪取长 3～5cm 的顶梢，去掉叶片，用自来水冲洗 2h。在超净工作台上用 75% 酒精浸泡 30～50s，再用 0.1%～0.2% 氯化汞溶液或 6%～8% 次氯酸钠溶液浸泡 2～10min，最后用无菌水冲洗 3 次。

2. 接种　在解剖镜下剥去幼叶和鳞片，露出生长点，切取长 0.3～0.5mm 且带有 1～2 个叶原基的茎尖生长点接种。初代培养基可用 MS＋6 - BA 0.5mg/L＋GA 0.1mg/L＋IBA 0.2mg/L＋蔗糖 30g/L＋琼脂 7g/L。分化培养和繁殖培养用 MS＋6 - BA 0.5～1.0mg/L＋蔗糖 30g/L＋琼脂 7g/L，pH 5.8～6.0。生根培养基用 1/2MS＋IBA 0.2～1.0mg/L＋蔗糖 30g/L＋琼脂 7g/L 或 1/2MS＋IAA 0.5～1.0mg/L＋蔗糖 30g/L＋琼脂 7g/L。

3. 培养条件　温度 25～30℃，光照度 1 500～2 000lx，光照时间 10h/d，培养

20d 后开始分化丛生芽。

（三）花药培养脱毒

1. 外植体选取处理 春季草莓现蕾时取单核期花蕾（直径为 4mm 左右）于 4～5℃下处理 24h。在无菌条件下将花蕾浸入 75％酒精中 30s，再用 0.1％氯化汞溶液或 10％漂白粉上清液消毒 10～15min，最后用无菌水冲洗 3～5 次。用镊子剥开花冠，小心取下花药放到培养基上。切勿将花丝、花冠等二倍体组织接种。

2. 培养基与继代增殖培养

初代培养基：MS＋6 - BA 1.0mg/L＋NAA 0.2mg/L＋IBA 0.2mg/L＋蔗糖 30g/L＋琼脂 7g/L。

继代增殖培养基：MS＋6 - BA 1.0mg/L＋IBA 0.05mg/L＋蔗糖 30g/L＋琼脂 7g/L。

生根培养基：1/2MS＋IBA 0.5mg/L＋蔗糖 20g/L＋琼脂 7g/L。

一般花药培养 20d 后即可诱导出小米粒状乳白色的愈伤组织。有些品种不经转接，经 50～60d 部分愈伤组织直接分化出绿色小植株。附加 0.1～0.2mg/L 2,4 -滴可提高诱导率和分化率。

3. 培养条件 培养温度 20～25℃，光照度 1 000～2 000lx，光照时间 10h/d。

二、草莓无病毒苗的鉴定

（一）指示植物小叶嫁接鉴定法

常用于草莓病毒检测的指示植物有：EMC 系是从欧洲草莓选出的敏感型指示植物，对斑驳病毒感染性强，对轻型黄斑病毒、草莓镶脉病毒和草莓皱缩病毒的感染也会出现症状；UC 系是从 Frazier 选育出的，有 UC3、UC4、UC5 等；深红草莓中的 King 和 Ruden 是从八倍体野生种选育出的指示植物，用于判断 EMC 系和 UC 系中交叉出现的病毒。

嫁接前 1～2 个月，先将生长健壮的指示植物苗单株栽于盆中，成活后注意防蚜虫。从待测植株上采集幼嫩成叶，去掉两侧小叶，将中间小叶留有 1.0～1.5cm 的叶柄削成楔形作为接穗。同时在指示植物上选取生长健壮的复叶 1 片，剪去中央小叶，在叶柄中间向下纵切 1.0～1.5cm 的切口，将待检测的接穗插入指示植物的切口内，用细线包扎结合部，罩塑料袋，环境温度在 20～25℃，湿度 80％以上。待检测植株如有病毒，则嫁接后 45～60d 在指示植物新展开的叶片、葡萄茎或老叶上出现病症。指示植物检测法用于检测草莓斑驳病毒、草莓皱缩病毒、草莓镶脉病毒和草莓轻黄边病毒。检测草莓病毒的指示植物及症状如表 8-9 所示。

表 8 - 9 检测草莓病毒的指示植物及症状

病毒种类	指示植物	指示植物症状
草莓斑驳病毒	EMC、UC5	叶片斑驳
草莓皱缩病毒	UC5、UC10	叶片皱缩
草莓镶脉病毒	UC6	呈镶脉症状
	UC5	叶片反转

（续）

病毒种类	指示植物	指示植物症状
草莓轻型黄边病毒	UC4	叶片枯死，整株死亡
	UC5	叶片边缘逐渐变成浅黄

（二）双抗体夹心酶联免疫检测法

双抗体夹心酶联免疫吸附检测法用于检测草莓轻型黄边病毒、草莓镶脉病毒。根据《脱毒草莓种苗病毒检测技术规程》（NY/T 406—2000）和《脱毒马铃薯种薯（苗）病毒检测技术规程》（NY/T 401—2000）中附录 A 的检测方法执行。

三、草莓脱毒苗的快速繁殖技术

1. 继代增殖培养 经过微茎尖培养脱毒或经过花药培养脱毒获得丛生芽。将丛生芽切成具有 3～4 个芽的芽丛进行继代增殖培养，经过 3～4 周又可进行继代增殖培养。

2. 生根培养 生根可在培养基上进行也可在瓶外进行。将丛生芽切割开，单个芽接到生根培养基上，培养 4 周后长成高 4～5cm、有 5～6 条根的健壮苗。

3. 炼苗移栽 取出发根幼苗，小心洗去根部的培养基，栽至消毒后的培养土中，在温室内驯化炼苗，每天叶面喷水 3～4 次，经 4～5d 新叶展开，成活后增加光照，使幼苗生长健壮。

4. 匍匐茎繁育 选地势平坦、土质肥沃疏松的地块，多施堆肥，以氮、磷肥为主，将苗畦做成高畦以利于排灌。把偶数节埋入土中（偶数节生长不定根），当小苗长出 4～6 片叶时与母株分离成独立生活的苗。在匍匐茎大量发生期间，采取人工压蔓摘蔓，待匍匐茎布满整个畦面后再发出的匍匐茎应及时摘除，以节省养分。

 工作流程 >>>

草莓脱毒与快速繁殖的工作流程如图 8-1 所示。

技能训练一　草莓微茎尖脱毒培养技术

一、训练目的

学习草莓微茎尖脱毒培养技术，获得疑似脱毒苗。

二、材料

1. 材料 健壮草莓茎尖。

2. 试剂 无菌水、洗洁精、0.1%～0.2%氯化汞溶液或 2%次氯酸钠、75%酒精、废液缸等。

3. 器具 超净工作台、解剖镜、烧杯、剪刀、镊子、解剖针、解剖刀、光照培养架等。

4. 培养基

初代培养基：MS＋6‑BA 0.5mg/L＋GA 0.1mg/L＋IBA 0.2mg/L＋蔗糖 3％＋琼脂 0.8％。

继代增殖培养基：MS＋6‑BA 1.0mg/L＋蔗糖 3％＋琼脂 0.8％。

三、方法步骤

1. 配制培养基 按照配方配制所需培养基，分装于 100mL 培养瓶，每瓶 30～40mL，封口，包扎。与其他接种器具一起常规灭菌。

2. 选材与处理 一般在 6—8 月最适宜。在无病虫害的田块，连续 3～4d 晴天时选取生长健壮、新萌发且未着地的匍匐茎段 3cm 作外植体。用自来水冲洗约 30min，用洗洁精水溶液洗去材料表面的油渍。在超净工作台上用 75％酒精浸泡 30～50s，除去表面的蜡质，倒掉；再放入 2％次氯酸钠溶液浸泡消毒 10～15min，倒掉；最后用无菌水冲洗 3 次，每次约 2min。

3. 茎尖剥离与接种培养 在超净工作台上的解剖镜下将幼叶和叶原基等除去，使生长点露出，切取带 1～2 个叶原基、长 0.3～0.5mm 的生长点，接种在培养基上，每瓶 1 枚茎尖。温度在 23℃左右，光照度 2 000lx，光照时间 12h/d。

4. 继代增殖培养基配制及继代增殖培养 按继代增殖培养基配方配制继代增殖培养基，并灭菌。将茎尖分化的丛生芽切成具有 3～4 个芽的芽丛进行继代增殖培养，经 3～4 周又可进行继代增殖培养。当芽丛长到高 6～8cm 时剪取上部 4～5cm 用于病毒检测，下部 2～3cm 继续继代增殖培养。

技能训练二 草莓花药脱毒培养技术

一、训练目的

学习草莓花药脱毒培养技术，获得疑似脱毒草莓瓶苗。

二、材料

1. 材料 草莓花粉母细胞处于单核期的花蕾（花萼未张开），放入 4℃冰箱中预处理 1～2d。

2. 试剂 无菌水、0.1％氯化汞溶液或 10％漂白粉、75％酒精等。

3. 器具 超净工作台、解剖镜、烧杯、剪刀、镊子、解剖针、解剖刀、光照培养架等。

三、方法步骤

1. 诱导培养基的配制 按照配方 MS＋6‑BA 1.0mg/L＋NAA 0.2mg/L＋IBA 0.2mg/L＋蔗糖 3％＋琼脂 0.8％配制所需培养基，分装于 100mL 培养瓶，每瓶 30～40mL，封口，包扎。与灭菌器具一起常规灭菌。

2. 选材与处理 春季草莓现蕾时，取单核期花蕾（直径为 4mm 左右）于 4～5℃

下处理 24h。在无菌条件下将花蕾浸入 75％酒精中 30s，倒掉再用 0.1％氯化汞溶液或 10％漂白粉上清液消毒 10～15min，最后用无菌水冲洗 3～5 次。

3. 花药剥离与诱导接种培养 用镊子剥开花冠，小心取下花药放到诱导培养基上。切勿将花丝、花冠等二倍体组织接种。设定培养温度在 20～25℃，光照度 1 000～2 000lx，光照时间 10h/d。

4. 继代增殖培养基的配制 按照配方 MS＋6‐BA 1.0mg/L＋IBA 0.05mg/L＋蔗糖 3％＋琼脂 0.6％配制所需培养基，分装于培养瓶，封口，包扎。常规灭菌。

5. 继代增殖培养 将诱导培养的植株切成具有 3～4 个芽的芽丛，转接到继代增殖培养基上进行继代增殖培养，经 3～4 周又可进行继代增殖培养。当芽丛长到 6～8cm 高时，剪取上部 4～5cm 用于病毒检测，下部 2～3cm 继续进行继代增殖培养。

确定无毒的茎尖芽丛可继续进行继代增殖培养，带毒的丢弃或重新从诱导开始培养。

6. 生根前一次的培养基及生根培养基的配制 生根前一次的培养基用 MS＋6‐BA 0.5mg/L，生根培养基用 1/2MS＋IBA 1.0mg/L，添加蔗糖 20g/L、琼脂 6 g/L。配制所需培养基，分装于培养瓶，封口，包扎。常规灭菌。

7. 生根培养 将最后一次继代增殖培养的无毒丛芽切割开，单个芽接到生根前一次培养基上培养。苗高 6～8cm 时剪成 2～3cm 的茎段接种到生根培养基中。

8. 炼苗移栽 当生根培养的瓶苗长至高 4～5cm、有 5～6 条根时，从瓶中取出，小心洗去根部的培养基，栽至经消毒的培养土中。在温室内驯化炼苗，每天叶面喷水 3～4 次，经 4～5d 新叶展开。成活后增加光照，使幼苗生长健壮。

9. 匍匐茎繁育 常规繁殖匍匐茎。

技能训练三　指示植物检测法检测草莓病毒

一、训练目的

学习用指示植物法检测草莓有无病毒，确定无病毒草莓株。

二、材料

备检草莓继代瓶苗、草莓易感品种、花盆、75％酒精、镊子、手术剪等。

三、操作方法

1. 繁育指示植物 采用野草莓中的 UC4、UC5、UC6 及深红草莓中的 UC10 等易感品种（表 8‐9），在防虫条件下将指示植物栽植在花盆中，不断去掉指示植物的匍匐茎，使叶柄加粗，当叶柄直径达到 2 mm 左右时嫁接。

2. 嫁接 以备检草莓瓶苗叶片下半部为接穗，将指示植物剪去中间小叶作为砧木，劈接后置于温度 20～25℃、光照充足的条件下。每个备检草莓瓶苗同时用两种指示植物进行鉴定，各嫁接 3 株指示植物，每株指示植物嫁接 2～3 个备检小叶，并设阴性对照和阳性对照。

3. **管理** 将整株盆栽指示植物罩上塑料袋保湿，每隔 2～3d 换 1 次气，10d 左右去掉塑料袋，并开始分期分批去掉指示植物的成熟未嫁接叶片，以促进幼叶的发生。连续观察30～50d，记录指示植物症状。

4. **阳性判断** 根据指示植物症状确定病毒的有无及其种类。在所有嫁接的指示植物中只要有 1 株表现典型症状，该样品即为阳性。

 评价考核>>>

草莓脱毒与快速繁殖技术评价考核标准参照表 4-1 执行。
草莓花药脱毒培养技术评价考核参照表 4-3 执行。

任务六 香蕉脱毒与快速繁殖技术

 任务目标>>>

1. 掌握香蕉脱毒培养的一般操作步骤。
2. 能正确进行香蕉热处理脱毒操作。
3. 能对香蕉茎尖进行脱毒培养。
4. 能对香蕉脱毒苗进行快速繁殖。

 任务分析>>>

香蕉是世界上主要的水果之一，经济价值高。目前，全世界有 104 个国家生产香蕉，我国主产区为广西、广东、海南、云南和福建等地。香蕉采用无性繁殖，种苗有吸芽苗和组培苗。吸芽苗有褛衣芽（立冬前抽生的吸芽，披鳞剑叶，过冬后部分鳞叶枯死如褛衣）、红笋（春暖后抽生的吸芽，叶鞘红色）和隔山飞（由收获后较久的旧蕉头抽出的吸芽，又称水芽）3 种，以褛衣芽苗为优。香蕉病毒病的发生是影响香蕉种植的主要因素之一，每年病毒病的发生给香蕉生产带来巨大损失。无性繁殖速度慢，病害传播严重。通过组织培养技术可提高繁殖效率，保持优良种性。

 相关知识>>>

一、香蕉的脱毒技术

（一）热处理脱毒
一种方法是将植株置于 38℃ 下处理 20～50d 即可消除病毒。另一种方法是将香蕉的地下球茎经 35～43℃ 湿热空气处理 100d，切取新侧芽上长出的茎分生组织进行培养。分生组织经消毒后，在体视显微镜下剥取带有 1～2 个叶原基的组织，接种于培养基上。培养温度 27℃，连续光照，待分化出芽后将其转至生根培养基上，60d 左右就可诱导出健壮的小苗。

（二）茎尖培养脱毒
取香蕉种苗清洗干净，对表面进行消毒，在体视显微镜下将茎尖外部组织剥离，切取带有 1～2 个叶原基（0.3～0.5mm）的分生组织，接种到 MS 改良培养基＋KT 2.0mg/L 和适量的 6-BA、NAA、0.1％椰汁，pH 5.6～5.8，光照时间 12h/d，光照度 1 000～2 000lx，温度 24～26℃，相对湿度 75％～80％。30d 后长出 1～3 个小芽。

二、香蕉无病毒苗的鉴定、繁殖和保存方法

香蕉病毒的检测对象有香蕉花叶心腐病病原（黄瓜花叶病毒，CMV）、香蕉束顶病病原（香蕉束顶病毒，BBTV）、香蕉线条（条纹）病病原［香蕉线条（条纹）病毒，BSV］。

香蕉病毒的检测方法有酶联免疫吸附法（CMV、BBTV）、多聚酶链式反应（BSV、BBTV）、反转录多聚酶链式反应（CMV）、多重反转录多聚酶链式反应（CMV、BBTV、BSV）和 TTC 检测法。TTC 检测法是将香蕉叶浸渍于 1％的 2, 3, 5-氯化三苯基四氮唑（TTC）溶液中，在 36℃下保温 24h。在显微镜下观察，患束顶病植株的整个叶片切片呈砖红或红褐色，其中维管束呈紫红色，其他组织为红褐色；患花叶心腐病植株的整个叶片呈黑色；无病毒植株的叶片无色。此方法只有当病株体内病毒繁殖到一定数量时才能被检测出来。

三、香蕉无病毒苗的快速繁殖技术

（一）茎尖培养

1. 外植体选取与处理 香蕉的组织培养多采用无病害的吸芽作外植体，取材一般在早春或秋季干旱期进行。材料先用自来水冲洗数分钟，在无菌条件下，用 75％酒精浸泡 1min，用无菌水冲洗 1 遍；再用 0.1％氯化汞溶液或 1％Clorox 溶液（加几滴吐温）消毒 10～15min，然后用无菌水冲洗 3～5 次；最后用无菌滤纸吸干水分。

2. 初代培养 在解剖镜下剥去苞片，露出茎尖，切取 2～10mm 的生长点接种在培养基上培养。接种时切勿倒放，基部切口应插入培养基内。培养基常用 MS 或改良的 MS 基本培养基＋蔗糖 2％～4％＋琼脂 0.5％～0.8％，pH 5.6～6.0，温度（26±1）℃，光照时间 9～16h/d，光照度 1 000～2 000lx。

3. 芽诱导培养 诱导培养基以 MS 上不加生长素或较高浓度的细胞分裂素与较低浓度的生长素结合，加 2.0～5.0mg/L 的 6-BA 为宜。1 周后外植体开始膨大，生长点露白。2 周后叶原基伸长、转绿并开始形成叶片。1 个月后小茎尖形成芽。2 个月后转接，芽苗生长迅速，同时形成较多丛生芽。培养 20～30d 在茎尖基部侧面或表面产生一些微白小突起，之后逐渐增大，进一步分化形成芽。

4. 根诱导培养 香蕉较容易生根，在分化培养基上或不加任何激素的培养基中均能形成带根苗。但一般为了生产壮苗，还是转到生根培养基中诱导生根。这时应降低细胞分裂素的浓度，增加生长素的浓度，再加入适量的活性炭，有利于根的生长。

5. 驯化移栽 当瓶苗长到 4～5cm 高、有 4～5 片叶、根系发育良好时便可移栽。移栽前须炼苗。打开瓶盖，炼苗 3～5d。移栽时洗净根部的培养基，移至营养土∶蛭石为 1∶1 的营养袋中或营养钵内，盖上塑料薄膜保湿，1 周后逐渐通风，直至去膜，经过 30～45d 便可移入大田定植。

（二）热处理茎尖培养

1. 外植体选取与处理　将香蕉置于 38℃下处理 20～50d，取顶芽或侧芽作外植体。无菌条件下切取 5～8cm 带生长点的茎段，用 75％酒精进行表面擦洗消毒。

2. 初代培养　在解剖镜下剥去苞叶，直到露出生长点，切取 0.2～0.3mm 生长点接种于茎尖分化培养基 MS＋6－BA 10mg/L＋椰汁（CM）15％中。经过 4～5 周的暗培养茎尖产生大量丛生芽。6 周后叶片发育完好，最后能形成 3 个以上的芽丛。

3. 继代增殖培养　将初代培养长出的芽丛切成小块，转接至继代增殖培养基 MS＋6－BA 10mg/L 上，诱导腋芽的萌发、生长。培养温度 25℃，光照度 1 000lx，光照时间 16h/d。注意避免和去除由愈伤组织再分化芽，且要严格控制继代次数，以防种性退化。

4. 生根培养　切下继代产生的单芽，接种到生根培养基 MS＋IBA 5mg/L 上或在 Knudson＋NAA 0.1～0.5mg/L 的培养基上诱导生根，2 周后即可长出良好的根系。

5. 炼苗移栽　当瓶苗具有 4～5 片叶、根系发育良好时放到散射光处，带瓶盖炼苗。经 10～15d 即可移入田间定植。

（三）花序轴切片培养

1. 外植体选取与处理　取花序顶端 8～10cm，无菌条件下用 75％酒精消毒 3min，无菌水洗 2 次。切去一端花轴，剥去苞叶，再用 75％酒精浸泡 2min，无菌水冲洗 3 次。

2. 初代培养　两端各切去 4mm，将剩下的嫩白色部分横切成厚 2～4mm 的薄片，然后纵切成数片。接种到 MS 或改良的 MS 培养基上，蔗糖浓度为 2％～4％，pH 5.8～6.0，温度（26±1）℃，弱光培养。1 周后切面逐渐转褐变黑，其皮层转为绿色。1 个月后切片体积增加 4～5 倍，在子房与花序轴结合处，长出许多似芽组织。

3. 芽诱导培养　将初代培养获得的似芽组织置于弱光下进行继代增殖培养，1 个月后发育成为一丛香蕉幼株。

4. 根诱导培养　生根培养基可用 MS 或 1/2MS＋IBA 0.2mg/L～0.4mg/L 或 1/2MS＋NAA 1.0mg/L。强光培养 15～20d 便长成完整的植株。

 工作流程 >>>

香蕉的脱毒与快速繁殖的操作流程与马铃薯相同，如图 8-1 所示。

技能训练　香蕉热处理茎尖脱毒培养技术

一、训练目的

学习香蕉热处理茎尖脱毒技术，获得疑似脱毒苗。

二、材料

1. 材料 香蕉地下球茎。

2. 试剂 无菌水、2%次氯酸钠、75%酒精等。

3. 器具 超净工作台、解剖镜、烧杯、剪刀、镊子、解剖针、解剖刀、光照培养架等。

三、方法步骤

1. 取材与处理 取香蕉的地下球茎，用35～43℃湿热空气处理100d，切取新侧芽上长出的茎分生组织进行培养。

2. 培养基的配制 初代培养基 MS+KT 0.05mg/L+IAA 0.5mg/L、继代增殖培养基 MS+NAA 0.1mg/L、生根培养基 1/2MS+NAA 0.1mg/L 均添加蔗糖3%、琼脂0.8%。按照配方提前配制所需培养基，并及时灭菌。

3. 消毒 除去侧芽上较大的叶片在自来水下冲洗20～30min，剪成单芽茎段。将顶芽或侧芽连同部分叶柄和茎段用75%酒精浸泡30s，无菌水冲洗1次，再经2%次氯酸钠溶液处理8～10min，用无菌水冲洗3～5次。

4. 茎尖剥离及接种 在超净工作台上于解剖镜下剥取带有1～2个叶原基的组织，并迅速接种到诱导培养基上，在24～26℃温度下进行黑暗培养。经过4～5周的暗培养茎尖产生大量丛生芽。

5. 继代增殖培养 初代培养6周后叶片发育完好，最后能形成3个以上的芽丛。将芽丛切成小块转接至继代增殖培养基上，诱导瓶苗腋芽的萌发、生长。培养温度25℃，光照度1 000～2 000lx，光照时间16h/d。

6. 生根培养 腋芽萌发后经过27℃连续光照，转至生根培养基上，60d左右就可诱导出健壮的小苗。

 评价考核 >>>

香蕉热处理茎尖脱毒培养技术评价考核标准参照表4-3执行。

项目九

植物器官、组织与细胞培养技术

 项目背景 >>>

植物组织培养包括器官培养、组织培养、胚培养、茎尖培养、花药培养、细胞培养等类型，已在快速繁殖、脱毒、单倍体育种、种质资源保存、细胞突变体筛选等方面得到广泛运用，其应用领域还在不断拓展、延伸。

 知识目标 >>>

1. 掌握根、茎尖、叶片的初代培养和继代培养技术。
2. 了解花药与花粉、胚胎与子房的离体培养技术。
3. 了解单细胞培养技术。
4. 了解细胞悬浮培养技术。
5. 了解原生质体的分离与纯化技术。
6. 了解原生质体培养技术。
7. 了解细胞融合技术。

 能力要求 >>>

1. 能利用植物的营养器官进行组织培养。
2. 能利用植物的生殖器官进行组织培养。
3. 了解单细胞的分离与培养技术。
4. 了解细胞悬浮培养的方法。
5. 了解原生质体培养和融合方法。

 学习方法 >>>

1. 重视理论知识学习，了解植物细胞组织培养的基本知识。
2. 强化操作技术实训，掌握植物营养器官组织培养的基本技能，为从事组织养工作奠定基础。

任务一　根的组织培养

任务目标>>>

1. 掌握根的初代培养和继代培养技术。
2. 了解影响离体根生长的因素。

任务分析>>>

通过本任务的学习，了解离体根培养的方法和步骤；熟悉外植体的选择、消毒、接种等操作过程；完成离体根的初代培养过程，熟练掌握无菌操作规程。

相关知识>>>

离体根的组织培养具有重要的理论和实践意义。一是离体根是进行根系生理和代谢研究最优良的实验体系，因为根系生长快、代谢强、变异小，加上离体培养时不受微生物的干扰，可以通过改变培养基的成分来研究其营养吸收、生长和代谢的变化规律；二是建立快速生长的无性系可进行其他的实验研究，进行药物、微量活性物质及一系列次生代谢产物的工厂化生产；三是通过根细胞的离体培养可再生植株，用于生产实践，也可诱导突变体，应用于育种工作。

一、材料来源与消毒

根的培养材料一般来自无菌种子发芽产生的幼根或植株根系经消毒处理后的切段。

二、离体根的培养方法

离体根的培养首先要建立起获得大量无性系的方法。将种子消毒后在无菌条件下使其萌发，待根伸长后从根尖一端切取长 10～12cm 的部分，接种于培养基中，这些根的培养物每天大约生长 10mm，4d 后发育出侧根，待侧根生长 1 周后即可切取侧根的根尖进行扩大培养，它们又迅速生长并长出侧根，又可切下进行培养，如此反复切接就可得到从单个根尖衍生的无性繁殖系。离体根培养一般应用 100mL 的培养瓶，内装 30～40mL 培养基，如果对离体根进行长时间的培养，就要采用大型器皿，如可用 500mL、1 000mL 的培养瓶。

三、培养基

离体根培养所用的培养基多为无机盐离子浓度低的 White 培养基。若使用无机盐离子浓度高的 MS、B5 时，必须将其浓度稀释为原浓度的 2/3 或 1/2。

四、影响离体根生长的因素

1. 基因型　不同植物对培养的反应不同。如番茄、马铃薯、烟草等植物的离体根快速生长并产生大量健壮的侧根，可进行继代培养而无限生长；有些植物如萝卜、向日葵的根能较长时间的培养，但不能无限培养，久之会失去生长能力。

2. 营养条件　离体根的生长要求培养基含有全部的必需元素。它能够利用单一的硝态氮或铵态氮。在适宜的 pH 条件下，硝酸盐的培养效果良好。缺少微量元素会出现各种缺素症。糖是培养基必不可少的附加物，一般以蔗糖为最好，使用浓度应稍低，但在禾本科植物离体根的培养中，葡萄糖的培养效果较好。维生素类物质中，最常用的为硫胺素（维生素 B_1）和吡哆醇（维生素 B_6）。

3. 生长物质　激素对根生长的影响是一个复杂过程，各种激素在不同条件下对根生长的影响差异较大。选准激素并与其他培养条件相配合是保证离体根培养成功的重要方面。

4. pH　植物组织培养适宜的 pH 范围随培养材料和培养基的组成而发生变化，一般为 5.0～6.0。

5. 光照和温度　离体根培养的温度一般以 25～27℃ 为最佳，要求在遮光条件下培养。

 工作流程 >>>

根的组织培养工作流程如图 4-1 所示。

技能训练　胡萝卜肉质根的组织培养技术

一、训练目的

通过学习胡萝卜肉质根的组织培养技术，练习肉质根组织培养技术。

二、材料

胡萝卜、组织培养实验室常用器材、打孔器等。

三、操作步骤

1. 培养基的配制及灭菌　初代培养采用 MS＋IAA 1.0mg/L＋KT 0.1mg/L 的固体培养基，灭菌后备用。

2. 其他准备　其他准备工作参照项目四任务一中的技能训练。另外，还需要准备无菌打孔器。

3. 外植体的选择与处理　取健壮的胡萝卜肉质根，用自来水冲净，再用刮皮刀削去 1～2mm 厚根皮，将其横切成 10mm 厚片状，然后放入无菌瓶中。用 75% 酒精浸洗 10～30s，倒出酒精；再用无菌水冲洗一次，倒出水。用 2% 次氯酸钠溶液浸泡 10～15min，倒出洗液；再用无菌水冲洗，倒出水，共 3 次，每次 30～60s。

4. 接种及培养　将胡萝卜切片放在无菌培养皿中，一只手用镊子固定，一只手用打孔器在形成层区域钻取圆柱体，用玻璃棒将圆柱体从打孔器中推出，放到装有无菌水的瓶中，重复操作，直到达到数量要求。从无菌水中取出胡萝卜圆柱体，放在无

胡萝卜肉质根的选择与预处理

胡萝卜肉质根初代培养接种方法

菌培养皿中，用解剖刀将两端各切除 2mm，再将余下的切成 3 片。操作期间要经常擦拭双手和台面，接种工具要反复放到酒精里消毒，以免交叉感染。用镊子将切好的胡萝卜片接种到初代培养基上，用酒精灯灼烧瓶口和瓶盖，然后盖严。将接种后的胡萝卜放入培养室内培养，培养条件为温度 25～27℃，遮光保持黑暗。

5. 观察记录　培养期间随时观察记录胡萝卜肉质根产生愈伤组织和不定芽的时间以及出芽率、分化率和污染率等技术指标，及时淘汰劣苗、污染苗。

评价考核>>>

胡萝卜肉质根的组织培养技术参照表 4-1 执行。

任务二　茎尖的组织培养

任务目标>>>

1. 掌握茎尖的初代培养。
2. 了解影响茎尖培养的因素。

任务分析>>>

通过本任务的学习了解茎尖初代培养的方法和步骤；熟悉外植体的取材、消毒、接种、初代培养等操作过程。

相关知识>>>

茎尖是植物组织培养常用的外植体，因为茎尖生长速度快、繁殖率高，不易产生遗传变异，是获得脱毒苗木的有效途径。在项目八中已经介绍了多种植物的茎尖培养，这里不再重复介绍。

一、材料来源及预处理

从健壮、生长旺盛、无病的供试植株的茎（蔓、藤、匍匐枝）上切取长 1～2cm 的嫩梢，用酒精、次氯酸钠等消毒剂消毒，然后用无菌水漂洗。不同植物的茎尖培养时茎尖大小不一，剥离茎尖时需要特别注意。

二、培养条件

目前用于茎尖快繁的培养基很多，如 MS、B5 等。MS 适合大多数双子叶植物、B5 适用于多数单子叶植物。光照度在 1 000～3 000 lx，光周期实行连续 16h 光照、8h 黑暗，有利于茎尖培养和芽的分化与增殖。温度一般在 25℃ 左右，湿度通过定期转接来保持。

三、影响茎尖培养的因素

1. 基因型　茎尖培养与其他组织培养一样，受基因型的影响很大，不同科、属的植物要求的条件有很大差别，甚至同一属的不同种及亚种之间，其表现也不一样。

2. 外植体的大小 培养茎尖材料过大，不利于丛生芽与不定芽的形成。外植体越大越容易污染，太小的外植体存活率很低。

3. 供试植株的生理状态 一般春天植物开始生长时芽已经膨大，单芽鳞片还没有张开，此时最为合适。

4. 芽在植株上的部位 对于草本植物来说，使用顶芽或上部的芽常比用侧芽或基部的芽容易成功。

5. 供试植株的年龄 一年或多年生草本植物一般采用营养生长早期的顶芽、腋芽较好，多年生木本植物使用年幼的根蘖苗或不定芽较好。

6. 培养基 不同植物对培养基的要求不同，培养时要进行筛选。

任务三 叶的组织培养

任务目标 >>>

1. 掌握叶的初代培养技术。
2. 了解影响叶组织培养的因素。

任务分析 >>>

通过本任务的学习，了解叶组织培养的方法和步骤，熟悉外植体的取材、消毒、接种、初代培养等操作过程。

相关知识 >>>

离体叶培养是包括叶原基、叶柄、叶鞘、叶片、子叶等叶组织的无菌培养。由于叶片是植物进行光合作用的器官，又是某些植物的繁殖器官，因此离体叶培养在植物器官培养中占有重要地位。

一、材料的选择及处理

选取植株顶端未充分展开的幼嫩叶片，经流水冲洗后用 75% 酒精和 1% 次氯酸钠溶液消毒，无菌水冲洗后待用。

二、培养条件

接种后的材料培养条件为温度 25～27℃，光照度 1 000～1 500 lx，光照时间 16h/d。

三、影响叶组织培养的因素

1. 基因型 不同种类的植物在叶组织培养特性上有一定的差异，同一物种不同亚种间叶组织培养特性也不尽相同。

2. 细胞分裂素 6‐BA 对芽的分化作用好于 KT 的作用，但 6‐BA 对不定芽的进一步发育即茎、叶的形成有抑制作用。

3. 细胞分裂素与生长素的组合 两种激素相互配合可以提高不定芽的数量。

4. 供试植株的发育时间和叶龄 个体发育早期的幼嫩叶片较成熟期幼嫩叶片分化能力高。

 工作流程 >>>

叶的组织培养工作流程如图 4-1 所示。

技能训练　菊花叶片的组织培养技术

一、训练目的

通过学习菊花叶片的组织培养技术，掌握植物叶片的组织培养技术。

二、材料

菊花，组织培养实验室常用器材、药品等。

三、操作方法

1. 培养基的配制及灭菌 初代培养采用 MS＋6-BA 0.5mg/L 固体培养基，灭菌后备用。

2. 其他准备 其他准备工作参照项目四任务一中的技能训练。

3. 外植体的选择与处理 从生长健壮、无病虫害的菊花植株上剪取叶片带回实验室，用自来水冲洗 30min。装入无菌瓶中，在超净工作台上用 75％酒精处理 30s，倒出酒精；再用无菌水浸洗，洗后将水倒出。用 1％次氯酸钠溶液浸洗 10～15min，加入 1～2 滴吐温-80，浸洗时不时摇动，使菊花和消毒剂有良好的接触，倒出洗液。最后用无菌水漂洗 3～5 次，每次30～60s。

4. 接种及初代培养 将消毒后的叶片放在无菌盘中。将镊子、剪刀在酒精灯火焰上灭菌，用剪刀剪掉无菌叶片的叶缘和叶尖，将剩余部分剪成长、宽各 0.5cm 的小方块。操作期间经常用 75％酒精擦拭双手和台面，接种工具要反复在火焰上灭菌，避免交叉污染。左手握住培养瓶，用酒精灯火焰灼烧瓶口和封口材料。用右手打开瓶盖，瓶口朝向酒精灯火焰，并稍稍下倾，以免灰尘落入瓶中造成污染。用镊子将叶块接种到培养基中，要求叶背面朝下平放在培养基上，每瓶放置 3～5 片，盖上瓶盖并封口。将接种好的菊花置于培养室中进行培养，设定温度在 25℃，光照度在 1 000～1 500lx，光照时间 16h/d。

5. 观察记录 随时观察、记录产生愈伤组织和不定芽的时间以及出愈率、分化率和污染率等技术指标，及时淘汰劣苗、污染苗。一般菊花在 4 周后陆续有不定芽产生。

评价考核 >>>

菊花叶片的组织培养技术评价考核参照表 4-1 执行。

任务四 花药和花粉的组织培养

任务目标 >>>

了解花药和花粉培养的方法和步骤。

任务分析 >>>

通过花粉、花药培养得到单倍体植株，为选育优良的植物品种提供材料保障。

相关知识 >>>

一、花药和花粉培养的概念

花药培养是将花粉发育至一定阶段的花药接种到人工培养基上进行培养，以诱导其花粉改变发育途径，形成花粉胚或愈伤组织，进而分化成苗的技术。花粉培养是将花粉从花药中游离出来，成为分散或游离态，从而进行培养，进而分化成苗的技术。也就是说，花药培养和花粉培养都是在合成培养基上改变花粉的发育途径，使其不形成配子，而是像体细胞一样进行分裂、分化，最终发育成完整植株。

二、花药培养技术

（一）洗涤与消毒

（1）接种前将采集的花蕾或花序通过理化方法处理能提高诱导率。处理方法有低温、低剂量辐射、离心、化学试剂处理等。

（2）由于未开放花蕾中的花药是无菌或半无菌状态，所以只做简单的消毒即可。用 75% 酒精棉球擦拭材料外表或浸泡 30～60s，再用 0.1% 氯化汞溶液浸泡 3～10min，也可用 1% 次氯酸钠溶液浸泡 10～20min，最后用无菌水冲洗 3～5 次。

（二）接种

在无菌条件下用镊子剥去部分花冠，使花药露出，夹住花丝取出花药置于培养皿中，不要直接夹花药，以免破损。用镊子夹住花丝，将花药接种于培养基上，或用接种环沾取花药接种，接种密度宜高，促进其"集体效应"，以利于提高诱导率。

（三）培养条件

多数植物花药接种后置于 25～28℃ 温度下，进行光暗交替培养，光照度 2 000～10 000lx，光照时间 12～18h/d。离体培养的花药对温度很敏感，一些对温度要求较高的植物如小麦、油菜、烟草、曼陀罗等接种后先置于 30～32℃ 高温下培养 2～5 周，再置于较低温度下培养，其愈伤组织发生率和绿苗率有显著提高。

（四）植株诱导

将愈伤组织转至分化培养基诱导出芽，待形成一定绿苗群体后再诱导根，也可同时诱导根和芽。愈伤组织的年龄对分化率影响很大。转移过早，愈伤组织不易成活或生长缓慢；转移过迟，分化率下降。一般以愈伤组织长 2～3mm 时转移较合适。多数植物的愈伤组织转移到分化培养基后 10～20d 即可分化出芽，由芽基部发生不定根。如果没有根发生，则待小苗长至 2～3cm 高时将其转入生根培养基培养。

三、花粉培养技术

（一）花粉分离技术

1. 自然散落　将经过一定时间低温培养的花药接种于液体培养基中，培养一定天数后花药裂开，释放出花粉粒。定期将花药转移到新的培养基中，再释放花粉粒，继续收集。

2. 挤压　用平头玻璃棒将置于液体培养基中的花药挤压破碎后去掉残片，或将经过预培养的花药置于一定浓度的蔗糖溶液中，压碎、过筛、离心（500～1 000r/min，1～2min）、收集沉淀。

3. 机械分离　将花药置于盛有少量液体培养基或与培养基等渗的蔗糖溶液的培养皿中，用平头的玻璃棒或注射器内管轻轻挤压花药，使其散出花粉。

挤压和机械分离均对花粉粒有一定程度的损伤，但分离彻底。

（二）小孢子分离和纯化

1. 小孢子分离技术　无论哪种技术提取的小孢子匀浆，均要经过去除杂质（过筛、离心、收集沉淀）等步骤。

2. 小孢子纯化技术　用聚果糖或聚蔗糖甚至蔗糖配成不连续梯度，对得到的小孢子群体进行纯化，以获得同步性较高的群体。

（三）花粉诱导培养

1. 平板培养　将花粉置于固体培养基上进行培养，诱导产生胚状体，进而分化成植株。

2. 液体培养　将花粉悬浮在液体培养基中进行培养。由于液体培养容易造成通气不良，影响细胞分裂和分化，因此可将培养物置于摇床上震荡，使其处于良好的通气状态。

3. 双层培养　将花粉置于固体—液体双层培养基上进行培养。双层培养基的制作：在培养皿中铺加一层琼脂培养基，待其冷却并保持表面平整，在其表面加入少量液体培养基。

4. 看护培养　将花粉粒先配制成悬浮液，准备好固体培养基后将完整花药或花药的愈伤组织放在固体培养基上，将圆片滤纸放在花药或愈伤组织上，然后将花粉置于滤纸的上方。

（四）花粉植株的移栽与驯化

由花粉培育成的瓶苗非常娇嫩，直接移栽很难成活。需采取过渡的方式，使其适应从异养到自养的转变。移栽时关键要保持较高的空气湿度（80%～90%，1～2周）和较低的土壤湿度。

四、培养基对花粉和花药培养的影响

(一) 基本培养基

基本培养基是离体花粉生长的基本条件，可以根据植物种类不同而选择不同的培养基。MS 培养基适合于双子叶植物的花药培养，B5 培养基适合于豆科与十字花科植物花药培养，Nitsch 培养基适合于芸薹属和曼陀罗属植物的花药培养。除此之外，我国研究出了适合于禾谷类作物花药培养的 N6、C17、W14 和马铃薯 2 号等培养基（表 9-1）。

表 9-1 几种常用培养基成分表

单位：mg/L

成分	MS	Nitsch	N6	B5	马铃薯 2 号	C17	W14
KNO_3	1 900	950	2 830	2 500	1 000	1 400	2 000
$(NH_4)_2SO_4$	—		463	134	100	—	
NH_4NO_3	1 650	720	400	—	—	300	
$NH_4H_2PO_4$							380
$Ca(NO_3)_2 \cdot 4H_2O$	—	—	—	—	100	—	
KH_2PO_4	170	68	—	150	200	400	
KCl	—	—	—	—	35	—	
K_2SO_4							700
$CaCl_2 \cdot 2H_2O$	440	166	166	150	—	150	140
$MgSO_4 \cdot 7H_2O$	370	185	185	250	125	150	200
$FeSO_4 \cdot 7H_2O$	27.8	27.8	55.7	55.7	55.7	55.7	55.7
Na_2-EDTA	37.3	37.3	74.5	74.5	74.5	74.5	74.5
$MnSO_4 \cdot 4H_2O$	22.3	25	4.4	—	—	11.2	
$MnSO_4 \cdot H_2O$	10.9	—	3.3	10			8.0
$ZnSO_4 \cdot 7H_2O$	8.6	10	1.5	2.0		8.6	3.0
H_3BO_3	6.2	10	1.6	3.0		6.2	3.0
KI	0.83	—	0.8	0.75		0.025	0.5
$CuSO_4 \cdot 5H_2O$	0.025	0.025	—	0.025		—	—
$NaMoO_4 \cdot 2H_2O$	0.25	0.25	—	0.1			0.005
$CoCl_2 \cdot 6H_2O$	0.025		—	0.01		0.025	0.025
甘氨酸	2.0	2.0	2.0	—		2.0	2.0
烟酸	0.5	5.0	0.5	1.0		0.5	0.5
维生素 B_1	0.4	0.5	0.4	10.0	1.0	1.0	2.0
维生素 B_6	0.5	0.5	0.5	1.0		0.5	0.5
叶酸	—	5.0					—
2，4-滴	—	—	2.0	0.1~1.0	1.5	2.0	2.0

（续）

成分	MS	Nitsch	N6	B5	马铃薯2号	C17	W14
D-生物素	—	0.05	—	—	—	1.5	—
马铃薯浸提液	—	—	—	—	10%	—	—
激动素	—	—	1	0.1	0.5	0.5	0.5
肌醇	100	100	—	100	—	—	—
蔗糖	30 000	20 000	50 000	20 000	90 000	90 000	110 000
琼脂	7 000	10 000	7 000	7 000	6 000	7 000	5 500
pH	5.8	5.8	5.8	5.8	5.8	5.8	5.8

铁盐对花粉胚状体发育很重要，活性炭也能促进胚状体发育，提高花粉诱导率。活性炭的作用主要是通过吸附培养基中的某些物质来影响外植体的生长发育，如培养基中的激素、维生素、铁盐、琼脂中的不纯抑制物等，还有外植体本身在生长过程中释放到培养基中的分泌物如酚类物质等。因此，对不需外源激素的植物加活性炭效果特别显著，而对依赖外源激素的植物加活性炭反而不利。

（二）激素的种类和浓度

激素对绝大多数植物花药和花粉培养来说是必需的，它们的种类与浓度对愈伤组织的诱导、分裂、分化起到关键作用。常用的激素有两类：一类是细胞分裂素（6-BA、KT等）；另一类是生长素（2,4-滴、IAA、NAA等）。细胞分裂素和椰汁能促进花粉分化成胚状体，生长素类尤其是2,4-滴能促进愈伤组织形成，但抑制愈伤组织分化成胚状体。因此，诱导愈伤组织分化成苗，应将其转入无2,4-滴或含有低浓度IAA、NAA与较高浓度细胞分裂素的分化培养基上。

少数植物的花药如烟草、水稻等可在不含有激素的培养基上形成愈伤组织或花粉胚。

（三）蔗糖浓度

一般以蔗糖作为碳源并调节培养基的渗透势。有些植物如小麦、水稻等的花药培养用麦芽糖代替蔗糖，其效果优于蔗糖。蔗糖浓度对花粉愈伤组织诱导率有一定影响，不同植物的花粉渗透势差异很大，因而适宜的蔗糖浓度也不相同。大多数植物的蔗糖浓度在2%～4%。许多植物在花药和花粉培养中，诱导花粉形成愈伤组织阶段采用浓度较高的蔗糖溶液，而愈伤组织分化成苗阶段用浓度较低的蔗糖溶液。

（四）有机附加物

常用的天然有机附加物有水乳蛋白（或水解酪蛋白）、椰汁、玉米汁、马铃薯汁、酵母提取液、氨基酸等。这些附加物是对基本培养基成分和激素的补充，对提高花粉愈伤组织和胚状体诱导率、促进其生长有良好的效果。

五、影响雄核发育和花粉花药培养的因素

（一）基因型

植物基因型是影响离体诱导单倍体成功最重要的因素之一。有人对各种基因型的水稻研究表明：花药培养力（愈伤组织诱导率和绿苗分化率）由大到小的顺序为糯型＞粳×籼杂种＞粳型＞籼型杂交稻＞籼型。而对小麦的 21 个栽培品种进行花药培养，仅有 10 个基因型得到了单倍体组织。

（二）植株生长条件

光周期、光照度、温度、矿质营养和生理状态是影响雄核发育的又一重要因素。一般取相对年幼植株上开花始期的花比开花末期的花更适宜，但从十字花科的甘蓝和白菜型油菜的老龄、病弱植株上分离的小孢子比从幼年、健康的植株分离的小孢子有更高的胚产量。短光周期和高光强对烟草较有利；低温和高光强对大麦较有利；对小麦、水稻、大麦等禾本科植物而言，大田植株比温室植株、主茎穗比分蘖穗愈伤组织诱导率明显高。如果对供体植株进行低温、短日照、氮饥饿及喷洒生长物质和乙烯利等预处理，能干扰或阻止营养物质的合成或运输，从而影响母体的营养状态。结果导致花粉粒饥饿，从而提高花药内 P-花粉（具胚胎发生潜能的花粉）的比率，并提高花药培养的效果。

（三）花粉发育时期

被子植物的花粉发育可分为 4 个时期：四分孢子期、单核期（小孢子期）、二核期、三核期（雄配子期）。被子植物的花粉最多有 3 个核，裸子植物的花粉最多有 5 个核。大多数植物适宜的花粉发育时期是单核期，尤其是单核中晚期。

确定花粉发育时期最常用的检测方法是醋酸洋红法。在适宜的气候条件下，从生长健壮的植株上选取一定大小的花蕾，取出花药置于载玻片上压碎，加 1～2 滴醋酸洋红进行染色，放到显微镜上检查。有些植物的花粉不易被醋酸洋红染色，可用碘-碘化钾染色。单核期的花粉尚未积累淀粉，被碘染成黄色；三核期后的花粉开始积累淀粉，被碘染成蓝色。

六、单倍体植株的染色体加倍

（一）花粉和花药植株的倍性

植物种类、接种花药的花粉发育时期、培养基中激素种类与浓度等都影响花粉植株的倍性。由花药培养产生的花粉植株不仅有单倍体，还有二倍体、三倍体及非整倍体。其来源有：

（1）花粉细胞核内发生有丝分裂或畸变可产生二倍体、四倍体。

（2）花粉细胞核分裂及核融合可产生三倍体、五倍体。

（3）花药壁或花药内部组织细胞同时发育产生二倍体。

（二）花粉和花药植株的倍性鉴定

1. 直接法 对植株细胞分裂旺盛部位如根尖或茎尖等的细胞染色体直接计数是最有效的方法。

2. 间接鉴定

（1）扫描细胞光度仪鉴定。用流式细胞测定法可迅速测定叶片单个细胞内的 DNA 含量，根据 DNA 含量曲线图推断细胞的倍性。

（2）细胞形态学鉴定法。叶片保卫细胞的大小、单位面积上的气孔数及保卫细胞中叶绿素的大小和数目与倍性具有高度的相关性。

（3）植株形态学鉴定法。不同倍性的植株在形态上有比较明显的差异，主要表现在子叶、真叶、花等的形状、大小和颜色，开花结实性，花粉着色能力及大小，果实形状及种子的形态上。

此外，还有高（低）温胁迫法、杂交鉴定法、分子标记鉴定法等。

（三）花药和花粉植株的染色体加倍

单倍体植株高度不育，必须经过加倍使之成为纯合的二倍体才能恢复育性。染色体加倍的方法主要有以下 3 种。

1. 自然加倍　通过花粉细胞核有丝分裂或核融合染色体可自然加倍，获得纯合二倍体。

2. 人工加倍　用秋水仙碱溶液浸苗、处理愈伤组织和用含 0.4％秋水仙碱的羊毛脂涂抹单倍体植株的顶芽、腋芽等。处理时间和浓度因材料不同而异。通常浸苗处理禾本科植物是在移栽前，用 0.05％～0.10％秋水仙碱溶液浸分蘖节 72h。双子叶植物用 0.2％～0.4％的秋水仙碱溶液浸 24～45h，然后用流水冲洗干净，再进行移栽。

3. 从愈伤组织再生（组织创伤法）　将单倍体植株（孢子体）的茎段、叶柄、根茎切下，置于适宜的培养基上使之发生愈伤组织，反复继代后再将愈伤组织转移到分化培养基中，即可获得较多二倍体植株。此法利用了愈伤组织细胞有丝分裂率高、长期培养能提高其自动加倍率的特性。

七、花粉和花药培养的应用

（一）在育种上的应用

1. 克服后代分离，缩短育种年限　常规育种中要获得一个稳定的品系需 5～7 年，获得一个新品种需 8～10 年，因为从 F_2 代开始出现分离，直到 F_6 代性状才能稳定。用单倍体育种只需 2～3 年就可稳定，获得一个新品种只需 3～5 年，因为单倍体育种是将 F_1 或 F_2 代的花药进行培养，所获单倍体植株经人工加倍后直接成为纯合的二倍体，其下一代性状基本稳定。因此，单倍体育种较常规育种缩短约 5 年的时间。

2. 选择效率高　常规育种双亲基因型差别大，选择某一基因型的概率为 $(1/2)^{2n}$，双显性与双隐性个体的选择效率低，隐性基因被显性基因掩盖，使得隐性基因控制的性状不表现，直到纯合后才能表现。单倍体育种选择某一基因型的概率为 $(1/2)^n$，且双显性与双隐性个体出现的概率相等，不存在隐性基因被掩盖的性状，选择效率提高。

（二）物种进化研究

利用单倍体材料可查明其原始亲本染色体组的构成。根据单倍体植物减数分裂时形成二价染色体的可能性及其数目和形状，可以说明有无同源染色体。若发现大量的二价染色体，且植株表现高度的可育性，说明核内有相同的染色体组，产生此单倍体的植物是多倍体。通过对单倍体孢子母细胞减数分裂时的联会情况分析，利用 DH 群体进行限制性片段多态性、随机扩增多态性分析等可以追溯各个染色体组之间的同源或部分同源的关系。

（三）遗传分析

在单倍体细胞内每一种基因都只有一个，无论显性还是隐性基因都能发挥自己对性状发育所起的作用。因此，单倍体是研究基因性质及其作用的良好材料。二倍体与单倍体杂交时可产生畸变类型，这些类型可用于确定连锁群及基因剂量效应等遗传学研究。目前已在许多植物上应用植物单倍体培养技术构建出 DH 群体并用于遗传分析。

（四）分子生物学

为构建 RFLP 和 RAPD 连锁图，需要建立合适的作图群体。作图群体大体可分为 4 类：基于单交产生的 F_2 群体、回交群体、重组近交系群体和 DH 群体。其中DH 群体的性质与 RIL 群体相似，且比构建 RIL 群体省时。

（五）植物基因克隆筛选

将已知的转座基因转化异源植物，通过转座因子标签法定向诱导突变体，是克隆植物基因的有效途径之一。此法的关键是筛选到转座因子引起的表型突变体，由于单倍体可直接表达隐性基因的性状，因此更适于在细胞水平筛选突变体，进行基因水平测试。

技能训练　大花萱草花药的初代培养

一、训练目的

通过对大花萱草花药的培养，学习花药组织培养技术。

二、材料

大花萱草，植物组织培养常用器材，线绳、果酱瓶等。

三、操作步骤

1. 外植体选择与处理　大花萱草开花前 3～5d 从生长健壮、无病虫害的植株上剪下带花梗的花蕾，用流水冲洗 30～60min，晾干。用报纸包好，置于 4℃的冰箱中备用。

2. 配制培养基　配制诱导培养基 MS＋NAA 5mg/L＋KT 5mg/L＋蔗糖 3%＋琼脂 0.7%500mL，分装于试管中，每管 10～15mL。注意不要沾染管口。加棉塞，每 5 支试管用牛皮纸和线绳将管口包扎在一起。

3. 灭菌　将滤纸、解剖针、解剖刀、镊子用牛皮纸和线绳单独包好；在果酱瓶中装 2/3 体积的水，加盖。与配制好的培养基一起装入高压蒸汽灭菌器中灭菌。冷却后放在超净工作台旁备用。

4. 消毒液的配制　配制 75%酒精和 2%次氯酸钠溶液，分别装于试剂瓶中，贴好标签。放在超净工作台旁备用。

5. 外植体消毒与接种

（1）接种前 20min 打开超净工作台的紫外灯、风机。照射 20min 后关闭紫外灯。洗净双手，穿好经过消毒的实验服。

（2）取出冰箱保存的大花萱草花蕾，进入接种室并打开超净台的照明灯。先对超净台台面和双手用75％酒精消毒。将各种无菌器材及培养基拆开牛皮纸，放在工作台上。

（3）先用75％酒精浸泡花蕾30s；再用2％次氯酸钠溶液浸泡10～15min，注意摇晃；最后用无菌水冲洗3～5次。用镊子从水中取出，放在无菌滤纸上吸干水分。

（4）用解剖针、解剖刀、镊子去除大花萱草的花梗，剥掉花被，最后取出花药，接种在培养基上，1管1枚。加塞，每5支试管用牛皮纸将管口包在一起。在牛皮纸上标记接种时间、材料名称、接种人等。并在工作记录本上记录更详细的信息。

6. 初代培养　接种后，将试管置于培养室，设定温度为25℃、光照时间为10～12h/d、光照度为1 500～2 000lx。

7. 观察记录　每天定时观察和记录花药产生愈伤组织、不定芽、污染的试管数等信息，及时淘汰污染苗，填在表9-2中。

表9-2　大花萱草花药培养记录

日期	接种管数	污染管数	出愈伤组织管数	出不定芽管数

 评价考核 >>>

大花萱草花药的初代培养的评价考核参照表4-1。

任务五　胚胎与子房的组织培养

 任务目标 >>>

1. 了解胚胎和子房组织培养的方法和步骤。
2. 了解胚胎和子房组织培养的应用。

 任务分析 >>>

胚胎培养是将植物的胚胎与母体分离，培养在已知化学成分的培养基上。胚胎培养包括胚培养、胚乳培养、胚珠及子房培养。通过对胚胎与子房的培养，可获得"人工种子"。

相关知识 >>>

一、胚培养

胚培养就是采用人工方法把胚从种子、子房或胚珠中分离出来，放在无菌条件下让其进一步生长发育，最后形成幼苗的过程。胚培养的类型有两种：幼胚（子叶形成之前）培养和成熟胚培养。

（一）培养过程

1. 幼胚培养过程 摘下杂交植株的子房。用75％酒精表面消毒30～50s，再用1％次氯酸钠溶液浸泡20～30min，最后用无菌水冲洗3～4次。在无菌条件下，在解剖镜下用刀片沿子房纵轴切开子房壁，用镊子夹出胚珠，剥去珠被，取出完整的幼胚，接种到培养基上。

（1）培养基主要有 MS、B5、Nitsch、Rijven、White、Rangaswang、Norstog等。另外，培养基中可适量添加蔗糖、维生素或氨基酸等。

（2）培养温度在20～30℃，光照度2 000lx，光照时间10～14h/d。培养一段时间后观察其发育。幼胚在培养过程中有3种发育方式：①胚性发育，即胚只在体积上增大甚至超过正常胚大小而不能萌发成苗；②早熟发育，在幼胚培养中胚迅速萌发幼苗的现象；③产生愈伤组织，在幼胚培养中诱发胚细胞增殖而形成愈伤组织，再由愈伤组织分化形成胚或不定芽。

2. 成熟胚培养过程（以玉米为例） 取玉米种子放入75％酒精中消毒10s，再用无菌水冲洗。在无菌条件下将种子放在75％酒精中消毒15s，再用无菌水冲洗3次。放置在已消毒的培养皿中，在25℃的黑暗条件下培育6h，使种子吸水膨胀、变软。用镊子夹住，将其固定，用另一把镊子轻轻剥去种皮，用解剖刀沿着胚胎边缘切除胚乳，暴露出位于其下方的种胚的一部分即盾片。分离出胚胎后，用无菌水将每个胚胎冲洗3次，再接种于 MS 培养基上，在25℃黑暗条件下培养。2d 后出现胚根，3～4d 出现胚芽，7～9d 初生根迅速生长并出现一些不定根，10d 后长成小苗。

（二）胚培养的应用

（1）在远缘杂交育种中的应用可以克服杂种胚的早期败育。

（2）克服珠心胚的干扰，提高育种效率。芸香科的多种植物中存在的问题是珠心多胚现象的干扰，使合子胚发育不良或中途夭折，利用杂交幼胚早期离体培养是排除珠心胚干扰的有效途径。

（3）缩短育种周期。一些植物的种子必须经过休眠才能开花或萌发，胚培养不需经过休眠，可缩短这类植物的休眠期，加速世代繁殖，缩短育种周期。

（4）测定休眠种子的萌发率。种子胚在离体培养下萌发速率是一致的。可测定各种休眠种子萌发率的高低。

（5）提高种子萌发率。胚培养可提高无性繁殖植物的种子萌发率。

二、胚乳培养

胚乳培养是指将胚乳从母体上分离出来，通过离体培养使其发育成完整植株的技术。

（一）培养过程

1. 胚乳外植体的制备 对于具有较大胚乳组织的种子（如大戟科和檀香科的植物），可将种子直接进行表面消毒，在无菌条件下除去种皮即可培养；对于胚乳被一些黏性物质层包裹的种子（如桑寄科的植物），先将种子表面消毒，在无菌条件下剥开种皮去掉黏性物质，取出胚乳组织再进行培养；对于有果实的种子（如槲寄科的植物），将整个果实进行表面消毒，在无菌条件下切开幼果取出种子，分离出胚乳再进行培养。

2. 离体胚乳的发育及其植株的形成过程

（1）愈伤组织的诱导。胚乳接种后6～10d其体积膨大，在切口处形成白色的隆突，即为愈伤组织。

（2）愈伤组织的再分化。将愈伤组织及时进行分化培养，一段时间后从愈伤组织上即可分化出芽。

（3）胚乳苗的生根培养。有的可直接由胚状体或不定芽形成植株，有的则需在生根培养基上经过生根培养才能长成完整植株。

（二）培养条件

基本培养基为 White 和 MS，pH 在 4.5～6.5。生长物质的种类和浓度对胚乳愈伤组织的产生有很大影响。天然提取物如番茄汁、椰汁、玉米汁等也有效果。不同植物胚乳培养对光照的要求有明显差异。玉米需黑暗条件，蓖麻需连续 1 500lx 的光照，一般植物采用 10～12h/d 的黑暗和光照交替。培养温度在 24～26℃。

（三）再生植株的染色体倍数

1. 稳定型 核桃、柑橘、檀香、柚、枣等的胚乳培养物其倍性是相对稳定的，为三倍体。

2. 畸变型 梨、玉米、苹果、桃等的胚乳再生植株的染色体倍性很混乱，同一植株往往是不同倍性细胞的嵌合体。

（四）胚乳培养的应用

被子植物的胚乳是三倍体，三倍体的植株产生无籽果实，食用方便；或将其加倍成六倍体植株，在生产上有重要的应用价值。另外，有的植物的胚乳愈伤组织的染色体倍性是多样的，可从中分离和筛选出各种类型的非整倍体植株，在遗传学和育种学上应用。

三、胚珠和子房培养

（一）胚珠培养

胚珠培养是将胚珠从母株上分离出来，在人工控制的条件下离体培养，使其发育形成幼苗的过程。可分为受精胚珠培养和未受精胚珠培养两类。

1. 培养过程 在大田或温室内摘取授粉时间合适的子房（如果培养未受精胚珠，则在授粉前适当时间摘取子房）。用 75％酒精表面消毒 30s，再用 2％次氯酸钠溶液消毒 10min，用无菌水冲洗 4～5 次。在无菌条件的解剖镜下用解剖刀沿纵轴切开子房，将胚珠一个一个地取出，接种。培养基有 White、Nitsch、MS 等，附加椰汁、水解酪蛋白等，或添加一些氨基酸等，温度在 26℃，湿度为 50％～60％，连续光照或者光照时间在 18h/d。

2. 胚珠的发育培养 受精胚珠的发育有两种情况：一种是与母体植株上的胚珠大体相同，最后形成完整的种子；另一种是胚珠脱分化形成活跃生长的愈伤组织。未受精胚珠培养中能诱导大孢子或卵细胞分化为单倍体植株，用于单倍体育种。

（二）子房培养

1. 培养过程　培养未授粉的子房，一般在开花前 1～5d 在大田摘取子房（如果培养授粉子房则在授粉后将子房摘下）。禾谷类植物只需在幼穗表面用 75％酒精擦拭消毒；双子叶植物可用饱和漂白粉上清液消毒 15min。一般植物将子房放在 75％酒精里表面消毒 30s，然后用无菌水冲洗 3 次，放入 0.1％氯化汞溶液中消毒 15～20min，再用无菌水冲洗 3 次，用镊子夹出子房接种。培养基有 MS、White、B5、N6、Nitsch 等。培养温度在 26℃，散射光，光照时间 16h/d，相对湿度 50％～60％。

2. 培养子房的发育　子房中存在性细胞和体细胞两种细胞。由性细胞发育的植株，即由胚囊里的卵细胞、助细胞、极核和反足细胞发育而成，是单倍体；由体细胞发育的植株，即由珠被或子房壁表皮细胞发育而成的植株，是二倍体。

（三）胚珠和子房培养的应用

受精胚珠培养的目的，一是用来打破种子休眠，二是挽救胚的发育以获得杂交种；未受精胚珠培养的目的是获得由单倍体细胞发育而成的植株。培养授粉子房的目的是挽救子房内杂种胚的发育；培养未授粉子房的目的是通过子房内单倍体细胞的发育以获得单倍体植株。此外，还可进行试管内受精。

技能训练　苹果成熟胚的初代培养技术

一、训练目的

通过对苹果胚的培养，学习植物成熟胚的组织培养技术。

二、材料

成熟苹果，组织培养实验室常用器材、药品等。

三、操作步骤

1. 外植体选择与处理

（1）层积处理。将无病成熟饱满的苹果种子埋在湿沙中，沙子湿度以手握成团、松手散开为度，空气相对湿度为 60％～70％，用报纸包好放入冰箱，为其创造一个低温（0～5℃）、较湿、有一定通气条件的环境，以打破休眠，促进后熟，促使其正常发芽。

（2）浸泡。将经层积处理的苹果种子在蒸馏水中浸泡 12h。

2. 培养基配制　配制固体培养基 MS＋6-BA 0.5～1.0mg/L＋IAA 0.1mg/L＋蔗糖 3％＋琼脂 0.7％，配制 500mL，分装于试管中，每管 1～10mL。注意不要沾染管口。加棉塞，每 5 支试管用牛皮纸和线绳将管口包扎在一起。

3. 灭菌、消毒液的配制　灭菌和消毒液的配制等操作参照本项目任务四中的技能训练。

4. 外植体消毒与接种　从取出冰箱蒸馏水浸泡苹果种子，先用 75％酒精浸泡 10s；再用 2％的次氯酸钠溶液浸泡 10～15min，注意要不时摇晃；最后用无菌水冲洗

3~5 次。用镊子从水中取出，放在无菌滤纸上吸干水分，放在无菌培养皿内，用镊子夹住，同时用解剖刀将种皮划破，再用镊子将皮剥去，用解剖刀沿胚胎的边缘剥去胚乳。分离出胚后用无菌水将胚冲洗 3 次，及时用镊子将消毒好的胚接种到培养基中，1 管 1 枚，加塞。其他操作参照本项目任务四中的技能训练。

5. 初代培养　将培养瓶放在黑暗中培养，保持温度在 25℃，经 3~4d 转入光下培养，观察生长状况。

6. 观察记录　每天定时观察和记录花药产生愈伤组织、不定芽、污染的管数等信息，及时淘汰污染苗，并将观察记录填在表 9-3 中。

表 9-3　苹果成熟胚的培养记录

日期	接种管数	污染管数	出愈伤组织管数	出不定芽管数

 评价考核>>>

苹果成熟胚的初代培养技术评价考核标准参照表 4-1 执行。

任务六　单细胞培养

 任务目标>>>

了解单细胞培养的方法和步骤。

 任务分析>>>

单细胞培养是指将植物单细胞或细胞团直接在培养基中进行培养的一种培养方式。单细胞培养具有操作简单、重复性好、群体大的优点，广泛应用于突变体的筛选、遗传转化、有用化合物生产等诸多方面。培养单细胞前首先要分离单细胞，然后选择合适的条件培养单细胞。

相关知识>>>

一、单细胞的分离

分离细胞的材料可以是完整植株的各种器官，尤其是植物的叶片，也可以选用组织培养物，例如诱导产生的愈伤组织、悬浮培养物等。

（一）单细胞机械分离技术

机械分离细胞特点：①细胞不受酶的伤害；②无须质壁分离，细胞活力不受影响。双子叶植物和多数单子叶植物都能通过这种方法分离出具有光合活性和呼吸活性的完整细胞。

1. 以植物叶片为材料 ①对叶片进行表面消毒后，先撕去叶表皮，使叶肉细胞暴露，然后用解剖刀把细胞刮下来，直接接种在液体培养基中；②对叶片进行表面消毒后，先把叶片组织轻轻研碎，然后通过过滤和离心将细胞纯化。将消毒叶片分切成 $1cm \times 1cm$ 大小，取 $10g$ 放入装有 $40mL$ 研磨介质（$20\mu mol$ 蔗糖＋$10\mu mol MgCl_2$＋$20\mu mol Tris - HCl$ 缓冲液，$pH\ 7.8$）的研钵中，轻轻研磨之后将匀浆用两层纱布过滤，滤液经低速离心，游离细胞沉降到离心管的底部，收集得到纯化细胞。这是最常用的细胞叶肉分离技术。

2. 以愈伤组织为材料 通过反复继代培养提高其松散性，然后振荡过滤，再离心收集，获得游离细胞。

(二) 单细胞酶解分离技术

用果胶酶处理植物叶片，使细胞间的中胶层解离，能分离出具有代谢活性的细胞。将叶片表面消毒后撕去下表皮，分切成 $4cm \times 4cm$ 的小块放入装有过滤灭菌的酶液（0.5%果胶酶＋0.8%甘露醇＋1%硫酸葡聚糖钾）的培养瓶中，用真空泵抽气，使酶液渗入叶肉组织内。在摇床上酶解，保温 $25℃$，每 $30min$ 更换 1 次酶液，第 1 个 $30min$ 后的酶液倒掉，第 2 个 $30min$ 后的酶液主要含有海绵薄壁细胞，第 3 和第 4 次后的酶液主要含有栅栏细胞。能获得海绵薄壁细胞和栅栏细胞的纯材料是酶解分离技术的特点。

酶解时除了选用纤维素酶和果胶酶以外，还可用离析酶。硫酸葡聚糖钾能促进细胞分散，提高游离细胞的产量。由于酶解中胶层时也能软化细胞壁，所以必须进行渗透压保护，加入甘露醇以维持细胞的完整性。

(三) 单细胞化学分离技术

以悬浮培养物或愈伤组织为材料时，用 $0.1mg/L$ 的草酸钙、$0.1mmol/L$ 秋水仙碱、2,4 -滴或水解酪蛋白都能促进细胞分散，提高分离细胞产量。

二、单细胞培养技术

单细胞培养就是对分离得到的单个细胞进行培养，诱导细胞分裂增殖，或继续诱导增殖细胞分化出根、芽等器官或胚状体，最后长成完整植株的技术。

(一) 平板培养技术

平板培养法是指将细胞与未固化的薄层培养基混合倒入培养皿中进行培养的方法。这是常用的单细胞培养技术。其具体操作是：将分离获得的单细胞或小细胞团制成悬浮液，用液体培养基调整细胞密度达到初始植板密度（$10^3 \sim 10^5$ 个/mL）的 2 倍，然后接种到同体积的含有 2 倍琼脂的未凝固的同种培养基上，均匀混合后倒入培养皿，植板厚度约 $1mm$。用封口膜或石蜡把培养皿封严，计数后置于 $25℃$ 条件下暗养。平板培养效率一般用植板效率或植板率来衡量。植板率是指已形成细胞团的细胞数占接种细胞总数的百分率。即：

植板率＝（每个平板中所形成的细胞团数/每个平板中接种的细胞数）$\times 100\%$

(二) 看护培养技术

看护培养是指用同种或异种活跃生长的愈伤组织作为看护组织来培养细胞的技

术。即将选定的活跃生长的愈伤组织块在无菌条件下置于培养瓶的固体培养基上，并在愈伤组织上放一片大小约为1cm²无菌滤纸，让其充分吸湿后将分离获得的单细胞接种在湿润滤纸上培养。待接种细胞分裂成小细胞团后再转移到新鲜培养基上，进一步生长形成单细胞无性系。通过本技术培育的单细胞无性系植株一旦确定为优良品种，可应用快繁技术加大繁殖量，形成一定的生产规模。

（三）微室培养技术

微室培养技术是指将细胞接种到人工制造的一个小室中进行培养的技术。这种技术在培养过程中可进行连续地显微观察，对细胞分化发育的研究极为有利。具体操作是：从悬浮培养液中取一滴只含有单细胞的培养液，滴在一张无菌载玻片上，在四周与其相隔一定距离上涂上石蜡油或四环素眼膏（放入一小段毛细管）构成微室的"围墙"。在"围墙"的左右两侧再各加一滴石蜡油，再在每滴石蜡油上放一张盖玻片作为微室的"支柱"，然后将第三张盖玻片架在两个"支柱"之间，构成微室的"屋顶"，最后把有微室的整张载玻片放在培养皿中培养。当细胞团长到一定大小后揭掉盖玻片，转移到新鲜的液体培养基或半固体培养基上培养。

（四）其他单细胞培养技术

植物细胞在液体中的流动性使之不能固定，其所具有的团聚性和在低密度下难以启动分裂的特性，也使真正的单细胞培养十分困难。为了较好地解决这些问题，在上述培养技术的基础上根据不同的研究目的陆续发展了其他培养技术。例如饲养层培养技术，先将饲养细胞用射线辐射处理，然后将饲养细胞与培养细胞混合植板，经过照射的细胞对培养细胞起饲养作用，能促进培养细胞分裂，这一技术曾在低密度原生质体培养中成功应用。Horsch等（1980）将平板培养与饲养层培养技术相结合，建立了双层滤纸植板培养技术，即在培养皿中倒入琼脂培养基，待其凝固后，先将饲养细胞平铺在培养基上，再在饲养细胞层上平展一张滤纸形成看护层，然后将滤纸制成的圆碟置于看护层上，最后接种培养细胞。这种方法不仅能使单细胞在饲养层上快速生长，而且也便于将克隆细胞团转移到新鲜培养基上继续培养。

任务七　细胞悬浮培养

任务目标>>>

了解细胞悬浮培养的方法和步骤。

相关知识>>>

细胞悬浮培养是指将游离的植物细胞按一定的细胞密度悬浮在液体培养基中不断扩增的无菌培养技术。细胞悬浮培养是植物细胞大规模培养最有效的方式，能成为细胞工程中独特的产业，在植物产品工业化生产上有巨大的应用潜力。自20世纪40年代后期，J. Bonner报道了银胶菊通过悬浮培养能产生橡胶以来很多人致力于这方面的研究开发，至今已有300多种植物通过培养能分离400多种次生代谢物，其中有30多种在培养物中的积累等于或超过其原植物的含量，如紫草宁在培养细胞中含量达 12％，小檗碱可达 13％，人参皂苷可达 7％。植物细胞培养技术已能在 2 万 L 规模的生物反应器中培养烟草细胞。日本从 1984 年将细胞培养生产的紫草宁色素投入市场，成为药用植物细胞工程的第一个产品化和商业化的例证。近年来，我国在人参、红豆杉、毛地黄和长春花等植物细胞规模培养领域也取得长足进展，有的已有产品投放市场。

一、培养方法

细胞悬浮培养能大量提供比较均匀一致的细胞，细胞增殖的速度比愈伤组织快，是大规模生产培养的主要技术。

（一）成批培养技术（又称分批培养）

成批培养是指把细胞分散在固定体积培养基的容器中进行培养的技术。在培养过程中除了气体和挥发性代谢产物可以同外界交换外，一切都是密闭的。当培养基中主要成分耗尽时，细胞停止分裂和生长。要使培养的细胞不断增殖，必须及时进行继代培养。继代培养时可取出培养瓶中一小部分悬浮液，转接到成分相同的新鲜培养基中（约稀释 5 倍）。也可以用纱布或不锈钢网进行过滤，滤液接种，这样可提高下一代培养物中单细胞的比例。培养用的液体培养基虽因物种而异，适合愈伤组织生长的培养基除去琼脂均可作为悬浮细胞培养基。

在成批培养中，细胞数目不断发生变化，呈现出细胞生长周期。在整个生长周期中，细胞数目的变化大致呈 S 形。接种初期，细胞很少分裂，细胞数目基本不变，称为延滞期；随后细胞分裂活跃，数目迅速增加，为对数增长期；到细胞增殖最快的时期，单位时间内细胞数目增长大致恒定，细胞数目达到最大值，为直线生长期；由于养分的消耗或有毒代谢物的积累，细胞增长变慢进入缓慢期；最后生长趋于完全停止，进入静止期。在成批培养中，细胞繁殖一代所需的最短时间因植物而异，如烟草需 48h、蔷薇需 36h、菜豆需 24h。

成批培养技术的优点是培养装置和操作简单，但培养过程中细胞生长、产物积累以及培养基的物理状态常随时间的变化而变化，培养检测十分困难。同时，成批培养的周期短，要不断继代，对反应器清洗、消毒需更多的人力、物力，也增加了培养成本。

（二）连续培养技术

连续培养是指在特制的容器内不断加入新的培养液，排除旧的培养液，从而大规模培养细胞的方式。连续培养由于养分供给充足可使细胞持久保持在对数生长期，细胞增殖速度快，适合大规模工厂化生产技术应用。

1. 封闭型连续培养　封闭型连续培养是指在培养过程中注入新的培养液时排除同体积的旧培养液，同时将细胞回收到培养系统。这种培养方式随着培养时间的延长细胞密度会不断增加。

2. 开放型连续培养　开放型连续培养是指在培养过程中注入的新培养液的容积与流出的培养液容积相等，使培养细胞生长速度一直保持在一个稳定状态。为了保持开放型连续培养中细胞增殖的稳定性，可用两种方式调控：①浊度恒定式。新鲜培养基的注入速度受细胞密度增长所引起的培养液浑浊度的增长所调控。可以选定一种细胞密度，培养过程中注入培养液使细胞稀释的速度正好与细胞增殖的速度相同，以保持细胞密度的恒定。②化学恒定式。通过调节新鲜培养基中限制因子的注入量而使细胞增殖速度始终保持在接近最高值的水平上。即在培养过程中，除生长限制因子（如氮、磷、葡萄糖等）以外的其他培养基成分的浓度都保持在细胞生长所需的水平上，限制因子的任何增减都可由细胞增殖速度的变化反映出来。

连续培养是植物细胞培养技术的一个重要进展，延长了细胞培养周期，增加了细胞产量和次生代谢物的积累时间，便于系统监测。但装置相对较复杂，反应器的设计要求较高。

3. 半连续培养　这是一种介于成批培养和连续培养之间的培养方式。在半连续培养中，当培养容器内细胞数目增殖到一定量后，倒出一半细胞悬浮液于另一个培养容器内，再分别加入新鲜培养基继续进行培养，如此频繁地进行再培养。这种培养方式保留的培养液有利于细胞分裂的启动，可以节省次生代谢物生产所需的种子细胞的培养成本，但大多数情况下，由于保留细胞悬浮液中细胞状态有较大差异，会影响下一个培养周期细胞生长的一致性。

二、培养细胞的同步化

同步培养是指在培养基中大多数细胞都能同时通过细胞周期（G_1、S、G_2、M）的各个阶段，同步性的程度以同步百分数表示。在悬浮培养中，研究细胞分裂和细胞代谢一般都使用同步培养物或部分同步培养物，但在一般情况下悬浮培养细胞都是不同步的。

（一）同步化饥饿技术

先对细胞断绝供应细胞分裂所必需的营养成分或激素，使细胞停止在细胞周期的某一阶段，经过一定时间的饥饿后，在培养基中重新加入这种限制因子时，静止细胞同时步入下一阶段进行分裂。长春花悬浮培养中，先使细胞受磷酸盐饥饿 4d，然后再把它们转入含有磷酸盐的培养基中，结果获得了较高的同步性；烟草悬浮培养细胞受细胞分裂素的饥饿后可同步；胡萝卜细胞受生长素饥饿后也获得了同步化的效果。

（二）同步化抑制技术

使用 DNA 合成抑制剂，如 5-氨基尿嘧啶、胸腺嘧啶脱氧核苷等，也可使培养细胞同步化。由于核苷酸类似物的存在阻止了 DNA 的合成，细胞都滞留在 G_1 期和 S 期的边界上，当除去抑制剂后，细胞进入同步分裂。应用这种方法获得的细胞同步性只限于一个细胞周期，细胞的同步化程度更高。

（三）同步化分选技术

采用密度梯度离心的方法根据细胞体积和质量的差异进行分级，然后将同一层的细胞收集，再在同一培养体系中继代培养，可使相同培养体系中的细胞具有较好的一致性。该法操作简单，分选细胞维持了自然生长状态，因而不影响细胞活力。

另外，有研究表明，在悬浮培养细胞系统中通入乙烯、氮气等气体也能促进培养细胞同步化。冷（低温）处理也可提高培养体系中细胞同步化的程度。

三、培养基的振荡

在悬浮培养中，为了改善液体培养基中培养材料的通气状况，改变植物细胞的聚集特性，必须让培养基处于不停的运动状态。

1. 旋转式摇床　在成批培养中，旋转式摇床至今仍是一种应用最广泛的设备。摇床载物台上装有瓶夹，不同大小的瓶夹是可以调换的，可适应不同大小的培养瓶，摇床的转速是可控的。对大多数植物细胞而言，以 30～150r/min 为宜，冲程为 2～3cm，转速过高或冲程过大都会对细胞造成伤害。

2. 慢速转床　1952 年 Steward 在胡萝卜细胞培养时设计了慢速转床。其基本结构是在一根略倾斜（12°）的轴上平行安装若干转盘，转盘上装有固定的瓶夹，转盘向一个方向转动，培养瓶也随之转动，瓶中的培养物交替地暴露于空气或液体培养基中，转速为 1～2r/min，培养时若需要光照，在床架上可安装日光灯。

3. 自旋式培养架　适用于大容量的悬浮培养。转轴与水平面成 45°角，转速为 80～110r/min，其上可放置两只 10L 的培养瓶，每瓶可装 4.5L 培养液。

四、培养细胞的生长和活力测定

（一）培养细胞生长的测定

在悬浮培养中，细胞的增殖速率可用以下几个指标来计量。

1. 细胞计数　由于悬浮培养中存在着大小不同的细胞团，在培养瓶中直接取样很难进行可靠的细胞计数。为提高细胞计数的准确性，可先用铬酸（5％～8％）或果胶酶（0.25％）处理细胞和细胞团，增加细胞的分散性。Street 等在进行槭树细胞计数时，把一份培养物加入 2 份 8％三氯化铬溶液中，在 70℃下加热 2～15min，然后将混合物冷却，用力振荡 10min，用血球计数板进行细胞计数。

2. 细胞总体积及细胞密实体积　将已知体积的均匀分散的悬浮液放入 1 个 15mL 刻度离心管中，在 2 000g（g 表示重力加速度）下离心 5min，可得到细胞沉积的体积。细胞密实体积是指每毫升培养液中的细胞总体积。

3. 细胞鲜重和干重　把悬浮培养物倒在下面架有漏斗且质量已知的尼龙丝网上，用水洗去培养基，真空抽滤以除去细胞上面的水分，称量即得到细胞的鲜重，用 g 表示。将细胞在 60℃下干燥 12h 后称量，得到细胞的干重，细胞的干重以每毫升培养物或每 10^6 个细胞的质量来表示。

（二）培养细胞活力的测定

培养细胞最具有应用前景的是用来进行次生代谢物的生产，所以培养细胞必须是活细胞。目前，细胞活力的测定方法主要有以下几种。

1. 四唑还原（TTC）　活细胞的呼吸作用能将 2，3，5 - 氯化三苯基四唑（TTC）还原成红色染料，从而可测定细胞的呼吸效率，反映细胞的代谢强度。一般可在显微镜下观察被染色细胞的数目，计算出活细胞的百分率。也可将红色染料用乙酸乙酯提取出来，用分光光度计进行定量分析，计算出细胞的相对活力。

2. 镜检法　在显微镜下根据胞质环流和正常细胞核的有无可鉴别出细胞的死活。镜检一般使用亮视野显微镜即可，相差显微镜则可得到更清晰的图像。

五、影响细胞培养的因素

(一) 培养基

一般来说，适合愈伤组织培养的培养基也可用于细胞悬浮培养，只要去掉琼脂即可。但并不是所有适合愈伤组织培养的培养基都完全适用于细胞悬浮培养。培养基的种类、植物激素都对细胞培养产生影响。一般来说，N6 培养基适合对单子叶植物细胞进行培养，而 LS、SL 等则适用于双子叶植物，MS、BS 培养基既适用于单子叶植物又适用于双子叶植物。当培养细胞发生褐变、生长缓慢或停止时，应及时更换或调整培养基。

悬浮细胞培养基中需附加水解酪蛋白、椰汁、脯氨酸等，而条件培养基更适用于单细胞培养和低密度细胞培养。悬浮培养细胞往往比固体培养需要含量更高的硝态氮和铵态氮（达 60mmol/L）。

研究表明，在活跃生长的悬浮培养物中，无机磷酸盐的消耗很快，是一个限制细胞分裂生长的因素。如烟草在 MS 无机盐培养基悬浮培养 3d 后，磷酸盐的浓度几乎下降为 0。即使培养基中磷酸盐的浓度提高到原来水平的 3 倍，5d 内也会被细胞全部耗尽。因此，含磷高的 B5 和 ER 两种培养基较适用于高等植物的细胞悬浮培养。

同时，植物激素对细胞的聚集性、细胞分裂的启动速度和分裂速度有影响，要选择细胞容易散碎的激素种类。如培养颠茄细胞加入 2.0mg/L NAA 时，培养细胞的分散性取决于 KT 的浓度，KT 为 0.1mg/L 时分散性最好。在培养基中加入 2,4-滴、少量水解酶（纤维素酶和果胶酶）或加入酵母提取液类物质能够增加细胞的分散度。

(二) 细胞密度

细胞密度（单位体积内的细胞数目）尤其是初始细胞密度对单细胞培养的成败有至关重要的影响。初始密度就是细胞培养最低的有效密度，即能使细胞分裂、增殖的最低接种量低于这个密度的细胞不能分裂，甚至很快解体死亡。不同培养方式要求不同的初始密度，悬浮培养最低有效密度一般为 $(0.5\sim1.0)\times10^5$ 个/mL，但不同植物有差异，如烟草为 $(0.5\sim1.0)\times10^4$ 个/mL，假挪威槭为 $(9\sim15)\times10^3$ 个/mL。在条件培养基或看护培养下可以使培养细胞的初始密度降低。因为较低的细胞密度可防止分裂的细胞团之间聚集，容易获得单细胞无性系。一般单细胞培养的初始密度越高越容易诱导细胞的分裂，细胞植板率增加。随着初始密度减小，细胞对培养基的要求要复杂得多。

(三) pH 和二氧化碳浓度

常用的培养基缓冲能力很弱，不适合细胞悬浮培养。在悬浮培养时 pH 有较大的变化，从而影响某些养分的可利用性。对硝态氮和铵态氮之间进行调整可作为稳定 pH 的一种方法，也可加入一些固体的缓冲物，如微溶的磷酸氢钙、磷酸钙或碳酸钙也可稳定培养液的 pH。

二氧化碳对细胞培养没有太大影响，但在低密度细胞培养中，对诱导细胞分裂可能有重要意义，如在假挪威槭和其他一些植物的悬浮培养中，在培养瓶内保持一定的二氧化碳分压可使有效细胞密度由大约 1×10^4 个/mL 下降到 600 个/mL。

任务八　原生质体分离与纯化

任务目标 >>>

了解原生质体分离与纯化的方法、步骤。

任务分析 >>>

原生质体培养以及细胞融合技术为细胞工程的核心。通过本任务的学习了解原生质体的分离与纯化技术、原生质体活力测定技术。

相关知识 >>>

一、原生质体的分离

能否获得大量有活力的原生质体是原生质体培养能否成功的关键。由于植物细胞外部比动物细胞多了一层坚硬的细胞壁，其主要成分是纤维素、半纤维素和果胶质，因此要除去细胞壁，必须考虑：①不同种类的细胞由于细胞壁成分的差异，所选用的酶类不同；②由于在有机体内细胞壁能防止植物原生质体因膨压变化而发生破裂，维持细胞稳定形态，因此，在去壁过程中必须控制酶液的渗透压，以免原生质体破裂；③分离的原生质体容易受到酶和化学试剂中少量的有害杂质的损害而丧失生活力，因此，对所用试剂的纯度应充分考虑。

从理论上讲，只要用适当的酶处理就能从任何植物的任何活的组织或其培养的细胞系中分离得到原生质体。但对于原生质体培养来说，要得到产量高、活性强、能进行分裂形成愈伤组织或胚状体、最后能再生成完整植株的原生质体，则受到很多因素的影响。就影响原生质体分离时的数量和质量而言，主要应考虑到取材、酶的种类、酶溶液的渗透压、酶解的时间与温度、分离纯化的技术等。

（一）材料的选择

一般而言，植物的各个器官，如根、茎、叶、子叶、下胚轴、果实、种子、愈伤组织、悬浮细胞等都可作为分离原生质体的材料。但要获得产量高、质量好的原生质体，则要注意选择和扩大研究所需要的合适的基因型，最终打破基因型的限制，使之具有普遍实用的意义。

原生质体起始材料的特性和生理状况是决定原生质体质量的重要因素之一，一般选用生长旺盛、生命力强的组织作为起始材料。同时，肥水条件、生长季节、植株年龄和光照等都明显影响原生质体的产量和活力。

实践证明，叶片是分离原生质体的经典材料。由于叶片中的叶肉细胞排列疏松，酶的作用很容易达到细胞壁，而且叶肉原生质体有明显的叶绿体存在，为选择杂种细胞提供了天然的标记。用叶片制备原生质体时一般选用植株上充分展开的叶片，采用一步法，即同时加入果胶酶和纤维素酶等使原生质体游离出来，有可能获得大量质量较一致的原生质体。在取叶片之前先对母株施加轻度干旱处理或对离体叶先进行轻度质壁分离处理，分离原生质体的效果更理想。

由于用叶片制备原生质体受植株生长环境条件和植株本身生理状况的影响，因而有很多研究者选用瓶苗作为原生质体的来源。因为瓶苗无菌，而且完全可以在人工控制的条件下生长，一旦建立可用于分离和培养的最适条件，就可以提高试验的可重复性。

（二）酶的种类及作用

植物细胞壁的 3 种主要成分中，纤维素和半纤维素主要组成细胞壁的初生结构和次生结构，果胶质则是细胞间中胶层的主要成分。分离植物原生质体的酶根据其作用大致可分为纤维素酶、半纤维素酶和果胶酶等。纤维素酶和半纤维素酶分别降解组成细胞壁的纤维素和半纤维素，果胶酶主要降解中胶层。一般来说，酶溶液中只要含有一定浓度的纤维素酶和果胶酶即可分离出原生质体，有些材料需要加入半纤维素酶、蜗牛酶等。

最常用的纤维素酶是 Cellulase Onozuka R‑10 和 Cellulase Onozuka RS。最常用的果胶酶是 Pectinase、Macerozyme R‑10 和 Pectolyase Y‑23，其中 Cellulase Onozuka RS 和 Pectolyase Y‑23 分离原生质体的效率较高，但价格也很昂贵。崩溃酶同时具有纤维素酶、果胶酶、地衣多糖酶和木聚糖酶等几种酶的活性，对由培养细胞中分离原生质体特别适合。

粗制的商品酶制剂中通常含有核酸酶和蛋白酶等杂质，影响酶的活性和原生质体的活力。因此，在有些情况下，使用之前需要对酶进行纯化。常用的技术是将酶液在 4℃下通过 Bio‑GelP$_6$ 或 SepHadexG‑25 凝胶柱进行过滤纯化。

酶的活性与 pH 有关，按照生产厂家的说明，Cellulase Onozuka R‑10 和 Macerozyme R‑10 的最适 pH 分别为 5～6 和 4～5，在分离原生质体时一般将 pH 调节在 4.7～6.0。分离原生质体酶活性的最适温度为 40℃，但这个温度对植物细胞而言则显得太高。因此，一般在 25～30℃ 的条件下进行酶解利于保持原生质体的活力。

酶溶液需要低温贮藏，存放在低温冰箱中可使其数月不丧失活性。

（三）渗透压稳定剂

细胞壁对细胞有良好的保护作用，除去细胞壁后如果酶溶液的渗透压和细胞内的渗透压不平衡，则原生质体有可能失水皱缩或吸水涨破。因此，为了保持原生质体的活力和质膜的稳定性，必须使原生质体处于等渗的环境中。在酶液、洗液和培养液中的渗透压基本上应与原生质体等渗或略高。原生质体在轻微高渗溶液中比在等渗溶液中更为稳定，较高水平的渗透压可以阻止原生质体的破裂和出芽，但也对原生质体的分裂有一定的抑制作用。

在原生质体分离和培养中，广泛使用的渗透压稳定剂有甘露醇、山梨醇、蔗糖、葡萄糖、果糖、麦芽糖、半乳糖和木糖等。使用浓度因材料而异，一般为 0.2～0.8mol/L。对同一植物而言，来自子叶和下胚轴的原生质体需要较高的渗透压，愈伤组织次之，胚性悬浮细胞较低。另外，在酶液中加入某些盐类如 CaCl$_2$、KH$_2$PO$_4$、MES（2-氮吗啉乙烷磺酸）和硫酸葡聚糖钾等，可以提高质膜的稳定性，增加完整原生质体的数量和活力。其中，MES 作为 pH 缓冲调节剂对保持酶解物的酸碱度起缓冲作用，硫酸葡聚糖钾是通过降低酶溶液中的核糖核酸酶活性，从而保持原生质体质膜的稳定性。此外，加入牛血清蛋白可防止细胞壁降解过程中对细胞膜和细胞器的破坏。加入少量 $AgNO_3$、过氧化物歧化酶会减轻酶解时产生的乙烯、氧自由基对细胞膜的损伤，从而提高原生质体的活力。

（四）原生质体的分离

原生质体的分离技术有酶解分离和机械分离两种。在早期藻类植物、洋葱表皮、甜菜组织等材料中用机械法分离获得了原生质体。使细胞先产生质壁分离，然后切开细胞壁使原生质体释放出来。但该技术获得的原生质体产量低，而且液泡化程度低的细胞不能采用，因此，机械分离技术的应用受到限制。酶分离技术是目前应用最广、效果最好的原生质体分离技术。

酶分离技术是 1960 年 Cocking 从番茄幼苗根尖分离原生质体最早采用的技术，当用纤维素酶处理时获得的原生质体产量高、完整性好、活性强，经过数十年的不断完善已成为植物原生质体分离最有效的方法。该技术在使用时又分为一步法和两步法。两步法是先用果胶酶处理材料，游离出单个细胞，然后再用纤维素酶处理，分离原生质体。其优点是获得的原生质体均匀一致、质量好。但由于操作繁杂，已逐渐被淘汰。一步法是将纤维素酶和果胶酶等配制成混合酶液来处理材料，一次性获得原生质体。该技术操作简便，也是目前最常用处理技术，具体操作如下。

1. 材料的预处理　当从自然条件下的植株上取材时，首先必须对材料进行表面消毒，然后对供体材料进行预处理或预培养，可提高材料原生质体的活力和分裂频率。例如，用子叶、下胚轴分离原生质体时，常用种子诱导无菌实生苗；叶片则用田间植株的幼嫩叶或在新鲜培养基上继代培养一定时间的瓶苗；愈伤组织或胚性悬浮细胞系要用更换新鲜培养基若干天后的培养物。另外，暗处理、低温处理等方法也有效。例如，龙胆瓶苗的叶片用 4℃ 的低温处理，甘蔗暗培养 12h，都能提高原生质体的产量，促进原生质体分裂。

2. 酶解处理　酶解时，叶片和子叶要撕去下表皮，将去掉下表皮的一面向下放入酶液中。若除去表皮比较困难，则可以将叶片切成小块后放入酶溶液。下胚轴直接切成小块放入酶溶液。对于愈伤组织或悬浮细胞，如果细胞团的大小不均匀，则先用筛网过滤以除去大的细胞团，留下较均匀的小细胞团进行酶解。叶片和下胚轴等组织切块与酶溶液按比例混合，每克材料一般需酶溶液 $10\sim20mL$，真空抽滤 $5\sim10min$（使组织中无气泡逸出，以促进酶溶液充分渗入组织，提高酶解效率。当真空抽滤结束后大气压恢复正常时，组织小块不下沉，则需继续进行渗透处理）。然后，在黑暗、静置条件下酶解。在处理过程中，对酶解物每隔一定时间用手轻轻摇动几下即可。对于愈伤组织、悬浮细胞等难游离原生质体的材料可置于低速（$30\sim50r/min$）摇床上轻轻震荡，以促进原生质体的释放。

由于不同材料的生理特性不同，对酶液中渗透压的要求也不同，要通过试验确定最适的渗透压稳定剂的种类和浓度。酶的种类、浓度、酶解时间也因材料而异。一般来说，对于子叶、下胚轴和叶片等材料常用 Cellulase Onozuka R-10 和 Macerozyme R-10 等中等活性的酶，且只需低浓度处理几个小时即可；对于愈伤组织和悬浮细胞等难游离的材料，常用 Cellulase Onozuka RS、Pectolyase Y-23 和 Rhozyme HP-150 等活性较强的酶，而且要在较高浓度的酶溶液中酶解处理几个小时到十几个小时。酶解处理所遵循的原则是利用浓度尽可能低的酶溶液，在尽可能短的酶解时间内获得数量最多的活力最强的原生质体。酶液的 pH 一般调在 5.4～6.0，酶解温度一般在 25～30℃。

二、原生质体的纯化技术

植物材料经过酶解处理得到的混合物中除了完整的原生质体之外，还含有未去壁的细胞、细胞碎片、叶绿体等细胞器、细胞团的组织残渣，必须将这些残渣和酶液去掉，获得纯的原生质体，才能进行培养。处理技术一般是先将酶解混合物通过一定孔径（40～100μm）的筛网过滤，除去未消化的细胞团和组织块等较大的杂质，收集滤液进行进一步的纯化。因植物材料和所使用的渗透压稳定剂不同，纯化的技术也不同。

（一）沉降技术

沉降技术又称离心沉淀技术，是指将收集的滤液低速离心，使原生质体沉降于管底。转速的控制以将原生质体沉淀，而碎片等杂质仍悬浮在上清液中为宜，一般用 500～800r/min 的转速离心 3～5min。用吸量管小心吸去上清液，再用洗涤液（除不含酶外，其他成分和酶溶液相同）重新悬浮原生质体，再次离心，除去上清液，如此重复 3 次。最后用原生质体培养基清洗 1 次，然后用培养基将原生质体调整到一定密度后进行培养。这种方法的优点是收集原生质体方便、操作简单、产量高，但该法在漂洗过程中易对原生质体造成损伤，且纯度不够高，常存在少量去壁不完全的细胞和破碎的原生质体。当酶解处理以甘露醇作为渗透压稳定剂时用此技术较合适。

（二）漂浮技术

选用比原生质体密度大、渗透压较高的溶液与收集的滤液混合，在 1 000r/min 的转速下离心 5～10min，使原生质体漂浮于溶液的表面，从而分离出原生质体。这种方法的优点在于能收集到较纯净的原生质体，且可以避免在离心纯化过程中因振荡撞击或挤压引起的原生质体破裂或损伤，所用的试剂简单，成本低。但纯化过程中原生质体损失较多，使产量较低。若分离原生质体是选用蔗糖作为渗透压稳定剂时选用此技术较适合。

（三）接口技术

接口技术又称为界面技术，也称为梯度离心技术，是指用两种密度不同的溶液，使健康完整的原生质体处在两液相的界面之间，从而收集分离出原生质体。即在离心管下层注入较高浓度（18％～20％）的多聚蔗糖（Ficoll）溶液，而上层则注入较低浓度（6％）的多聚蔗糖溶液，然后将原生质体混合液加入，并进行离心，结果原生质体漂浮在两层溶液之间，而破碎组织则在离心管的底部，由于原生质体只有一薄层，很容易收集。且多聚蔗糖代谢不活跃，不影响原生质体的活力。

三、原生质体的活力测定

分离获得的原生质体是否具有活性及活性的强弱是原生质体培养成功与否的关键因素之一。因此，在原生质体培养前，常常先检测原生质体的活力。原生质体活力测定的技术主要有以下几种。

（一）形态识别

一般根据形态特征即可识别原生质体的活力。若原生质体颜色鲜艳、形态完整、富含细胞质，则有活力。也可通过渗透压的变化观察原生质体的涨缩情况来判断其活力，即体积能随溶液渗透压的变化而改变，则为活的原生质体。另外，还可以通过观察胞质环流作为有旺盛代谢的指标。

（二）二乙酸荧光素（FDA）染色技术

该技术的原理和方法同细胞活力测定。在荧光显微镜下观察，产生绿色荧光的原生质体是有活力的，不产生绿色荧光的是无活力的。由于叶绿素的关系，叶片、子叶、下胚轴的原生质体发黄绿色荧光的为有活力的，发红色荧光的为无活力的。通常以有活力的原生质体数占观察原生质体总数的百分率表示原生质体活力。

（三）酚藏花红染色技术

酚藏花红是一种碱性染料，溶于水显红色并带黄色荧光，其最大激发和发射波长分别为 527nm 和 588nm。酚藏花红能被活的原生质体吸收而呈红色，无活性的原生质体因无吸收能力而呈无色。

（四）荧光增白剂（CFW）染色技术

荧光增白剂染色是通过检测细胞壁是否形成来确定原生质体的活力。CFW 可结合于新合成的细胞壁的 β-糖苷上，在 400nm 激发光照射下可产生绿色荧光。新制备的原生质体如果细胞壁降解完全，则原生质体周围看不到绿色荧光，如果是叶肉原生质体，则呈现由叶绿素产生的红色荧光。在培养过程中，有活力的原生质体随着细胞壁的再生产生绿色荧光。

用 CFW 染色法测定原生质体活力的具体操作是：吸取新制备的原生质体悬浮液或培养一定时间的原生质体 0.1～0.2mL，置于小离心管中，加入等体积的 0.1%CFW 溶液（用与原生质体等渗的甘露醇溶液配制）混匀。室温静置 5～10min，于 500r/min 下离心 3min，再用与原生质体等渗的甘露醇溶液离心洗涤 3 次，然后加入 0.1～0.2mL 培养液，吸取 1 滴悬浮液于载玻片上，用荧光显微镜观察（波长 360～440nm）。

这些方法可在一定程度上判断出原生质体是否具有活力，但是原生质体真正的活力应体现在原生质体是否能持续进行有丝分裂并形成再生植株。

任务九　原生质体培养

任务目标 >>>

了解原生质体培养的方法和步骤。

任务分析 >>>

分离获得有活力的原生质体后，可选择适宜的培养基和培养方法对原生质体进行培养，使其分裂、分化直至形成完整植株。

相关知识>>>

一、培养基

原生质体与植物细胞的主要差别在于是否除去了细胞壁，原生质体培养所需的营养要求与植物组织和细胞的营养要求基本相同。从目前原生质体培养所用的培养基来看，它们各具特色，但还没有普遍适用于所有植物的。茄科植物一般以 MS、NT 和 K3 为基本培养基，十字花科和豆科植物多数以 B5、KM-8P、K-8P 和 KM 为基本培养基，禾谷类植物多数以 MS、N6、KM 为基本培养基。但由于原生质体在结构和代谢上都与细胞有差异，在进行原生质体培养时必须考虑到原生质体的特殊需求。因此，原生质体培养所用的培养基通常是改良的细胞培养基（表9-4）。

表9-4 植物原生质体培养常用培养基配方

单位：mg/L

成分	KM	KM-8P	NT
NH_4NO_3	600	—	—
KNO_3	1 900	1 900	950
NH_4NO_3	—	600	825
$MgSO_4 \cdot 7H_2O$	300	300	1 233
$CaCl_2 \cdot 2H_2O$	600	600	220
KCl	300	300	—
KH_2PO_4	170	170	680
$FeSO_4 \cdot 7H_2O$	28	—	27.8
NaFe-EDTA	—	28	—
Na_2-EDTA	—	—	37.3
$MnSO_4 \cdot H_2O$	10.0	10.00	—
$MnSO_4 \cdot 4H_2O$	—	—	22.3
H_3BO_3	3.0	3.00	6.2
$ZnSO_4 \cdot H_2O$	—	—	—
$ZnSO_4 \cdot 7H_2O$	2.0	2.00	8.6
$Na_2MoO_4 \cdot 2H_2O$	0.25	0.25	0.25
$CuSO_4 \cdot 7H_2O$	—	—	0.03
$CuSO_4 \cdot 5H_2O$	0.025	0.025	0.025
KI	0.75	0.75	0.83
$CoCl_2 \cdot 6H_2O$	0.025	0.025	0.025
肌醇	100	100	100
烟酸	1.0	1	—

（续）

成分	KM	KM-8P	NT
维生素 A	0.01	0.005	—
维生素 B_1	1.0	10	1
维生素 B_2	0.2	0.1	—
维生素 B_6	1.0	1	—
维生素 B_{12}	0.02	0.01	—
维生素 C	2.0	1	—
泛酸钙	1.0	0.5	—
维生素 D_3	0.01	0.005	—
叶酸	0.4	0.2	—
生物素	0.01	0.005	—
氨基苯甲酸	0.02	0.01	—
柠檬酸	—	10	—
苹果酸	—	10	—
延胡索酸	—	10	—
丙酮酸钠	—	5	—
氯化胆碱	1.0	0.5	—
ZT	0.5	0.1	—
2，4-滴	0.2	1	—
NAA	1.0	—	3
6-BA	—	—	1
葡萄糖	68 400	68 400	—
蔗糖	250	125	10 000
果糖	—	125	—
核糖	—	125	—
木糖	—	125	—
甘露糖	—	125	—
鼠李糖	—	125	—
纤维二糖	—	125	—
山梨醇	—	125	—
甘露醇	—	125	127 520
水解酪蛋白	—	125	—
椰汁	—	10	—

（一）无机盐

无机盐是组成培养基的主要成分，根据其含量可分为大量元素和微量元素。一般认为，在原生质体培养中，大量元素应比愈伤组织培养中的用量少。但在大量元素中的 Ca^{2+} 能保持原生质体质膜的稳定性，因此，较高的 Ca^{2+} 浓度是原生质体培养所必需的。VonArnold 等（1977）证实，高浓度的 Ca^{2+} 能促进豌豆原生质体的存活和细胞分裂。所以，在许多植物原生质体培养基中，应用大量元素减半的 MS 培养基时，Ca^{2+} 的用量则保持不变。

另外，培养基中氮源的种类和浓度也影响原生质体的培养效果。在小麦原生质体的培养中，起始培养基中的氨态氮较低，在添加新鲜培养基时适当增加氨态氮可以促进细胞分裂和提高植板率。在水稻原生质体培养中采用加氨基酸的 AA 培养基代替无机氮能促进原生质体再生细胞的分裂和提高植板率。而在葡萄原生质体的培养中则以含硝态氮的 B5 培养基为最佳。

（二）渗透压稳定剂

渗透压稳定剂既能保持培养基的渗透浓度，又是原生质体再生细胞生长发育的碳源。所以，在原生质体培养时，必须使其处于一个等渗或稍低于细胞内渗透压的外界环境，即必须有一定浓度的渗透压稳定剂来保持原生质体的稳定。但不同植物对渗透压稳定剂的种类和浓度的需求不同，甚至有互相矛盾的报道。例如，多数植物一般使用 $0.3\sim0.5mol/L$ 的甘露醇，培养效果较好，但在葡萄原生质体的培养中，则用 $0.4mol/L$ 的葡萄糖完全取代甘露醇，细胞分裂率显著提高。同时，在原生质体培养过程中还必须不断调整渗透压稳定剂的浓度，即随着细胞壁的再生和细胞的持续分裂应不断降低渗透压才能促进细胞团的进一步生长和愈伤组织的形成。一般在培养开始 $7\sim10d$，大部分有活力的原生质体已经再生出细胞壁并进行了几次分裂，此后通过定期添加新鲜培养基，每 $1\sim2$ 周使渗透压稳定剂的浓度降低 $0.05\sim0.10mol/L$，往往能促进培养物持续生长发育，形成愈伤组织并再生成植株。另外，周宇波等研究发现，对于同种植物，在原生质体培养初期培养基中糖醇的种类和配比对细胞分裂和发育的影响不同。在相同糖醇浓度下只使用甘露醇和蔗糖细胞虽能启动分裂，但不能继续发育，同时出芽细胞和异常膨大细胞比例显著增加。而培养基中含有山梨醇、木糖醇、纤维二糖和葡萄糖等多种糖醇时则有利于细胞壁的形成和细胞持续分裂生长，特别是纤维二糖对细胞壁的再生具有良好的促进作用。

（三）有机成分

原生质体的生长发育需要维生素和其他各种有机成分。营养丰富的有机物质如维生素、氨基酸、有机酸、糖、糖醇和椰汁等有利于细胞分裂。在培养基中加入谷氨酰胺、天冬酰胺、精氨酸、丝氨酸、丙酮酸、苹果酸、柠檬酸、延胡索酸、腺嘌呤、水解乳蛋白、水解酪蛋白、椰汁、酵母提取物、脱落酸、尸胺、腐胺、尿胺、精胺、对甲氧基苯甲酸、小牛血清和蜂王浆等有机附加物对于促进原生质体的分裂和细胞团及胚状体的形成都有一定作用。但每一种成分所适用的植物只有通过试验才能确定。

（四）激素

激素对原生质体细胞壁的生成、细胞分裂的启动、愈伤组织的形成和植株再生都起着决定性作用。不同植物对激素的种类和浓度的要求各不相同。甚至同一植物不同的细胞系原生质体培养时对激素的要求也不尽相同。原生质体培养的不同阶段，由于生长发育的需要不同，对激素的选择也不同。另外，还必须考虑到激素的后效应。一般来说，在培养基中加入生长素 2，4-滴是原生质体的分裂所必需的。从开始培养到愈伤组织形成，大多数使用 2，4-滴，也有 2，4-滴与 NAA、6-BA 或 ZT 等结合使用的。而将愈伤组织转入到分化培养基时，则要降低 2，4-滴的浓度甚至完全除去，同时降低 NAA 的浓度或用 IAA 代替，适当增加 6-BA、KT 或 ZT 的用量。

（五）pH

pH 过高或过低对原生质体的活力及其分裂都会产生不利影响，一般在原生质体培养时 pH 为 5.6～5.8。

二、原生质体培养技术

原生质体培养是指对分离的原生质体进行无菌培养，诱导其分裂分化，甚至形成完整植株的技术。

（一）平板培养技术

平板培养技术又称为固体培养技术。将原生质体悬浮液与等体积的琼脂培养基混合，使琼脂的最终浓度为 0.6% 左右，迅速轻摇，使原生质体均匀分布于培养基中，然后倒入直径为 6cm 的培养皿中，待凝固后置于 9cm 培养皿中封口保湿培养。该法中原生质体彼此分开，位置固定，便于定点观察，有利于跟踪观察单个原生质体的分化发育情况，易于统计植板率。不足之处在于对操作要求严格，原生质体悬浮液与琼脂培养基混合时，温度必须合适，太高则影响原生质体的活力，太低又使培养基容易凝固，使原生质体分布不均匀，并且原生质体生长发育速度较慢。

（二）液体浅层培养技术

将原生质体悬浮液用巴斯德吸量管转移到培养皿或培养瓶中，形成一薄层。一般直径为 3cm 的培养皿中加 1.0～1.5mL 培养液，直径为 6cm 的培养皿中加 2～3mL 培养液。用 Parafilm 膜密封后静置培养。该技术优点是操作简便，对原生质体的伤害较小，通气性好，代谢物易于扩散，并且便于补充新鲜培养基，形成细胞团或愈伤组织后也易于转移，是目前常用技术之一。其缺点是原生质体在培养基中分布不均匀，会造成原生质体密度过高，从而影响原生质体再生细胞的进一步生长发育，难以定点观察和获得单细胞无性系。

（三）悬滴培养技术

将原生质体悬浮液用刻度滴管以 $50\mu L$ 或 $100\mu L$ 的小滴接种到无菌干燥的培养皿内，在皿底放入保湿液，封口培养。该法的优点是所需材料少，生长快，不容易污染，利于低密度培养；缺点是原生质体分布不均匀，培养液中的水分易于蒸发而造成培养基成分浓度变高。

（四）固液结合培养技术

固液结合培养法又称为固液双层培养技术，是在培养皿的底部先铺一薄层含琼脂或琼脂糖的固体培养基（含或不含原生质体或细胞），再在其上进行原生质体的液体浅层培养。该法有利于固体培养基中的营养成分（或细胞代谢产物）缓慢向液体培养基中释放，以补充培养物对养分的消耗，同时培养物所产生的一些有害物质，也可被固体部分吸收，对培养物生长有利。Power 等证明这种培养方法对烟草和矮牵牛原生质体的再生起到了促进分裂的作用。在下层固体培养基中添加活性炭，可有效吸附培养物所产生的有害物质，结果使地钱原生质体培养形成细胞团的数量提高了 23 倍。Thompson 等在水稻原生质体培养中用该法提高了原生质体的植板率。程振东等在油菜原生质体培养中不仅大大提高了克隆形成频率，而且加速了油菜原生质体的植株再生进程。

三、原生质体的培养条件

原生质体的培养除了受培养基和植物类型影响外，还受到培养条件和植板密度的影响。

1. 光照 刚分离出的原生质体应在散射光或黑暗条件下培养。一般来说，叶肉、子叶和下胚轴等带有叶绿体的原生质体在培养初期最好置于弱光或散射光下，而由愈伤组织和悬浮细胞制备的原生质体可置于黑暗中培养。在诱导分化阶段，则需将培养物转入光下进行培养，所需光照度一般为 1 000～3 000lx，光照时间为 10～16h/d。

梁玉玲等在绿豆的研究中发现，原生质体细胞壁的再生率在红光下最高，白光下次之，蓝光下最小。这说明光质也影响某些植物原生质体的培养效果。红光和白光具有促进细胞壁再生的功能，并且红光和白光对细胞的第一次分裂有明显的促进作用，而蓝光的促进作用较小或不明显。

2. 温度 不同植物的原生质体对温度的要求不同，如烟草原生质体适宜的培养温度为 26～28℃，棉花为 28～30℃，豌豆为 19～21℃。而在分化阶段，培养温度一般控制在 25～26℃。

3. 植板密度 原生质体的初始植板密度对原生质体的培养效率有显著的影响。在适宜的密度范围内原生质体易于分裂增殖。若原生质体密度过高，往往会因养分不足或细胞代谢物过多而妨碍再生细胞的正常生长；若密度过低，原生质体的再生细胞一般不能持续分裂。因此，原生质体培养必须有适宜的植板密度。研究表明，原生质体培养的初始密度为（1～10）×10⁴ 个/mL。但如果采用饲养层培养法，则可大大降低原生质体密度，一般只要1～10 个/mL。悬滴培养法还可进行单个原生质体的培养。

四、原生质体的发育和植株再生

（一）细胞壁的再生

原生质体培养数小时后开始再生新的细胞壁，首先原生质体体积稍有增大，由质膜合成细胞壁的主要成分——微纤维，然后转移到质膜表面进行聚合作用产生多片层的结构，再在质膜与片层结构之间或在膜上产生小纤维丝，逐渐形成不定向的纤维团，最后形成完整的细胞壁。例如，烟草和矮牵牛的叶肉原生质体只需1～2d 即可完成这一过程。只有能形成完好细胞壁的再生细胞才能进入细胞分裂阶段。

（二）细胞分裂和生长

原生质体培养数天后细胞质增加，细胞器增殖，RNA、DNA、蛋白质及多聚糖合成增加，不久即可发生核的有丝分裂和细胞质分裂。原生质体一般培养 2～7d 开始第1次细胞分裂，但具体出现第1次分裂的时间因植物种类、分离原生质体的材料、原生质体的质量、培养基的成分和培养条件而异。烟草一般培养3~4d即开始第1次细胞分裂，而葡萄一般培养4~5d即开始第1次细胞分裂。用幼苗的下胚轴、子叶、幼根、悬浮培养的细胞和未成熟种子的子叶等为材料分离的原生质体，一般比用叶肉分离的原生质体容易诱导分裂，第1次分裂出现的时间要早。当培养1周后，再生细胞进行第2次分裂，之后连续多次分裂形成小细胞团。再生细胞最终是形成愈伤组织还是胚状体则因植物种类和原生质体供体材料的性质不同而异。值得注意的是当细胞开始分裂后，要及时降低培养基的渗透压，以减轻培养基对细胞的胁迫作用和满足细胞对营养的需求。特别是形成小细胞团后必须转入无甘露醇或山梨醇的培养基上继续培养，以促进其生长形成愈伤组织或胚状体。

（三）植株再生

原生质体培养形成愈伤组织以后要将其转移到分化培养基上通过诱导器官发生或体细胞胚胎发生两种途径，发育成再生植株。

通过愈伤组织诱导植株再生的关键是选择合适的培养基和激素，同时要注意有些植物细胞本身能合成相当数量的内源激素如生长素，若外加大量的生长激素反而不利于细胞的生长和分化。当通过激素的调控，诱导出不定芽后，再转移到生根培养基上诱导生根，即可获得完整植株。菊科、茄科、十字花科的大多数和豆科的部分种属等都可通过这种器官发生途径再生植株。

在原生质体培养中，形成再生植株的另一途径是由原生质体再生细胞直接形成胚状体，再由胚状体发育成完整植株。禾本科、伞形科、芸香科、葫芦科和豆科中的部分种属尤其是豆科牧草和裸子植物中的松科等都是采用这种体细胞胚胎发生途径再生植株。

综上所述，植物原生质体培养操作流程可归纳如下：选择适宜的植物类型→获取外植体并消毒→分离原生质体→收集纯化原生质体→选用合适的方法培养→诱导愈伤组织或胚状体产生→诱导植株再生。

任务十 细胞融合

任务目标 >>>

了解原生质体融合的方法和步骤。

任务分析 >>>

植物有性杂交技术在新品种选育上已有了广泛的应用，但由于物种间存在生殖隔离现象，从而使近缘种和野生植物的优良基因的利用受到限制。随着原生质体培养技术的日臻完善，在20世纪70年代逐渐发展起来的细胞融合技术能够通过体细胞融合使远缘个体间的基因组得以整合，实现基因重组，从而创造新的遗传变异、新的种质、甚至新的物种。这一技术在20世纪80年代末已经成熟，迄今已在多种植物上获得了种、属间杂种植株，为育种工作的开展提供了技术保障。

相关知识>>>

一、原生质体融合

（一）原生质体融合的概念

原生质体融合又称为体细胞杂交，是指将不同种、属，甚至科间的原生质体通过物理或化学方法诱导融合，然后进行离体培养，使其再生杂种植株的技术。植物细胞具有细胞壁，直接融合是很困难的。因此植物体细胞杂交或融合是在原生质体状态下实现的。这项技术是以原生质体培养技术为基础而发展起来的。自从1972年Carlson等获得第一株烟草体细胞杂种植株以后，很多学者就茄科的烟草属、曼陀罗属、矮牵牛属、茄属、番茄属、颠茄属等植物的体细胞杂交进行了研究，以后才逐渐扩展到十字花科的芸薹属和拟南芥属，以及伞形科的胡萝卜属和欧芹属。近年来，随着植物原生质体培养技术的迅速发展，尤其是禾本科和豆科等重要粮食作物原生质体培养技术的重大突破，其体细胞杂交也产生了种间和属间杂种。另外，木本植物如柑橘等也获得了远缘杂种再生植株。通过对杂种植株的筛选鉴定即可获得满足生产需求的优良品种，因此体细胞杂交技术作为一种育种的新途径，将会有效地应用于植物的遗传改良和新品种的选育，从而为生产实践服务。

（二）原生质体融合的类型

原生质体融合的过程完全是人为的诱导过程。从理论上讲，任何细胞，不论是完整的原生质体还是亚原生质体，是单倍体还是二倍体，是分化细胞还是未分化细胞，都有可能通过体细胞杂交而成为新的生物资源。例如，丧失形态发生能力的细胞可通过与胚性细胞融合，再生杂种植株，重返有性世代，这对于种质资源的开发和利用具有深远意义。另一方面，体细胞融合过程中不存在有性杂交过程中的生殖隔离机制的限制，这为远缘物种间的遗传物质交换提供了有效途径。同时，体细胞杂交产生的杂种细胞含有来自双亲的核外遗传系统，在杂种的分裂和增殖过程中，双亲的叶绿体、线粒体DNA也可发生重组，从而产生新的核外遗传系统，这是有性杂交不能达到的境界。

（三）植物细胞杂交的类型

植物细胞杂交根据选用的亲本原生质体的来源不同可划分为以下几种类型。

1. 体细胞杂交 体细胞杂交是用双亲的体细胞原生质体进行融合，然后对杂合细胞进行培养、筛选和鉴定，从而获得杂种植株的过程。这是目前原生质体融合技术中用得最多的一种组合。

2. 配子—体细胞杂交 配子—体细胞杂交是用一个体细胞原生质体作融合亲本，另一个亲本则用性细胞原生质体。近年来，随着性细胞原生质体分离培养取得进展，已逐渐开始用分离获得的精、卵细胞原生质体与体细胞原生质体融合，可得到三倍体细胞杂种植株。

3. 配子间细胞杂交 配子间细胞杂交所选用的融合亲本均为性细胞原生质体。在配子间细胞杂交的多种组合形式中，精、卵细胞融合最先在玉米上取得成功。这一成果标志着高等植物的受精过程研究可脱离植物而在人工控制的离体条件下得以完成。

4. 微细胞杂交 微细胞杂交又称为微核技术，是指以植物细胞经微核化处理后形成的外包有被膜，内含一条或几条染色体的微核作为供体，与受体原生质体融合，从而实现部分基因组转移的技术。微细胞杂交目前主要用于转移单个完整的染色体以建立单体或多体的"染色体杂种"，从而进一步用于基因图谱的绘制、建立特异染色体 DNA 文库、研究外源基因的功能等分子生物学的研究。目前该技术已成功用于马铃薯和番茄间单条或多条染色体的转移。

（四）原生质体融合的种类

原生质体融合根据其细胞融合时的完整程度可分为两大类。

1. 对称融合 对称融合是指两个完整的细胞原生质体融合，结果是核与核、胞质与胞质间重组的对称杂种。原生质体融合后的个体称为融合体，同种原生质体融合产生同核体，异种原生质体融合产生异核体。当亲缘关系较远的种、属间植物经对称融合产生的杂种细胞在发育过程中由于分裂不同步等原因常发生一方亲本的染色体部分或全部丢失而产生不对称杂种。

2. 不对称融合 不对称融合是指用物理或化学方法处理亲本原生质体，使一方细胞核失活，或同时使另一方细胞质基因组失活，从而获得融合后只有一方亲本核基因的杂种细胞的方法。因融合细胞内所含物质的不同，可分为 3 种类型：①A 细胞核＋B 细胞核；②A 完整细胞＋B 细胞质；③A 完整细胞＋B 细胞质和部分核物质。无核的亚原生质体称为胞质体，有核的小原生质体或只有核和原生质膜的亚原生质体称为核质体。碘乙酸、碘乙酰胺等化学试剂或 X 射线、γ 射线等物理方法可使细胞核失活或不能正常分裂，而细胞质基因组正常。质失活则用罗丹明（R-6-G），它是一种亲脂染料，能够抑制线粒体的氧化磷酸化过程，从而使细胞质失活。例如，刘继红等（2000）用 38Gy/min 的 X 射线辐射伏令夏橙原生质体 45min，0.25mmol/L 碘乙酸处理 Murcott 橘橙（*Citrusreticulata×Citrussinensis*）原生质体 45min，电场诱导两种原生质体融合，获得了柑橘种间体细胞的不对称杂种植株。但是，辐射处理可能会产生诱变效应，化学物质对原生质体有伤害，要注意使用时剂量不宜过高。

二、诱导原生质体融合技术

原生质体融合可以是自发融合，也可以是诱导融合。仅仅通过自发融合不能解决生殖隔离问题，必须采用各种方法诱导融合。一般地说，诱导细胞融合的技术分为化学诱导融合技术和物理诱导融合技术。

（一）化学诱导融合技术

化学诱导融合是指以化学试剂作为融合诱导剂，促进原生质体融合的方法。常用的化学诱导融合技术是聚乙二醇（PEG）诱导融合技术。它是由高国楠和 Michayluk 等（1974）创造的方法。PEG 作为一种多聚化合物用于诱导原生质体融合时，PEG 的相对分子质量一般在 1 500～7 500，浓度为 10%～30%。该法由于操作简便、融合效果好、不需要昂贵的仪器设备、融合产生的异核率高、融合过程不受种的限制，因而被广泛采用。当 PEG 处理后再用高 Ca^{2+}-高 pH 溶液代替其他溶液洗除 PEG，能大大提高融合率。PEG 融合法的具体操作如下。

1. 器具灭菌 将所有要用的器具高温消毒后置于超净工作台内备用。

2. 原生质体制备 选择合适的原生质体作供体材料,配制适宜的酶液组合,分离纯化原生质体。

3. 融合液的配制 融合液分为 A 液和 B 液,分别在不同的融合阶段使用。A 液的 Ca^{2+} 浓度和 pH 较 B 液低,具体配方如表 9-5 所示。A 液和 B 液均可进行高温灭菌。但有研究认为,A 液最好采用过滤灭菌,因为高温灭菌可能会降低 pH,也会分解 PEG 中的过氧化物而产生醛或酮,进而使之氧化成酸,对细胞产生伤害。Chand 等(1988)的研究证明,经高温处理,A 液中的羧基含量较原先要增加几倍到十几倍。另外,PEG 的存放时间和 A 液中的 pH 均会影响羧基的含量,以新配制的 PEG 和 pH 5.8 时的羧基含量最低(约 $0.5×10^{-4}mol/L$)。为减少融合液对原生质体的伤害,可在 A 液中添加细胞膜保护剂如 0.2% 的牛血清蛋白。

表 9-5 PEG 融合液配方

溶液名称	化合物种类	含量	pH
A 液	$CaCl_2 \cdot 2H_2O$	2~8mmol/L	5.8
	KH_2PO_4	0.5~0.7mmol/L	
	甘露醇或山梨醇	0.1~0.2mol/L	
	PEG	25%~30%	
B 液	$CaCl_2 \cdot 2H_2O$	10~100mmol/L	7.0~10.0
	KH_2PO_4	0.5~0.7mmol/L	
	甘露醇或山梨醇	低渗或不加	

4. 原生质体的密度调整 分离的原生质体用不加 PEG 的 A 液洗一次,然后将密度调整到约 $2×10^5$ 个/mL。再将两亲本原生质体按 1:1 的比例混合,静置 2min 后即可开始融合过程。

5. 诱导原生质体融合 首先,将原生质体悬浮液均匀滴于培养皿底部,静置 3~5min,等细胞沉降后在原生质体悬浮液滴顶部缓慢加一滴融合液 A,处理 15~20min,使大多数细胞圆球化;再在原生质体悬浮液滴顶部加一滴融合液 B,静置 10~20min;然后用原生质体培养液洗涤,500r/min 离心去除融合液。

6. 培养 按原生质体培养方法要求对经过融合液处理的原生质体进行培养。

采用 PEG 融合法时应注意:①PEG 相对分子质量大凝聚力则强,能缩短融合处理时间,当小于 1 000 时一般不能使原生质体凝聚,常用的相对分子质量大于 1 540;②稀释液可用高 pH-高 Ca^{2+} 溶液;③双亲的原生质体最好选用外观能区分开来的两种细胞;④操作过程中动作要迅速,融合后要轻拿轻放。

(二)物理诱导融合技术

物理诱导融合法是指用电刺激、离心、振动等机械力的作用促进原生质体融合的方法。目前电融合法被普遍采用。该法是 Zimmermann 等在 1981 年报道的一项技术。与 PEG 融合相比较，电融合技术有三大优点：一是对细胞没有毒害；二是融合效率高；三是操作简便。缺点是所使用的仪器比较昂贵，这使它的应用受到一定的限制。

电融合的基本程序可分为两个阶段：一是双向电泳使膜接触。将装有原生质体悬浮液的融合槽放进高频交变电场（一般为 $0.5\sim1.0$MHz，$150\sim250$V/cm），使原生质体在电场作用下极化而产生偶极子，从而使原生质体沿电场线方向泳动，并相互吸引紧密接触排列成串（图 9-1A）。二是通过高压电脉冲（$10\sim50\mu$s，$1\sim3$kV/cm）使膜发生可逆性击穿后，又迅速连接闭合，恢复成嵌合质膜而融为一体（图 9-1B）。蔡兴奎等（2003）报道在交变电场（AC）100V/cm、AC 作用时间 20s、直流脉冲电压（DC）1 100V/cm、DC 脉冲时间 60μs 及脉冲次数为 1 次时，马铃薯叶肉原生质体的双核融合率可达 40% 以上。

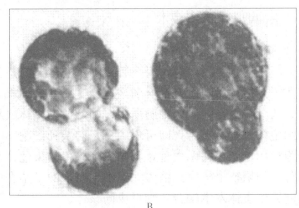

A   B

图 9-1　马铃薯原生质体电融合

A. S. tuberosum 双单倍体 DH8 和野生种 S. chacoense 原生质体在交变电场作用下形成串珠

B. 在高压电脉冲作用下发生融合

三、原生质体的融合过程

原生质体的融合首先是发生膜的融合。生物膜融合是细胞生物学中重要的现象。常态的如内胞饮、外胞饮、质膜桥及其他暂时的胞质联系都发生膜融合。非常态的如物理、化学和生物因素的刺激可引起细胞病理状态的反应，导致膜融合。膜的融合反应可分为 4 个时期：接触、诱导、融合和稳定。膜融合时，质膜上的磷脂状态要发生变化，从而改变质膜的构型和流动性。Ca^{2+}、ATP 及三磷酸腺苷酶参与调节了膜的这些变化。

在原生质体膜融合后的数小时内，两个细胞的细胞质混合在一起。在双核异核体中，有时两个核同步分裂，但它们的染色体并不受共同的纺锤体控制。若在此之后接着发生细胞质分裂，就会产生嵌合组织。双核异核体可能在若干个细胞世代中继续产生双核子细胞。核融合可能发生在细胞间期，也可能发生在第一次同步分裂过程中。很多研究表明，只有发生在第一次同步有丝分裂期间的核融合所产生的杂种细胞才可能进一步发育。

四、影响原生质体融合的因素

影响原生质体融合的因素很多，但对融合起决定性作用的因素主要有以下几个。

1. 原生质体的质量　高质量的原生质体是细胞融合的首要条件，若无高质量的原生质体，任何融合方法都是无效的。

2. 融合技术　融合方法的选择受到很多试验条件的限制，一般电融合法是首选，若不具备电融合的条件，则考虑用 PEG 融合法。

3. 融合参数　影响 PEG 融合率的因素主要有 PEG 的相对分子质量、纯度、浓度、处理时间、原生质体的生理状态和密度等。影响电融合的因素主要有原生质体的密度、融合液的成分、电极的材料和间距、交变电场强度、直流脉冲的强度和宽幅及次数等。不同的植物材料适宜的参数是不相同的。

五、杂种细胞的选择技术

（一）原生质体的融合产物

两个不同亲本的原生质体混合后，实际上得到的是各种原生质体的混合物，包括同核体、异核体以及没有融合的亲本原生质体。如果是细胞质发生融合而细胞核未融合，两个核处在共同的细胞质中，则形成异核体或异核细胞。如果两亲本原生质体的细胞核也发生融合，即可得到真正的杂种细胞——双核异核体。异核体中的两个细胞核，若亲缘关系太远，其中一个核中的染色体会一个个被排除掉，形成不对称杂种；如果整个核完全消失，但细胞质依旧是杂合的，则形成胞质杂种。如果两个相同原生质体发生融合，则形成同核体。

（二）杂种细胞的选择技术

两个不同亲本的原生质体融合目的是要得到体细胞杂种，以获得在常规有性杂交中不能得到的重组基因，从而达到利用远源基因改良性状的目标。因此，需要从融合的混合产物中筛选出异核体。这是体细胞杂交获得成功的关键技术。经过多年的实践，比较有效的方法有以下几种。

1. 互补选择　所谓互补选择法是指利用双亲细胞在生理或遗传特性等方面产生的互补作用进行的选择。在选择培养基上只有具有互补作用的杂种细胞才能生长发育，非杂种细胞因无互补作用而不能生长发育。具体说来，互补作用又分为以下几种。

（1）激素自养型互补选择。Carlson 等（1972）在粉蓝烟草和郎氏烟草的二倍体细胞原生质体融合的研究中发现，双亲原生质体的生长需要外源生长激素，融合后形成的双二倍体杂种细胞由于双亲的互补作用能产生内源生长激素，可以在无外源生长激素的培养基上生长。因此，利用无激素的培养基培养融合产物，只有杂种细胞才能正常生长，非杂种细胞则很快死亡。从而成功地获得了第一个植物体细胞杂种。该法使用前必须知道双亲的有性杂种具有这一互补特点，因此其应用受到很大的限制。

（2）白化互补选择。Cocking 等（1977）利用能在条件培养基上生长分化的矮牵牛的白化突变体和在该培养基上只能发育成小细胞团的野生型矮牵牛，融合后发生白化互补作用，在条件培养基上筛选出绿色愈伤组织和杂种幼苗。该法在曼陀罗属、胡萝卜和羊角芹、白化的洋金花和颠茄属等融合的体细胞杂种的筛选中也选择获得了成功。由于该法在使用前不需要靠事先有性杂交，能广泛用于不同亲缘关系的种间融合。

(3) 营养缺陷型互补选择。Glimelius 等 (1978) 用烟草硝酸还原酶缺失突变体 (NR-) 来选择杂种细胞即是根据硝酸还原酶缺失突变体，由于缺乏正常的硝酸还原酶而不能在以硝酸盐为唯一氮源的培养基上生长，而杂种细胞由于两个突变体的互补作用恢复了正常的硝酸还原酶活性，能正常地生长和分化的原理，利用表型均为 NR-、但突变位点不同的突变体 cnx 和 nia 进行原生质体融合，以硝酸盐为唯一氮源的培养基作为条件培养基，由于二者的互补作用，其异核体体细胞杂种恢复了正常硝酸还原酶活性。该法主要应用于微生物的遗传研究，在高等植物中由于具有营养缺陷型的植物很少，因而只在有限的范围内使用。

(4) 抗性互补选择。Power 等 (1976) 根据两个有抗性差异的材料的原生质体进行融合时，每个亲本的药物敏感性分别被对方的抗性所掩盖，当两个单抗的亲本原生质体融合后可以产生双抗的杂种细胞，然后用相应的选择培养基即可将杂种细胞筛选出来的原理在拟矮牵牛和矮牵牛的种间原生质体融合时成功获得了杂种植株。拟矮牵牛原生质体在限定培养基上只能分裂成几十个细胞的小细胞团，且不受 1mg/L 的放线菌素 D 的抑制。而矮牵牛的原生质体在同样浓度放线菌素 D 的培养基上却不能分裂。经融合后的杂种细胞在含有 1mg/L 放线菌素 D 的培养基上可以形成愈伤组织，并进一步分化成小植株。

(5) 基因互补选择。Mechers (1974) 发现烟草的 S 和 V 两个光敏感叶绿体缺失突变体是由非等位基因控制的，在正常光照下生长缓慢，叶片淡绿，但当二者的原生质体融合后能形成绿色愈伤组织，并再生植株。在强光下杂种叶片呈暗绿色，从而筛选出杂种植株。

2. 机械选择法　机械选择法是指利用两种原生质体的某些可见标记，如形态、色泽等方面的差异对融合产物进行鉴别的方法。

(1) 利用天然颜色标记分离杂种细胞。高国楠 (1977) 将大豆根尖悬浮培养细胞的具有浓厚细胞质的非绿色原生质体与粉蓝烟草叶肉细胞的绿色、液泡化的原生质体进行融合，异核体容易与亲本区别。异核体既具有粉蓝烟草原生质体特有的绿色质体，又具有与大豆原生质体相似的形态和丰富的细胞质带。在融合后的几个小时内，粉蓝烟草的原生质体仍然是球形，而且细胞质带非常少。用微吸量管将异核体吸取出来，转移到 Cuprak 培养皿中进行培养，待异核体长成细胞团后再做进一步鉴定。利用类似的方法在拟南芥和芸薹、普通烟草和金氏烟草的体细胞杂种植株。

(2) 利用荧光素标记分离杂种细胞。Galbraith 等 (1980) 用异硫氰酸荧光素 (发绿色荧光) 和碱性蕊香红荧光素 (发红色荧光) 分别标记双亲原生质体，诱导融合后，在荧光显微镜下根据两种染料的存在，将异核体与双亲及同核体区别开来。

利用天然颜色标记和双重荧光标记机械分离杂种细胞虽然取得了一定的成效，但由于显微操作费工费时，选择异核体的量很少，而且获得的杂种细胞必须进行单细胞培养，所用试验的原生质体必须具有单细胞培养再生植株的能力，因此该法具有一定的局限性，要获得大量的杂种植株比较困难。

（3）利用荧光激活细胞分选仪自动分离杂种细胞。利用荧光激活细胞分选仪（FACS）可以自动分离融合产物，用两种不同的荧光素分别标记双亲的原生质体，经融合处理后异核体应同时含有两种荧光素。当混合细胞群体通过细胞分类器时，产生的微滴中只含有单个原生质体或融合体，用电子扫描确定微滴的荧光特征并作自动分类，得到 3 个不同的分类产物。因此，可将含有两种颜色的杂种细胞分离出来。该法不但准确，而且效率极高，大约每秒可分离 5×10^3 个细胞，具有很好的应用前景，但仪器比较昂贵。

3. 组织培养筛选法　Waara&Mattheij（1992）发现融合细胞和未融合细胞对组织培养的反应不同，因此，可将植物细胞对培养基成分和培养条件的要求作为选择杂种细胞的依据。可以利用这一特性或人为地造成杂种细胞生长和分化能力的差异进行杂种细胞的选择。同时也可结合形态学观察，使鉴定结果更为有效。孙勇如等（1982）将粉蓝烟草和矮牵牛的原生质体融合，培养后得到了 3 种类型的愈伤组织：白色松软的愈伤组织，与粉蓝烟草的一致；深绿致密的扁平状愈伤组织，与矮牵牛的一致；明显介于两者之间的中间类型。由中间类型愈伤组织再生的植株经检测正是体细胞杂种。

置于培养基上培养的细胞人为产生差异是用不同的生化抑制剂分别处理不同亲本的原生质体，影响其代谢机能，使它们不能在培养基上生长，而融合后产生的杂种细胞由于重建了必要的代谢支路，能在培养基上正常生长。Bottcher 等（1989）用碘乙酸酯和罗丹明 6G 分别处理两类烟草原生质体，碘乙酸酯处理能使细胞核失活，而罗丹明 G 能抑制线粒体中葡萄糖的氧化磷酸化过程。用这两类物质处理的原生质体在培养基中都不能分裂，而只有融合后产生的杂种细胞能在培养基上正常生长，并进一步获得了杂种植株。

六、杂种植株的鉴定

用不同亲本的原生质体诱导融合后产生的异核体在适宜的培养基上培养 1~2d 开始形成新的细胞壁，并进行核融合，然后继续分裂增殖可产生愈伤组织，当转移到分化培养基上就能分化长出完整的杂种植株。由于初始融合产物的遗传物质有可能被排除，培养过程中还可产生体细胞无性系变异等，所以在前面进行的杂种细胞的筛选只能作为体细胞杂种真实性的间接证据。要获得真正的杂种植株还必须做进一步的鉴定。

（一）形态鉴定

植物的形态特征可为杂种植株的鉴别提供依据。叶片的大小、形状，花的颜色、花型、株高、株型、叶脉和花梗，表皮毛类型，花粉粒的大小和形状，种子的有无及大小、形状和颜色等均可作为鉴定的指标。体细胞杂种植株应具有两个亲本的形态特征，或属于双亲的中间型，与亲本有所区别。例如，粉蓝烟草和郎氏烟草的体细胞杂种植株，其叶的形态和有性杂交种相同，与任何一个亲本都不相同。郎氏烟草的叶是无柄的，并为密毛所覆盖；粉蓝烟草的叶片是有柄的，且光滑无毛；而杂种的叶是中间形态，在叶上有毛，但密度很低。疣粒野生稻和栽培稻的原生质体融合研究中观察到，疣粒野生稻的平均茎叶夹角为 80°，而栽培稻的平均茎叶夹角为 35°，杂种植株的平均茎叶夹角为 55°，处于中间状态。但是，对于由多基因控制的性状，体细胞杂种的形态变异难以与非整倍体或离体培养条件下产生的体细胞无性系的变异明确区别，所以只有形态学的鉴定是不够充分的。

（二）细胞鉴定

染色体的数目和形态具有种的特异性，是鉴定杂种的主要细胞学依据。对于一些近缘物种，由于染色体形态差异不大，很难对杂种作出判断，需进一步借助染色体分带技术和核型分析使之精确化。一般在融合时多采用二倍体原生质体，因此将会得到四倍体杂种植株，也有非整倍体的出现。大部分种内或种间杂种的染色体数目大体上没有偏离双亲染色体数目的总和。除双二倍体外，多为异源非整倍体，也有多核融合形成的异源多倍体。不亲和的属间体细胞杂种植株的染色体却有较大的偏离，而且杂种细胞的染色体还会不断地发生丢失，这种偏离可能和两者的不亲和性有关。在马铃薯原生质体融合中，大多数采用双单倍体品系或二倍体野生种作为供体材料，获得的杂种植株大部分是四倍体，同时也可获得六倍体和八倍体，并且还有可能产生非整倍体。另外，植株叶片保卫细胞叶绿体的数目也可作为杂种倍性鉴定的参考。

（三）生物化学鉴定

亲本的某些生化特征可作为杂种植株的鉴定指标。它们是酶、色素、蛋白质、同工酶和二磷酸核酮糖羧化酶等，其中被普遍采用的是同工酶分析。体细胞杂种的同工酶谱可表现为双亲酶带的总和，或同时出现双亲特有的谱带，也可能出现新的杂种带和丢失部分亲本带。例如，Wetter 等（1976）成功地用愈伤组织培养物的酶谱鉴定了有性杂种和体细胞杂种。矮牵牛和拟矮牵牛的体细胞杂种植株是用叶片中的过氧化物酶的同工酶谱进行鉴定的，杂种细胞中不仅具有双亲的酶谱带，而且还出现了新的谱带。

（四）分子生物学鉴定

分子生物学鉴定不仅能够为体细胞杂种的鉴定提供直接的证据，而且还能检测出杂种中含有多少亲本的基因组成分，并可将基因定位于某个染色体上，同时鉴定出异常染色体，从而使体细胞杂种的鉴定更为精确化。Southern 印迹杂交法和分子标记技术，如 DNA 限制性片段长度多态性（RFLP）、RAPD、AFLP 和微卫星 DNA 等也开始用于体细胞杂种的鉴定，并取得了良好的效果。另外，对体细胞杂种与其融合亲本的细胞器 DNA 进行比较分析可以判定融合产物中的叶绿体或线粒体是否与融合亲本的一方或双方相同，或者是新的一种。用克隆的叶绿体 DNA 或线粒体 DNA 片段对酶解的总 DNA 进行 Southern 杂交是一种鉴定体细胞杂种细胞器基因组的较好方法，只需要少量的植物材料就可以确定杂种细胞质中不同亲本细胞器 DNA 的重组。但要注意的是，不同的细胞器 DNA 之间可能会有一定的同源性，有时会产生非特异的信号。

GISH（基因组原位杂交）技术也开始应用于鉴定植物体细胞杂种，用 GISH 可以通过可见的方法把细胞核内分子组成上有差异的基因组区别开来。GISH 在植物中的早期应用主要是鉴定属间或其他远缘杂种，后来则更多地用于区分近缘物种的DNA。用 GISH 可以确定杂种的细胞遗传学成分和减数分裂时各自基因组成员的命运，还能鉴定有性杂种和体细胞杂种中的附加系、代换系和异位系。

附录 常见英文缩写符号以及中英文名称

英文缩写	英文名称	中文名称
A；Ad；Ade	Adenine	腺嘌呤
ABA	Abscisic acid	脱落酸
BA；BAP；6-BA	6-benzyladenine；6-benzylaminopurine	6-苄基腺嘌呤
℃	Degree celsius	摄氏度（温度单位）
CCC	chlorocholine chlorid	矮壮素，CCC
CH	Casein hydrolysate	水解酪蛋白
CM	Coconut milk	椰汁；椰子乳；椰子液体胚乳
cm	cetimeter	厘米
d	day（s）	天
2,4-滴	2,4-dichlorophenoxy acetic acid	2,4-二氯苯氧乙酸
DNA	Deoxyribonucleic acid	脱氧核糖核酸
EDTA	ethylenedinitrolotetraacetic acid	乙二胺四乙酸
ELISA	Enzyme-linked immunosorbent assay	酶联免疫吸附法
g	gram（s）	克
GA；GA$_3$	gibberellin；gibberellic acid	赤霉素；赤霉酸
h	hour（s）	小时
IAA	Indole-3-acetic acid	吲哚乙酸
IBA	3-indolebutyric acid	吲哚丁酸
2-ip；IPA	2-isopentenyl adenine；6-（r, r-dimethylallyl) adenine	异戊烯酰嘌呤，又称为6-（r, r-二甲基烯丙基氨基）嘌呤
kg	Kilogram（s）	千克
KT；Kt；K	Kinetin	激动素；动力精；糠基腺嘌呤
L	liter	升
LH	Lactalbumin hydrolysate	水解乳（清）蛋白

（续）

英文缩写	英文名称	中文名称
lx	Lux	勒克斯（照明单位）
m	meter	米
mg	milligram（s）	毫克
min	minute（s）	分（钟）
mL	milliter	毫升
mm	millimeter	毫米
mmol	millimole（s）	毫摩尔
mol	mole	摩尔
NAA	Naphthaleneacetic acid	萘乙酸
NOA	Naphthoxyacetic acid	萘氧乙酸
PBA；BPA	6 - benzylamino - 9 - ［2 - tetrahydropyranyl］ - 9 H - purine	多氯苯甲酸（通）；6 -（苄基氨基）- 9 -（2 - 四氢吡喃基）- 9H - 嘌呤
PEG	polyethylene glycol	聚乙二醇
pH	hydrogen - ion concentraion	酸碱度，氢离子浓度
4 PU - 30；KT - 30；4 - CPPU；CPPU	Forchlorfenuron	氯吡苯脲；N -（2 - 氯 - 4 - 吡啶基）- N' - 苯基脲；吡效隆；脲动素
PVP	Polyvinylpyrrolidone	聚乙烯吡咯（啉）烷酮
RNA	Ribonucleic Acid	核糖核酸
r/min		转每分，即每分钟转数
s	second（s）	秒（钟）
TDZ	Thidiazuron	噻苯隆，苯基噻二唑基脲
2，4，5 - T	2，4，5 - trichorphenoxy acetic acid	2，4，5 - 三氯苯氧乙酸
μm	micrometer（s）	微米
μmol	micromole（s）	微摩尔
维生素 B_1	Thiamine Hydrochloride	盐酸硫胺素
维生素 B_3	Nicotinic acid	烟酸
维生素 B_5	Calcim D - pantothenate	泛酸钙
维生素 B_6	Pyridoxine Hydrochloride	盐酸吡哆醇
维生素 C	Ascorbic Acid	抗坏血酸
维生素 H	Vitamin H	生物素
YE	Yeast extract	酵母提取物（膏）
ZT；Zt；Z	trans - Zeatin	玉米素

参考文献

曹春英，丁雪珍，2009. 农业生物技术［M］. 2 版. 北京：高等教育出版社.

曹春英，2006. 植物组织培养［M］. 北京：中国农业出版社.

曹孜义，刘国民，2002. 实用植物组织培养技术教程［M］. 3 版. 兰州：甘肃科学技术出版社.

陈菁瑛，蓝贺胜，陈雄鹰，2004. 兰花组织培养与快速繁殖技术［M］. 北京：中国农业出版社.

陈美霞，2012. 植物组织培养［M］. 武汉：华中科技大学出版社.

陈世昌，2011. 植物组织培养［M］. 北京：高等教育出版社.

程广有，2001. 名优花卉组织培养技术［M］. 北京：科学技术文献出版社.

程家胜，2003. 植物组织培养与工厂化育苗技术［M］. 北京：金盾出版社.

崔德才，徐培文，2003. 植物组织培养与工厂化育苗［M］. 北京：化学工业出版社.

崔俊茹，陈彩霞，李成，等，2004. 美国红栌的组织培养和快速繁殖［J］. 植物生理学通讯，40 (5)：588 - 588.

戴小英，张淑霞，周莉荫，等，2011. 铁皮石斛不同外植体组培快繁技术比较研究［J］. 中国农学通报，27 (10)：122 - 126.

丁霞，陈晓阳，李云，等，2004. 胡杨组织培养研究概述与问题讨论［J］. 河北林果研究，19 (4)：381 - 386.

范小峰，李师翁，张民权，2001. 河北杨组织培养快繁技术研究［J］. 中国水土保持，1 (3)：17 - 18.

胡琳等，2000. 植物脱毒技术［M］. 北京：中国农业大学出版社.

胡相伟，张守琪，李毅，2006. 美国红栌的组织培养与快速繁殖技术研究［J］. 甘肃农业大学学报，41 (2)：59 - 61.

黄承标，2012. 桉树生态环境问题的研究现状及其可持续发展对策［J］. 桉树科技，29 (3)：44 - 47.

黄晓梅，2011. 植物组织培养［M］. 北京：化学工业出版社.

李浚明，2002. 植物组织培养教程［M］. 北京：中国农业大学出版社.

李莹，谭鹏鹏，彭方仁，等，2012. 铁皮石斛组培快繁技术［J］. 林业科技开发，26 (1)：96 - 99.

刘青林，马祎，郑玉梅，2003. 花卉组织培养［M］. 北京：中国农业出版社.

刘庆昌，吴国良，2003. 植物细胞组织培养［M］. 北京：中国农业大学出版社.

刘仲敏，林兴兵，杨生玉，2004. 现代应用生物技术［M］. 北京：化学工业出版社.

梅家训，丁习武，2003. 组培快繁技术及其应用［M］. 北京：中国农业出版社.

潘瑞炽，2003. 植物组织培养［M］. 广州：广东高等教育出版社.

蒲秀琴，2011. 胡杨的组织培养技术研究［J］. 河北林业科技 (1)：21 - 22.

祁述雄，2006. 中国引种桉树与发展现状［J］. 广西林业科学，35 (4)：250 - 252.

冉懋雄，2004. 中药组织培养实用技术［M］. 北京：科学技术文献出版社.

宋思扬，楼士林，2003. 生物技术概论［M］. 北京：科学出版社.

苏海，钟明，蔡时可，等，2004. 马来甜龙竹的培养和快速繁殖［J］. 植物生理学通讯 (4)：468 - 468.

谭文澄，戴策刚，1997. 观赏植物组织培养［M］. 2 版. 北京：中国林业出版社.

汪志军，李康，处格鲁克·艾尼，等，1997. 胡杨的组织培养 [J]. 新疆农业科学 (4)：185-186.

王蒂，2003. 细胞工程学 [M]. 北京：中国农业出版社.

王蒂，2004. 植物组织培养 [M]. 北京：中国农业出版社.

王国平，刘福昌，2002. 果树无病毒苗木繁育与栽培 [M]. 北京：金盾出版社.

王清连，2002. 植物组织培养 [M]. 北京：中国农业出版社.

王振龙，杜广平，李艳菊，等，2011. 植物组织培养教程 [M]. 北京：中国农业大学出版社.

韦三立，2001. 花卉组织培养 [M]. 北京：中国林业出版社.

吴殿星，2004. 植物组织培养 [M]. 上海：上海交通大学出版社.

肖芳，2012. 美国红栌组培快繁研究 [J]. 内蒙古林业调查设计，35 (6)：31-34.

谢从华，柳俊，2004. 植物细胞工程 [M]. 北京：高等教育出版社.

熊丽，吴丽芳，2003. 观赏花卉的组织培养与大规模生产 [M]. 北京：化学工业出版社.

徐南翔，2010. 桉树组织培养育苗技术的研究 [J]. 吉林农业·C 版 (11)：47.

许继宏，马玉芳，2003. 药用植物组织培养技术 [M]. 北京：中国农业科学出版社.

许智宏，卫明，1997. 植物原生质体培养和遗传操作 [M]. 上海：上海科学技术出版社.

杨本鹏，张树珍，辉朝茂，等，2004. 巨龙竹的组织培养和快速繁殖 [J]. 植物生理学通讯
(3)：346-346.

杨民胜，吴志华，陈少雄，等，2006. 桉树的生态效益及其生态林经营 [J]. 桉树科技，23 (1)：
32-39.

张献龙，唐克轩，2004. 植物生物技术 [M]. 北京：科学出版社.

郑志仁，朱建华，李新国，等，2008. 铁皮石斛的离体培养和快速繁殖 [J]. 上海农业学报，24
(1)：19-23.

朱至清，2003. 植物细胞工程 [M]. 北京：化学工业出版社.

图书在版编目（CIP）数据

植物组织培养 / 丁雪珍主编 . —3 版 . —北京：
中国农业出版社，2019.10（2024.3重印）
"十二五"职业教育国家规划教材　经全国职业教育
教材审定委员会审定　高等职业教育农业农村部"十三五"
规划教材
ISBN 978-7-109-26209-6

Ⅰ．①植…　Ⅱ．①丁…　Ⅲ．①植物组织—组织培养—
高等职业教育—教材　Ⅳ．①Q943.1

中国版本图书馆 CIP 数据核字（2019）第 251633 号

中国农业出版社出版

地址：北京市朝阳区麦子店街 18 号楼
邮编：100125
责任编辑：吴　凯
版式设计：王　晨　　责任校对：沙凯霖
印刷：北京通州皇家印刷厂
版次：2006 年 8 月第 1 版　　2019 年 10 月第 3 版
印次：2024 年 3 月第 3 版北京第 8 次印刷
发行：新华书店北京发行所
开本：787mm×1092mm　1/16
印张：14.25
字数：335 千字
定价：44.00 元